高校土木工程专业规划教材

建设工程监理（第二版）

李惠强　唐菁菁　主编

中国建筑工业出版社

图书在版编目（CIP）数据

建设工程监理/李惠强，唐菁菁主编. —2版. —北京：中国建筑工业出版社，2010
（高校土木工程专业规划教材）
ISBN 978-7-112-12018-5

Ⅰ. 建⋯ Ⅱ.①李⋯②唐⋯ Ⅲ. 建筑工程-监督管理-高等学校-教材 Ⅳ. TU712

中国版本图书馆 CIP 数据核字（2010）第 067473 号

本书是在 2003 年第一版基础上按照当前最新法规、标准、规范及监理发展要求修改再版的，内容的安排是参照国家注册监理工程师的知识结构基本要求，并充分考虑建设类本科生已修课程内容不重复的原则编写的。本书注重监理理论与工程实践相结合，相关章节列举了一些实际工程案例，有助于学生更好了解工程监理实务。

本书讲述工程建设项目监理主要理论与相关实务，共 12 章，主要内容包括：监理概述；监理组织；监理目标控制及风险分析；工程建设进度、投资及质量控制；施工安全监理；建设监理合同管理；施工合同履行的监理；建设监理规划；监理信息管理；建设工程环境监理。

本书适用于建设类专业本科高年级学生及研究生选修用，也可作为工程监理人员参考用书。

* * *

责任编辑：王　跃　吉万旺
责任设计：李志立
责任校对：王金珠　陈晶晶

高校土木工程专业规划教材
建设工程监理（第二版）
李惠强　唐菁菁　主编
*
中国建筑工业出版社出版、发行（北京西郊百万庄）
各地新华书店、建筑书店经销
北京红光制版公司制版
北京富生印刷厂印刷
*
开本：787×1092 毫米　1/16　印张：18¼　字数：444 千字
2010 年 6 月第二版　2010 年 6 月第十五次印刷
定价：32.00 元
ISBN 978-7-112-12018-5
（19269）

版权所有　翻印必究
如有印装质量问题，可寄本社退换
（邮政编码 100037）

第 二 版 前 言

　　工程监理制度是我国建设领域实施的项目法人负责制、工程招标制、建设监理制和合同管理制的四项基本制度之一，在建设项目的质量、安全、投资、进度控制方面有十分重要的作用。我国自1988年开始工程监理试点，20多年来从监理的理论探讨、法律地位的确定、监理规范的制定、监理队伍的建设等进行了一系列工作：1988年7月，建设部颁发了"关于开展建设监理工作的通知"，标志着我国建设工程监理制开始试点；1997年首次开始了全国注册监理工程师执业资格考试，为建立高素质的建设监理队伍建立了良好的开端；1998年3月颁布施行的《中华人民共和国建筑法》明确规定"国家推行建筑工程监理制度"，建设工程监理制度从而在我国全面推行；1999年12月发布的《建设工程施工合同GF1999—0201》示范文本中，明确了（监理）工程师在合同履行中的地位和作用，与国际FIDIC施工合同一样，离开监理的工作，施工合同将无法运行，标志着我国的工程监理模式已与国际惯例接轨；2000年1月，国务院发布的《建设工程质量管理条例》明确了建设工程监理范围和工程监理单位的质量责任和义务；2000年12月颁布了《建设工程监理规范》，使建设工程监理走上了专业化、规范化的道路；2003年，建设部发布了《关于培育发展工程总承包和工程项目管理企业的指导意见》，鼓励工程监理与设计、施工等企业通过申请取得其他相应资质，开展相应的工程项目管理业务，为建设监理事业的发展拓宽了领域；2007年5月实施了新的《建设工程监理与相关服务收费标准》，较之1992年的监理取费标准有了提高，更加合理，体现了监理的工程服务价值。20多年来我国建设工程监理成长发展的历程表明工程监理在建设领域中发挥着越来越重要的作用。

　　本书是在2003年第一版基础上按照当前最新法规、标准、规范及监理发展要求修改再版的，内容包括：监理理论概述；监理组织；监理目标管理与风险分析；工程建设进度、投资及质量控制；施工安全监理；建设监理合同管理；施工合同履行的监理；建设监理规划；监理信息管理；建设工程环境监理。内容的安排是参照注册监理工程师的知识结构基本要求，并充分考虑建设类本科生已修课程内容不重复的原则编写的。本书注重监理理论与工程实践相结合，相关章节列举了一些实际工程案例，有助于学生更好了解工程监理实务。本课程的教学宜安排在工程经济、工程结构和土木工程施工课程之后进行，教学参考学时为32学时，2学分。

　　全书十二章，第一、二、十、十一章及第七章第1、2节由唐菁菁编写，第三、四、五、六、八、九、十二章及第七章第3节由李惠强编写，全书由李惠强教授统一定稿。编者均为华中科技大学土木工程学院教师，国家注册监理工程师，具有多年从事教学、科研及监理工程师培训经验。

　　随着我国工程建设的发展，经济体制的完善，监理理论和实务也在不断完善发展，书中难免有不妥之处，敬请读者和同行专家批评指正。

编者于华中科技大学
2010年3月

第 一 版 前 言

自1998年开始，我国在工程建设领域实行了工程建设监理制度，十多年来已发挥了重要作用，这是我国工程建设领域管理体制的重大改革。

建设工程监理的主要内容包括：协调建设单位进行工程项目可行性研究与投资决策，优选设计方案、设计单位和施工单位，审查设计文件，控制工程质量、造价和工期，监督管理建设工程合同的履行，以及协调建设单位与工程建设各方的工作关系等。由于监理在我国推行时间不长，再加之管理体制上各职能部门之间的条块分割，项目建设完整的全过程被人为地分割管理。当前工程建设监理资质的从业范围主要限于项目的实施阶段（设计、施工、保修阶段）。从事建设项目的可行性研究和投资决策分析业务必须取得工程咨询资质。有条件的监理公司、工程咨询公司、项目管理公司等在取得咨询和监理两项资质后，即可全过程对工程项目建设进行监督管理。

近些年来，在土木工程专业、工程管理专业等一些专业，许多学校都开设了建设工程监理课程，以完善学生专业知识结构。本书是在我校多年开设工程建设监理讲义的基础上结合最新颁布的有关法规、标准、规范等修编而成。本书是按照注册监理工程师培训的知识结构基本要求，并充分考虑与建设类本科生已修课程内容不重复的原则编写的。本书注重监理理论与工程实践相结合，相关章节列举了一些实际工程案例，有助于学生更好了解工程监理实务。本书教学参考学时为32学时。

全书共十章，第一、二、九章由唐菁菁编写，第三、四、五、六、十章由李惠强编写，第七、八章由薛莉敏编写，全书由李惠强教授统一定稿。编者均为华中科技大学注册监理工程师培训中心（建设部在湖北省指定的惟一监理培训点）的教师。

随着我国经济体制改革的发展完善，监理理论和实务也在不断完善发展，以适应我国工程建设需要。书中难免有不妥之处，敬请读者和同行专家批评指正。

编 者
2003年6月

目 录

第一章　建设工程监理概述 ··· 1
- 第一节　建设工程监理的基本概念 ·· 1
- 第二节　工程监理企业 ··· 8
- 第三节　监理工程师 ·· 23
- 思考题 ·· 29

第二章　建设工程监理组织 ··· 30
- 第一节　建设工程监理的组织形式 ·· 30
- 第二节　建设工程监理模式与实施程序 ··· 35
- 第三节　项目监理机构人员配备及职责分工 ··· 40
- 思考题 ·· 42

第三章　建设工程监理目标控制及风险分析 ··· 43
- 第一节　监理目标控制概念及目标系统 ··· 43
- 第二节　工程风险管理 ·· 45
- 思考题 ·· 52

第四章　建设项目工程进度控制 ·· 53
- 第一节　建设项目工程进度控制概述 ·· 53
- 第二节　建设项目实施阶段监理进度控制内容 ··· 56
- 第三节　建设项目工期定额 ··· 62
- 思考题 ·· 71

第五章　建设工程项目监理投资控制 ·· 72
- 第一节　建设工程项目投资控制概述 ·· 72
- 第二节　建设工程项目设计阶段的投资控制 ·· 75
- 第三节　建设工程项目施工阶段的投资控制 ·· 78
- 思考题 ·· 90

第六章　建设工程项目质量控制 ·· 91
- 第一节　建设工程项目质量控制概述 ·· 91
- 第二节　建设工程项目设计阶段质量控制 ·· 93
- 第三节　建设工程项目施工阶段的质量控制 ·· 97
- 第四节　工程质量事故分析与处理 ·· 107
- 第五节　建筑工程施工质量验收 ··· 117
- 第六节　建筑节能分部工程施工质量验收 ·· 133
- 思考题 ·· 139

第七章　建设工程安全监理 ··· 141
第一节　安全监理的方针与责任 ·· 141
第二节　安全监理工作程序与内容 ·· 142
第三节　危险性较大工程安全专项施工方案审查 ···························· 152
思考题 ·· 162

第八章　建设工程委托监理合同 ··· 163
第一节　建设监理合同概述 ·· 163
第二节　建设工程监理合同主要内容 ······································ 167
第三节　建设监理合同的履行管理 ·· 172
思考题 ·· 178

第九章　建设工程合同履行的监理 ··· 179
第一节　建设工程合同履行的监理概述 ···································· 179
第二节　建设工程设计合同履行的监理 ···································· 182
第三节　建设工程施工合同文本 ·· 186
第四节　施工合同履约与违约处理 ·· 205
第五节　监理对施工合同索赔的处理 ······································ 210
思考题 ·· 219

第十章　建设工程监理规划 ··· 221
第一节　建设工程监理工作文件 ·· 221
第二节　监理规划的内容 ·· 222
思考题 ·· 230

第十一章　建设工程监理信息管理 ··· 231
第一节　建设工程监理信息管理工作流程与环节 ···························· 231
第二节　建设工程文件档案资料与管理 ···································· 234
第三节　建设工程监理文件档案资料与管理 ································ 236
思考题 ·· 240

第十二章　建设项目施工期工程环境监理 ····································· 259
第一节　建设项目环境保护概述 ·· 259
第二节　建设工程环境监理 ·· 272
第三节　建设项目工程环境监理案例 ······································ 278
思考题 ·· 285

参考文献 ··· 286

第一章 建设工程监理概述

从新中国成立至20世纪80年代，我国固定资产投资基本上是由国家统 安排计划、统一财政拨款。与之相应的建设工程管理基本上采用两种模式：对于一般建设工程，由建设单位筹建机构自行管理；对于重大建设工程，则从与该工程相关的单位抽调人员组成工程建设指挥部进行管理。进入改革开放的新时期，响应国务院在基本建设和建筑业领域采取的一系列重大改革举措，建设部于1988年7月发布了《关于开展建设监理工作的通知》，明确提出建立建设工程监理制度，并在上海、海南等地进行试点。1992年2月，建设部发布的《关于进一步开展建设监理工作的通知》中指出："三年的试点充分证明，实行这项改革，对于完善我国工程建设管理体制是完全必要的；对于促进我国工程建设管理水平和投资效益的提高具有十分重要的意义"。1998年3月施行的《中华人民共和国建筑法》（以下简称《建筑法》）第三十条："国家推行建筑工程监理制度"，从而使建设工程监理制度在全国全面推行，使得建设单位的工程项目管理走上了专业化、社会化的道路。

第一节 建设工程监理的基本概念

一、建设工程监理的概念

所谓建设工程监理，是指具有相应资质的工程监理企业接受建设单位的委托和授权，承担其工程项目管理工作，并代表建设单位对承建单位的建设行为进行监督管理的专业化服务活动。

实行建设工程监理，使得建筑市场由建设单位和承建单位的传统二元主体结构转变为建设单位、监理单位和承建单位的新型三元主体结构。

（一）建设工程监理的行为主体

《建筑法》第三十一条："实行监理的建筑工程，由建设单位委托具有相应资质条件的工程监理企业监理。"

建设工程监理是由社会第三方的、具有相应监理资质条件的工程监理企业实施，不同于建设行政主管部门的监督管理，也不同于总承包单位对分包单位的监督管理。

（二）建设工程监理实施的前提

《建筑法》第三十一条："建设单位与其委托的工程监理企业应当订立书面委托监理合同"。建设工程监理实施的前提是通过签订建设工程委托监理合同（以下简称监理合同），工程监理企业取得建设单位的委托和授权。

根据《中华人民共和国合同法》（以下简称《合同法》）对合同的分类，监理合同属于委托合同之一。

（三）建设工程监理实施的依据

实施建设工程监理的依据包括工程建设文件、有关的法律法规规章和标准规范、监理合同以及有关的建设工程合同。

工程建设文件又称项目审批文件，包括：工程项目的经批准的可行性研究报告、建设项目选址意见书、建设用地规划许可证、建设工程规划许可证、经批准的施工图设计文件、施工许可证等。

有关的法律法规规章和标准规范，包括：《建筑法》、《合同法》、《中华人民共和国招标投标法》等法律，《建设工程质量管理条例》、《建设工程安全生产管理条例》等行政法规，《建设工程监理范围和规模标准规定》、《建设工程监理与相关服务收费管理规定》、《工程监理企业资质管理规定》等部门规章，《建设工程监理规范》等标准规范，以及《房屋建筑工程施工旁站监督管理办法（试行）》、《关于印发〈建设工程委托监理合同（示范文本）〉的通知》等规范性文件。

工程监理企业对哪些承建单位的哪些建设行为实施监理，除了依据建设单位和工程监理企业签订的监理合同，还要依据建设单位和承建单位签订的有关建设工程合同。仅委托施工阶段监理的工程，工程监理企业应根据监理合同和施工合同对施工单位的施工行为进行监理；对委托实施全过程监理的工程，工程监理企业应根据监理合同以及勘察合同、设计合同、施工合同对勘察单位、设计单位和施工单位的建设行为实行监理；对委托建设全过程监理的工程，工程监理企业应根据监理合同以及工程咨询合同、勘察合同、设计合同、施工合同对工程咨询单位、勘察单位、设计单位和施工单位的建设行为实行监理。

（四）建设工程监理的工程范围

《建筑法》第三十条："国务院可以规定实行强制监理的建筑工程的范围"。国务院在《建设工程质量管理条例》第四十条中对实行强制监理的工程范围作出了原则性的规定。建设部2001年颁布的《建设工程监理范围和规模标准规定》（建设部令第86号）进一步作出了解释并规定了强制监理的工程项目的具体范围和规模标准。

下列建设工程必须实行监理：

1. 国家重点建设工程。是指依据《国家重点工程项目管理办法》所确定的对国民经济和社会发展有重大影响的骨干项目。

2. 大中型公用事业工程。是指项目总投资额在3000万元以上的下列工程项目：①供水、供电、供气、供热等市政工程项目；②科技、教育、文化等项目；③体育、旅游、商业等项目；④卫生、社会福利等项目；⑤其他公用事业项目。

3. 成片开发建设的住宅小区工程，建筑面积在5万m^2以上的住宅建设工程必须实行监理；5万m^2以下的住宅建设工程，可以实行监理，具体范围和规模标准，由省、自治区、直辖市人民政府建设行政主管部门规定。为了保证住宅质量，对高层住宅及地基、结构复杂的多层住宅应当实行监理。

4. 利用外国政府或者国际组织贷款、援助资金的工程范围。包括：①使用世界银行、亚洲开发银行等国际组织贷款资金的项目；②使用国外政府及其机构贷款资金的项目；③使用国际组织或者国外政府援助资金的项目。

5. 国家规定必须实行监理的其他工程，具体系指学校、影剧院、体育场馆项目以及基础设施项目。基础设施项目是指项目总投资额在3000万元以上关系社会公共利益、公众安全的下列项目：①煤炭、石油、化工、天然气、电力、新能源等项目；②铁路、公路、管道、水运、民航以及其他交通运输业等项目；③邮政、电信枢纽、通信、信息网络等项目；④防洪、灌溉、排涝、发电、引（供）水、滩涂治理、水资源保护、水土保持等水利建设项目；⑤道路、桥梁、地铁和轻轨交通、污水排放及处理、垃圾处理、地下管道、公共停车场等城市基础设施项目；⑥生态环境保护项目；⑦其他基础设施项目。

（五）建设工程监理的阶段范围

建设工程监理适用于工程建设投资决策阶段和实施阶段，既可开展阶段化监理，又可开展实施全过程监理、建设全过程监理。

由于建设工程监理工作具有技术管理、经济管理、合同管理、组织管理和工作协调等多项业务职能，因此对其工作内容、方式、方法、范围和深度均有特殊要求。鉴于目前监理工作在建设工程投资决策阶段和设计阶段尚未形成系统、成熟的经验，需要通过实践进一步研究探索，故现阶段主要是开展施工阶段监理。

二、建设工程监理的性质

1. 服务性

建设工程监理是工程监理企业接受建设单位的委托而开展的项目管理活动。是在工程项目建设过程中，工程监理企业通过其监理人员的知识、技能和经验、信息以及必要的试验、检测手段，为建设单位提供专业化管理服务和技术服务，以满足建设单位对工程项目管理的需要。

工程监理企业不具有工程建设重大问题的决策权，不能完全取代建设单位的管理活动，只能在监理合同的授权范围内代表建设单位开展监理服务。同时，工程监理企业不能取代政府有关管理部门的审批许可权和监督管理权。

工程监理企业既不直接参与设计，又不直接参与施工安装；既不向建设单位承包工程造价，也不参与承建单位的盈利分成。工程监理企业所获得的报酬是技术管理服务性报酬。

2. 科学性

建设工程监理是为建设单位提供一种高智能的技术服务，是以协助建设单位实现其投资目的，力求在预定的投资、进度、质量目标内实现工程项目为己任，这就要求工程监理企业从事监理活动应当遵循科学的准则。

为适应当今工程规模日趋庞大、工程技术发展日新月异，为了在日益激烈的市场竞争中生存、发展，工程监理企业只有依据科学的方案，运用科学的手段，采取科学的方法，进行科学的总结开展监理工作，不断地采用更加科学的思想、理论、方法、手段，才能驾驭工程项目建设。

按照科学性的要求，工程监理企业应当有足够数量的、业务素质合格、经验丰富的监理工程师；要有一套科学的管理制度；要配备计算机辅助监理的软件和硬件；要掌握先进的监理理论、方法，积累足够的技术、经济资料和数据；要拥有现代化的监理手段。

3. 独立性

独立性是工程咨询的一项国际惯例。FIDIC（国际咨询工程师联合会）明确认为，工程咨询公司是"一个独立的专业公司受聘于业主去履行服务的一方"，咨询工程师应"作为一名独立的专业人员进行工作"。

《建筑法》第三十四条："工程监理企业与被监理工程的承包单位以及建筑材料、建筑构配件和设备供应单位不得有隶属关系或者其他利害关系"。2001年5月施行的《建设工程监理规范》中规定"工程监理企业应公正、独立、自主的开展监理工作,维护建设单位和承包单位的合法权益"。

工程监理企业在履行监理合同义务和开展监理活动的过程中,要建立自己的组织,要确定自己的工作准则,要运用自己掌握的方法和手段,根据自己的判断,独立地开展工作。要严格遵守有关的法律法规规章和标准规范、建设工程委托监理合同以及有关的建设工程合同的规定。工程监理企业既要竭诚为建设单位服务,协助实现工程项目的预定目标,也要按照"公正、独立、自主"的原则开展监理工作。

4. 公正性

公正性是监理工程师应严格遵守的职业道德之一,是工程监理企业得以长期生存、发展的必然要求,也是监理活动正常和顺利开展的基本条件。《建筑法》第三十四条:"工程监理企业应当根据建设单位的委托,客观、公正地执行监理任务"。工程监理企业和监理工程师应当排除各种干扰,以公正的态度对待委托方和被监理方,特别是当建设单位和承建单位发生利益冲突或矛盾时,应以事实为依据,以法律法规和监理合同、有关建设工程合同为准绳,在维护建设单位的合法权益时,不损害承建单位的合法权益。

公正性要求监理工程师应具有良好的职业道德、坚持实事求是的工作作风、熟悉有关建设工程合同条款、不断提高专业技术能力和综合分析判断能力。对于建设单位和承建单位之间的结算、争议、索赔等问题,工程监理企业和监理工程师能够站在第三方立场上公正地加以解决和处理,真正做到 FIDIC 所倡导的"公正地证明、决定或行使自己的处理权"。

三、建设工程监理的作用

自 1988 年开始建设工程监理试点至今,20 余年来,全国各省、市、自治区和国务院各部门都已全面开展了监理工作。建设工程监理在工程建设中发挥着越来越重要、明显的作用,受到了社会的广泛关注和普遍认可。

建设工程监理的作用主要表现在以下几方面:

1. 有利于提高建设工程投资决策的科学化

全国大多数大中型工程项目,尤其是国家重点建设工程,包括举世瞩目的巨型工程——三峡工程,都是从投资决策阶段的可行性研究工作起就实施了建设工程监理,并在提高投资的经济效益方面取得了显著成效。

若建设单位委托工程监理企业实施建设全过程、全方位监理,则工程监理企业即可协助建设单位优选工程咨询单位、督促工程咨询合同的履行、评估工程咨询结果,提出合理化建议;甚而,有相应工程咨询资质的工程监理企业可以直接参与或从事工程咨询业务。工程监理企业参与投资决策阶段的工作,不仅有利于提高项目投资决策的科学化水平,避免项目投资决策失误,而且可以促使项目投资符合国家经济发展规划、产业政策,符合市场需求。

2. 有利于规范参与工程建设各方的建设行为

社会化、专业化的工程监理企业在建设工程实施过程中对参与工程建设各方的建设行为进行约束,改变了过去政府对工程建设既要抓宏观监督、又要抓微观监督的不合理局面,可谓在工程建设领域真正实现了政企分开。

工程监理企业主要依据监理合同和有关建设工程合同对参与工程建设各方的建设行为

实施监督管理。尤其是全方位、全过程监理，通过事前、事中和事后控制相结合，可以有效地规范各承建单位以及建设单位的建设行为，最大限度地避免不当建设行为的发生，及时制止不当建设行为或者尽量减少不当建设行为造成的损失。

3. 有利于保证建设工程质量和使用安全

建设工程作为一种特殊的产品，除了具有一般产品共有的质量特性外，还具有适用、耐久、安全、可靠、经济、与环境协调等特定内涵，因此，保证建设工程质量和使用安全尤为重要。同时，工程质量又具有影响因素多、质量波动大、质量隐蔽性、终检的局限性、评价方法的特殊性等特点，这就决定了建设工程的质量管理不能仅仅满足于承建单位的自身管理和政府的宏观监督，迫切需要代表公众利益的、社会第三方的监督管理。

有了工程监理企业的监理服务，既懂工程技术又懂项目管理的监理人员能及时发现建设过程中出现的质量问题，并督促质量责任人及时采取相应措施以确保实现质量目标和使用安全，从而避免留下工程质量隐患和安全隐患。

4. 有利于提高建设工程的投资效益和社会效益

就建设单位而言，希望在满足建设工程预定功能和质量标准的前提下，建设投资额最少；从价值工程观念出发，追求在满足建设工程预定功能和质量标准的前提下，建设工程寿命周期费用最少；对国家、社会公众而言，应实现建设工程本身的投资效益与环境、社会效益的综合效益最大化。

实行建设工程监理制之后，工程监理企业不仅能协助建设单位实现建设工程的投资效益，还能大大提高我国全社会的投资效益，促进国民经济的发展。

四、建设工程监理在工程项目管理中的地位

由于建设工程监理是建设单位委托工程监理企业实施的项目管理，所以其依据的基本理论和方法来自工程项目管理学。另外，我国的建设工程监理制还充分考虑了FIDIC合同条件。

1984年11月开工的鲁布革水电站引水系统工程，是我国改革开放后工程建设中第一个利用世界银行贷款，按世界银行规定进行国际竞争性招标和工程项目管理的工程项目，并按FIDIC合同中"工程师"的职能，由鲁布革工程管理局专门设立"工程师单位"，进行工程建设的监理。在近4年的建设中实施了被誉为"鲁布革冲击波"的工程项目管理，人们目睹了工程项目管理的成效，给我国的工程建设领域引进了国际化的工程项目管理和工程监理模式。

工程项目管理是以工程项目为对象，在既定的约束条件下，根据工程项目的内在规律，对从项目构思到项目竣工、交付使用、使用直至终止的全寿命周期进行的计划、组织、协调和控制，旨在最优地实现工程项目的安全生产目标、费用目标、进度目标和质量目标。其管理主体是建设单位，管理对象是工程项目，管理范围涉及从项目构思、策划、实施、使用到项目终止使用为止。

我国推行建设工程监理制是工程项目管理体制的一项重大改革。这意味着，建设单位对工程项目进行管理，可以自行组织监管机构，也可以委托社会化、独立的第三方——工程监理企业来进行。因此，建设工程监理成为建设单位实施工程项目管理的一种重要形式，属于业主方项目管理的范畴。

五、现阶段建设工程监理的特点

我国的建设工程监理无论在管理理论和方法上，还是在业务内容和工程程序上，与国外的工程项目管理都是相同的。但现阶段，由于建设单位对监理的认知度较低，市场体系发育不够成熟，市场运行规则不够健全，因此，我国的建设工程监理呈现出以下特点：

1. 服务对象单一

在国际上，工程项目管理按服务对象不同可分为：为建设单位服务的、为承建单位服务的、为贷款方服务的工程项目管理，工程项目管理公司（工程咨询公司）还可以参与联合承包工程。而我国的建设工程监理制规定，工程监理企业只接受建设单位的委托，只为建设单位服务，不能接受承建单位的委托、不能为承建单位服务。可见，现阶段我国的建设工程监理是只为建设单位服务的工程项目管理。

2. 强制推行制度

工程项目管理是国际通行的工程建设项目组织实施方式，是适应建筑市场中建设单位专业技术和管理需求的产物，其发展过程也是整个建筑市场发展的一个方面，没有来自政府部门的行政指导或干预。而我国的建设工程监理从一开始就是依靠法律手段和行政手段在全国范围推行的，明确提出国家推行建设工程监理制度，并规定了必须实行建设工程监理的工程范围。其结果是在较短时间内促进了建设工程监理在我国的发展，形成了一批专业化、社会化的工程监理企业和监理工程师队伍，缩小了与发达国家工程项目管理的差距。

3. 具有监督功能

我国的工程监理企业与承建单位虽无任何合同关系和经济关系，但根据国家建设法规对监理的赋权和监理合同中建设单位的具体授权，有权对其不当建设行为进行预控和监督，通过下达监理指令要求承建单位及时改正，或者向有关主管部门反映情况、请求纠正。现阶段我国的建设工程监理还强调执行强制性标准，对承建单位施工过程和施工工序的监督、检查和验收，必要时开展旁站监理。我国监理工程师在质量控制方面的工作所达到的深度和细度，应当说远远超过国际上工程项目管理人员的工作深度和细度，这对保证工程质量和使用安全起到了积极的监督作用。

4. 双重市场准入

国外的工程项目管理一般只对专业人士的执业资格提出要求，而没有对企业的资质管理作出规定。而我国对建设工程监理的市场准入则采取了企业资质等级和人员执业资格的双重管理，既要求专业监理工程师必须是注册监理工程师，又规定工程监理企业只有在其资质等级许可范围内承接工程监理业务。现阶段，这种双重的市场准入管理对于保证我国建设工程监理队伍的基本素质、规范我国建设工程监理市场起到了积极的作用。

六、建设工程监理的发展趋势

我国的建设工程监理已经取得有目共睹的成绩，并且已为社会各界所认同和接受，但是应当承认，目前仍处在发展的初期阶段，与发达国家相比还存在很大的差距。因此，为了使我国的建设工程监理实现预期效果，在工程建设领域发挥更大的作用，应从以下几个方面发展：

1. 加强法制建设，走法制化的道路

我国颁布的法律法规中有关建设工程监理的条款不少，部门规章和地方性法规的数量更多，这充分反映了建设工程监理的法律地位。但从行业的长远发展看，法制建设还比较薄弱，突出表现在市场规则和市场机制方面：市场规则，特别是市场竞争规则和市场交易规则还不健全；市场机制，包括信用机制、价格形成机制、风险防范机制及职业保险等尚未形成。应当在总结经验的基础上，借鉴国际上通行的做法，逐步建立和健全起来。只有这样，才能使我国的建设工程监理走上有法可依、有法必依的轨道。

2. 以市场需求为导向，向全方位、全过程监理发展

我国实行建设工程监理20余年，目前仍然以施工阶段监理为主。造成这种状况既有体制上、认识上的原因，也有建设单位需求和工程监理企业素质及能力等原因。但是应当看到，随着项目法人责任制的不断完善，以及民营企业和私人投资项目的大量增加，建设单位将对工程投资效益愈加重视，对工程前期决策阶段的监理需求将日益增多。从发展趋势看，代表建设单位进行全方位、全过程的工程项目管理，将是我国建设工程监理行业发展的趋向。只有实施全方位、全过程乃至建设全过程监理，才能更好地发挥建设工程监理的作用。

3. 适应市场需求，优化工程监理企业结构

在市场经济条件下，任何企业的发展都必须与市场需求相适应，工程监理企业的发展也不例外。应当通过市场机制和必要的行业政策引导，在工程监理行业逐步建立起综合性工程监理企业与专业性工程监理企业相结合、大中小型工程监理企业相结合的合理企业结构。即大型工程监理企业取得综合资质、承担工程建设全过程监理，中型工程监理企业承担施工监理等阶段性监理任务，小型工程监理企业则提供旁站监理劳务等特色服务。这样，既能满足建设单位的不同需求，又能使各类工程监理企业各得其所，各有其生存和发展空间。

4. 加强培训工作，不断提高从业人员素质

为适应全方位、全过程监理的要求，适应时有更新的技术标准规范、层出不穷的新技术、新工艺、新材料、日新月异的信息技术，建设工程监理从业人员必须与时俱进，不断提高自身的业务素质和职业道德素质。只有加强培训工作，培养和造就出大批高素质的监理人员，才能形成一批公信力强、有品牌效应的工程监理企业，才能提高我国建设工程监理的总体水平，为建设单位提供优质服务。2009年全国范围内进行了第一次注册监理工程师继续教育，今后每年注册监理工程师都要接受一定学时的继续教育。

5. 打破行业界限，逐步向工程项目管理迈进

积极推行工程总承包和工程项目管理，是深化我国工程建设项目组织实施方式改革，提高工程建设管理水平，保证工程质量和投资效益，规范建筑市场秩序的重要措施。根据2003年建设部《关于培育发展工程总承包和工程项目管理企业的指导意见》，国家鼓励工程监理企业通过建立与工程项目管理业务相适应的组织机构、项目管理体系、充实项目管理专业人员，按照国家有关资质管理规定，在其资质等级许可的工程项目范围内开展相应的工程项目管理业务；国家将进一步打破行业界限，允许工程勘察、设计、施工、监理等企业，按照有关规定申请取得其他相应资质。

6. 与国际惯例接轨，走出去、走向世界

工程总承包和工程项目管理是国际通行的工程建设项目组织实施方式。分析国外工程项目管理行业发展，一个不容忽视的趋势就是以全方位、全过程工程项目管理（工程咨询）为纽带，带动本国工程设备、材料和劳务的出口。经过20余年的实践，我国的建设

工程监理虽然形成了一定的特点，但在一些方面与国际惯例还有差异。在建设工程监理领域多方面与国际接轨、参与国际竞争，是贯彻党的十六大关于"走出去"的发展战略，积极开拓国际承包市场，带动我国技术、机电设备及工程材料的出口，促进劳务输出，提高我国企业国际竞争力的有效途径。

第二节　工程监理企业

一、工程监理企业的组织形式

工程监理企业是指取得工程监理企业资质证书并从事建设工程监理业务的经济组织，是监理工程师的执业机构。

按照我国现行法律法规的规定，工程监理企业的组织形式主要有：公司、合伙企业、中外合资经营企业和中外合作经营企业。

（一）公司制工程监理企业

公司制工程监理企业即工程监理公司，是依照《中华人民共和国公司法》（2005年修订，2006年1月1日起施行，以下简称《公司法》）规定的条件和程序在中国境内设立的企业法人。工程监理公司享有由股东投资形成的全部法人财产权，依法享有民事权利，承担民事责任。工程监理公司以其全部法人财产，依法自主经营，自负盈亏。

工程监理公司具体有工程监理有限责任公司和工程监理股份有限公司两种。

1. 工程监理有限责任公司

工程监理有限责任公司是股东以其认缴的出资额为限对公司承担责任，公司以其全部资产对公司的债务承担责任的独立企业法人。

设立工程监理有限责任公司，应当具备下列条件：

（1）由50个以下股东出资设立。

（2）注册资本的最低限额为人民币3万元。法律、行政法规对有限责任公司注册资本的最低限额有较高规定的，从其规定。

（3）股东共同制定公司章程。

（4）有公司名称，并标明有限责任公司（可简称有限公司）字样。

（5）建立符合有限责任公司要求的组织机构。

（6）有公司住所。

工程监理有限责任公司的主要特征有：

（1）公司不对外发行股票。公司成立后，向股东签发出资证明书。

（2）股东之间可以相互转让其全部或者部分股权。股东向股东以外的人转让股权，应当经其他股东过半数同意。其他股东半数以上不同意转让的，不同意的股东应当购买该转让的股权；不购买的，视为同意转让。经股东同意转让的股权，在同等条件下，其他股东有优先购买权。

（3）可以设立分公司。

（4）公司的财务会计报告可以不对外公开。

2. 一人工程监理有限责任公司

《公司法》所称一人有限责任公司，是指只有一个自然人股东或者一个法人股东的有限责任公司。

一人工程监理有限责任公司应符合《公司法》对一人有限责任公司的规定：

（1）注册资本最低限额为人民币10万元。法律、行政法规对有限责任公司注册资本的最低限额有较高规定的，从其规定。股东应当一次足额缴纳公司章程规定的出资额。

（2）一个自然人只能投资设立一个一人有限责任公司。该一人有限责任公司不能投资设立新的一人有限责任公司。

（3）应当在公司登记中注明自然人独资或者法人独资，并在公司营业执照中载明。

（4）公司章程由股东制定。

（5）公司不设股东会。股东行使职权作出决定时，应当采用书面形式，并由股东签名后置备于公司。

（6）在每一会计年度终了时编制财务会计报告，并经会计师事务所审计。

（7）股东不能证明公司财产独立于股东自己的财产的，应当对公司债务承担连带责任。

3. 国有独资工程监理公司

《公司法》所称国有独资公司，是指国家单独出资、由国务院或者地方人民政府授权本级人民政府国有资产监督管理机构履行出资人职责的有限责任公司。

国有独资工程监理公司应符合《公司法》对国有独资公司的规定：

（1）公司章程由国有资产监督管理机构制定，或者由董事会制订报国有资产监督管理机构批准。

（2）公司不设股东会，由国有资产监督管理机构行使股东会职权。国有资产监督管理机构可以授权公司董事会行使股东会的部分职权。

（3）公司设董事会并行使职权。董事每届任期不得超过三年。董事会成员中应当有公司职工代表。董事会成员由国有资产监督管理机构委派；但是，董事会成员中的职工代表由公司职工代表大会选举产生。

（4）公司设经理并行使职权。经理由董事会聘任或者解聘。经国有资产监督管理机构同意，董事会成员可以兼任经理。

（5）公司设监事会。监事会成员不得少于五人，其中职工代表的比例不得低于三分之一。监事会成员由国有资产监督管理机构委派；但是，监事会成员中的职工代表由公司职工代表大会选举产生。

4. 工程监理股份有限公司

工程监理股份有限公司是全部资本分为等额股份，股东以其认购的股份为限对公司承担责任，公司以其全部资产对公司债务承担责任的独立企业法人。

股份有限公司的设立，可以采取发起设立或者募集设立的方式。发起设立，是指由发起人认购公司应发行的全部股份而设立公司。募集设立，是指发起人认购公司应发行股份的一部分，其余股份向社会公开募集或者向特定对象募集而设立公司。以募集设立方式设立股份有限公司的，发起人认购的股份不得少于公司股份总数的35%。

设立工程监理股份有限公司，应当具备下列条件：

（1）2人以上200人以下为发起人，其中须有半数以上的发起人在中国境内有住所。

（2）注册资本的最低限额为人民币500万元。法律、行政法规对股份有限公司注册资本的最低限额有较高规定的,从其规定。

(3) 股份发行、筹办事项符合国家有关法律规定。

(4) 发起人制定公司章程,采用募集方式设立的经创立大会通过。

(5) 有公司名称,并标明股份有限公司(可简称股份公司)字样。

(6) 建立符合股份有限公司要求的组织机构。

(7) 有公司住所。

工程监理股份有限公司的主要特征有:

(1) 股份有限公司的资本划分为股份,每一股的金额相等。公司的股份采取股票的形式。股票是公司签发的证明股东所持股份的凭证。

(2) 股份的发行,实行公平、公正的原则,同种类的每一股份应当具有同等权利。同次发行的同种类股票,每股的发行条件和价格应当相同;任何单位或者个人所认购的股份,每股应当支付相同价额。股票发行价格可以按票面金额,也可以超过票面金额,但不得低于票面金额。

(3) 股东转让其股份,应当在依法设立的证券交易场所进行或者按照国务院规定的其他方式进行。发起人持有的本公司股份,自公司成立之日起一年内不得转让。公司公开发行股份前已发行的股份,自公司股票在证券交易所上市交易之日起一年内不得转让。

(4) 公司不得收购本公司的股票,但减少公司注册资本,与持有本公司股份的其他公司合并,将股份奖励给本公司职工,股东因对股东大会作出的公司合并、分立决议持异议要求公司收购其股份的除外。

(5) 可以设立分公司。

(6) 上市公司必须依照法律、行政法规的规定,公开其财务状况、经营情况及重大诉讼,在每会计年度内半年公布一次财务会计报告。

(二) 合伙工程监理企业

《中华人民共和国合伙企业法》(2006年修订,2007年6月1日起施行,以下简称《合伙企业法》)所称合伙企业,是指自然人、法人和其他组织依照本法在中国境内设立的普通合伙企业和有限合伙企业。合伙企业是契约式组织,不具有法人资格。订立合伙协议,设立合伙企业,应当遵循自愿、平等、公平、诚实信用原则。合伙企业可以设立分支机构。

1. 普通合伙工程监理企业

普通合伙工程监理企业由普通合伙人组成,合伙人对合伙企业债务承担无限连带责任。国有独资公司、国有企业、上市公司以及公益性的事业单位、社会团体不得成为普通合伙人。

设立普通合伙工程监理企业,应当具备下列条件:

(1) 有2个以上合伙人。合伙人为自然人的,应当具有完全民事行为能力。

(2) 有书面合伙协议。

(3) 有合伙人认缴或者实际缴付的出资。

(4) 有企业名称,并标明"普通合伙"字样。

(5) 有生产经营场所。

合伙工程监理企业的主要特征有:

(1) 合伙人向合伙人以外的人转让其在合伙企业中的全部或者部分财产份额时，须经其他合伙人一致同意。合伙人之间转让在合伙企业中的全部或者部分财产份额时，应当通知其他合伙人。

(2) 普通合伙工程监理企业的合伙人对执行合伙事务享有同等的权利。按照合伙协议的约定或者经全体合伙人决定，可以委托一个或者数个合伙人对外代表合伙企业，执行合伙事务。

(3) 合伙人对合伙企业有关事项作出决议，按照合伙协议约定的表决办法办理。合伙协议未约定或者约定不明确的，实行合伙人一人一票并经全体合伙人过半数通过的表决办法。

(4) 合伙企业的利润分配、亏损分担，按照合伙协议的约定办理；合伙协议未约定或者约定不明确的，由合伙人协商决定；协商不成的，由合伙人按照实缴出资比例分配、分担；无法确定出资比例的，由合伙人平均分配、分担。

(5) 新合伙人入伙应当经全体合伙人一致同意，与原合伙人享有同等权利，承担同等责任。新合伙人对入伙前企业的债务承担无限连带责任。

2. 特殊的普通合伙工程监理企业

《合伙企业法》规定：以专业知识和专门技能为客户提供有偿服务的专业服务机构，可以设立为特殊的普通合伙企业。特殊的普通合伙企业名称中应当标明"特殊普通合伙"字样。

所谓"特殊"是指企业的一个合伙人或者数个合伙人在执业活动中因故意或者重大过失造成合伙企业债务的，应当承担无限责任或者无限连带责任，其他合伙人以其在合伙企业中的财产份额为限承担责任。合伙人在执业活动中非因故意或者重大过失造成的合伙企业债务以及合伙企业的其他债务，由全体合伙人承担无限连带责任。

此外，特殊的普通合伙企业应当建立执业风险基金、办理职业保险。执业风险基金单独立户管理，用于偿付合伙人执业活动造成的债务。

3. 有限合伙工程监理企业

有限合伙工程监理企业由普通合伙人和有限合伙人组成，普通合伙人对合伙企业债务承担无限连带责任，有限合伙人以其认缴的出资额为限对合伙企业债务承担责任。

设立有限合伙工程监理企业，应当具备下列条件：

(1) 由2个以上50个以下合伙人设立。合伙人中至少应当有1个普通合伙人。

(2) 有书面合伙协议。

(3) 有合伙人认缴或者实际缴付的出资。有限合伙人不得以劳务出资。

(4) 有企业名称，并标明"有限合伙"字样。

(5) 有生产经营场所。

有限合伙工程监理企业的主要特点有：

(1) 有限合伙人不得以劳务出资。

(2) 有限合伙工程监理企业由普通合伙人执行合伙事务。执行事务合伙人可以要求在合伙协议中确定执行事务的报酬及报酬提取方式。有限合伙人不执行合伙事务，不得对外代表企业。

(3) 有限合伙人可以同本企业进行交易；有限合伙人可以自营或者同他人合作经营与

本企业相竞争的业务。

(4) 新入伙的有限合伙人对入伙前有限合伙企业的债务，以其认缴的出资额为限承担责任。

(5) 有限合伙工程监理企业仅剩有限合伙人的，应当解散；有限合伙工程监理企业仅剩普通合伙人的，转为普通合伙工程监理企业。

(6) 普通合伙人转变为有限合伙人，或者有限合伙人转变为普通合伙人，应当经全体合伙人一致同意。有限合伙人转变为普通合伙人的，对其作为有限合伙人期间有限合伙企业发生的债务承担无限连带责任。普通合伙人转变为有限合伙人的，对其作为普通合伙人期间合伙企业发生的债务承担无限连带责任。

(三) 中外合资经营工程监理企业

为了扩大国际经济合作和技术交流，依据《中华人民共和国中外合资经营企业法》，我国允许外国公司、企业和其他经济组织或个人，按照平等互利的原则，经中国政府批准，在中国境内同我国的公司、企业或其他经济组织共同举办中外合资经营工程监理企业。在中外合资经营工程监理企业的注册资本中，外国合营者的投资比例一般不得低于25%。

中外合资经营工程监理企业的主要特征有：

(1) 企业的形式为有限责任公司，其一切活动应遵守我国法律、法规的规定；

(2) 合营各方按注册资本比例分享利润和分担风险及亏损；

(3) 合营者的注册资本如果转让必须经合营各方同意；

(4) 依照中国有关税收的规定缴纳税款，并可以享受减税、免税的优惠待遇；

(5) 可以在中国境外设立分支机构；

(6) 正副总经理由合营各方分别担任。

(四) 中外合作经营工程监理企业

依据《中华人民共和国中外合作经营企业法》，我国允许外国公司、企业和其他经济组织或个人，按照平等互利的原则，同我国的公司、企业或其他经济组织在中国境内共同举办中外合作经营工程监理企业。

中外合作经营工程监理企业的主要特征有：

(1) 是契约式的合营企业，合作的基础是合作企业合同；

(2) 其组织形式可以是企业法人，也可以是非企业法人，符合中国法律关于法人条件的规定的，依法取得中国法人资格；

(3) 依照中国有关税收的规定缴纳税款，并可以享受减税、免税的优惠待遇；

(4) 在利润分配方式上有较大的灵活性，在合作期内，外国合作者可以在利润分成中先行收回投资；

(5) 企业的组织机构灵活多样。

在我国，由于建设工程监理发展历史不长，当前工程监理企业的组织形式主要是有限责任公司。

二、工程监理企业的资质及其管理

为了维护建筑市场秩序，保证建设工程的质量、工期和投资效益的发挥，国家对工程监理企业实施资质管理。工程监理企业资质是企业技术能力、管理水平、业务经验、经营规模、社会信誉等综合性实力指标。工程监理企业按照所拥有的注册资本、专业技术人员数量和工程监理业绩等资质条件申请资质，经审查合格，取得相应等级的资质证书后，才能在其资质等级许可的范围内从事工程监理活动。

工程监理企业的注册资本不仅是企业从事经营活动的基本条件，也是企业清偿债务的保证。工程监理企业所拥有的专业技术人员数量主要体现在注册监理工程师的数量，这反映企业从事监理工作的工程范围和业务能力。工程监理业绩则反映工程监理企业开展监理业务的经历和成效。

（一）工程监理企业的资质等级标准

自 2007 年 8 月 1 日起施行的《工程监理企业资质管理规定》（建设部令第 158 号）中，按照工程性质和技术特点划分为房屋建筑工程、冶炼工程、矿山工程、化工石油工程、水利水电工程、电力工程、林业及生态工程、铁路工程、公路工程、港口与航道工程、航天航空工程、通信工程、市政公用工程、机电安装工程等十四个专业工程类别。每个专业工程类别按照工程规模或技术复杂程度又进一步划分等级，其中，房屋建筑工程、水利水电工程、公路工程和市政公用工程划分为三个等级，其余十个专业工程划分为两个等级。表 1-1 是房屋建筑工程、公路工程、市政工程等专业工程划分为三个等级的具体标准。

房屋建筑工程、公路工程、市政工程等专业工程等级表　　　　　　　表 1-1

工程类别		一 级	二 级	三 级
房屋建筑工程	一般公共建筑	28 层以上；36m 跨度以上（轻钢结构除外）；单项工程建筑面积 3 万 m^2 以上	14~28 层；24~36m 跨度（轻钢结构除外）；单项工程建筑面积 1 万~3 万 m^2	14 层以下；24m 跨度以下（轻钢结构除外）；单项工程建筑面积 1 万 m^2 以下
	高耸构筑工程	高度 120m 以上	高度 70~120m	高度 70m 以下
	住宅工程	小区建筑面积 12 万 m^2 以上；单项工程 28 层以上	建筑面积 6 万~12 万 m^2；单项工程 14~28 层	建筑面积 6 万 m^2 以下；单项工程 14 层以下
公路工程	公路工程	高速公路	高速公路路基工程及一级公路	一级公路路基工程及二级以下各级公路
	公路桥梁工程	独立大桥工程；特大桥总长 1000m 以上或单跨跨径 150m 以上	大桥、中桥桥梁总长 30~1000m 或单跨跨径 20~150m	小桥总长 30m 以下或单跨跨径 20m 以下；涵洞工程
	公路隧道工程	隧道长度 1000m 以上	隧道长度 500~1000m	隧道长度 500m 以下
	其他工程	通信、监控、收费等机电工程，高速公路交通安全设施、环保工程和沿线附属设施	一级公路交通安全设施、环保工程和沿线附属设施	二级及以下公路交通安全设施、环保工程和沿线附属设施
市政工程	城市道路工程	城市快速路、主干路，城市互通式立交桥及单孔跨径 100m 以上桥梁；长度 1000m 以上的隧道工程	城市次干路工程，城市分离式立交桥及单孔跨径 100m 以下的桥梁；长度 1000m 以下的隧道工程	城市支路工程、过街天桥及地下通道工程。

续表

工程类别		一级	二级	三级
市政工程	给水排水工程	10万 t/d 以上的给水厂；5万 t/d 以上污水处理工程；3m³/s 以上的给水、污水泵站；15m³/s 以上的雨泵站；直径 2.5m 以上的给水排水管道	2万~10万 t/d 的给水厂；1万~5万 t/d 污水处理工程；1~3m³/s 的给水、污水泵站；5~15m³/s 的雨泵站；直径 1~2.5m 的给水管道；直径 1.5~2.5m 的排水管道	2万 t/d 以下的给水厂；1万 t/d 以下污水处理工程；1m³/s 以下的给水、污水泵站；5m³/s 以下的雨泵站；直径 1m 以下的给水管道；直径 1.5m 以下的排水管道
	燃气热力工程	总储存容积 1000m³ 以上液化气贮罐场（站）；供气规模 15万 m³/d 以上的燃气工程；中压以上的燃气管道、调压站；供热面积 150万 m² 以上的热力工程	总储存容积 1000m³ 以下的液化气贮罐场（站）；供气规模 15万 m³/d 以下的燃气工程；中压以下的燃气管道、调压站；供热面积 50万~150万 m² 的热力工程	供热面积 50万 m² 以下的热力工程
	垃圾处理工程	1200t/d 以上的垃圾焚烧和填埋工程	500~1200t/d 的垃圾焚烧及填埋工程	500t/d 以下的垃圾焚烧及填埋工程
	地铁轻轨工程	各类地铁轻轨工程		
	风景园林工程	总投资 3000 万元以上	总投资 1000 万~3000 万元	总投资 1000 万元以下

工程监理企业资质分为综合资质、专业资质和事务所资质。其中，专业资质按照工程性质和技术特点划分为若干工程类别。综合资质、事务所资质不分级别。专业资质分为甲级、乙级；其中，房屋建筑、水利水电、公路和市政公用专业资质可设立丙级。

1. 综合资质标准

（1）具有独立法人资格且注册资本不少于 600 万元。

（2）企业技术负责人应为注册监理工程师，并具有 15 年以上从事工程建设工作的经历或者具有工程类高级职称。

（3）具有 5 个以上工程类别的专业甲级工程监理资质。

（4）注册监理工程师不少于 60 人，注册造价工程师不少于 5 人，一级注册建造师、一级注册建筑师、一级注册结构工程师或者其他勘察设计注册工程师合计不少于 15 人次。

（5）企业具有完善的组织结构和质量管理体系，有健全的技术、档案等管理制度。

（6）企业具有必要的工程试验检测设备。

（7）申请工程监理资质之日前一年内没有违反法律法规的行为。

（8）申请工程监理资质之日前一年内没有因本企业监理责任造成重大质量事故。

（9）申请工程监理资质之日前一年内没有因本企业监理责任发生三级以上工程建设重大安全事故或者发生两起以上四级工程建设安全事故。

2. 专业资质标准

（1）甲级

1）具有独立法人资格且注册资本不少于 300 万元。

2）企业技术负责人应为注册监理工程师，并具有 15 年以上从事工程建设工作的经历或者具有工程类高级职称。

3）注册监理工程师、注册造价工程师、一级注册建造师、一级注册建筑师、一级注册结构工程师或者其他勘察设计注册工程师合计不少于25人次；其中，相应专业注册监理工程师不少于《专业资质注册监理工程师人数配备表》（表1-2）中要求配备的人数，注册造价工程师不少于2人。

专业资质注册监理工程师人数配备表（单位：人） 表1-2

序号	工程类别	甲级	乙级	丙级
1	房屋建筑工程	15	10	5
2	冶炼工程	15	10	
3	矿山工程	20	12	
4	化工石油工程	15	10	
5	水利水电工程	20	12	5
6	电力工程	15	10	
7	农林工程	15	10	
8	铁路工程	23	14	
9	公路工程	20	12	5
10	港口与航道工程	20	12	
11	航天航空工程	20	12	
12	通信工程	20	12	
13	市政公用工程	15	10	5
14	机电安装工程	15	10	

注：表中各专业资质注册监理工程师人数配备是指企业取得本专业工程类别注册的注册监理工程师人数。

4）企业近2年内独立监理过3个以上相应专业的二级工程项目，但是，具有甲级设计资质或一级及以上施工总承包资质的企业申请本专业工程类别甲级资质的除外。

5）企业具有完善的组织结构和质量管理体系，有健全的技术、档案等管理制度。

6）企业具有必要的工程试验检测设备。

7）申请工程监理资质之日前一年内没有违反法律法规的行为。

8）申请工程监理资质之日前一年内没有因本企业监理责任造成重大质量事故。

9）申请工程监理资质之日前一年内没有因本企业监理责任发生三级以上工程建设重大安全事故或者发生两起以上四级工程建设安全事故。

（2）乙级

1）具有独立法人资格且注册资本不少于100万元。

2）企业技术负责人应为注册监理工程师，并具有10年以上从事工程建设工作的经历。

3）注册监理工程师、注册造价工程师、一级注册建造师、一级注册建筑师、一级注册结构工程师或者其他勘察设计注册工程师合计不少于15人次。其中，相应专业注册监理工程师不少于《专业资质注册监理工程师人数配备表》（表1-2）中要求配备的人数，注册造价工程师不少于1人。

4）有较完善的组织结构和质量管理体系，有技术、档案等管理制度。

5）有必要的工程试验检测设备。

6）申请工程监理资质之日前一年内没有违反法律法规的行为。

7）申请工程监理资质之日前一年内没有因本企业监理责任造成重大质量事故。

8）申请工程监理资质之日前一年内没有因本企业监理责任发生三级以上工程建设重

大安全事故或者发生两起以上四级工程建设安全事故。

（3）丙级

1）具有独立法人资格且注册资本不少于 50 万元。

2）企业技术负责人应为注册监理工程师，并具有 8 年以上从事工程建设工作的经历。

3）相应专业的注册监理工程师不少于《专业资质注册监理工程师人数配备表》（表 1-2）中要求配备的人数。

4）有必要的质量管理体系和规章制度。

5）有必要的工程试验检测设备。

3. 事务所资质标准

（1）取得合伙企业营业执照，具有书面合作协议书。

（2）合伙人中有 3 名以上注册监理工程师，合伙人均有 5 年以上从事建设工程监理的工作经历。

（3）有固定的工作场所。

（4）有必要的质量管理体系和规章制度。

（5）有必要的工程试验检测设备。

（二）工程监理企业的业务范围

1. 综合资质

可以承担所有专业工程类别建设工程项目的工程监理业务。

2. 专业资质

（1）专业甲级资质：可承担相应专业工程类别建设工程项目的工程监理业务。

（2）专业乙级资质：可承担相应专业工程类别二级以下（含二级）建设工程项目的工程监理业务。

（3）专业丙级资质：可承担相应专业工程类别三级建设工程项目的工程监理业务。

3. 事务所资质

可承担三级建设工程项目的工程监理业务，但是，国家规定必须实行强制监理的工程除外。

此外，工程监理企业可以开展相应类别建设工程的项目管理、技术咨询等业务。

（三）工程监理企业的资质申请

工程监理企业申请资质，一般要到企业注册所在地的县级以上地方人民政府建设行政主管部门办理有关手续。新设立的工程监理企业申请资质，应当先到工商行政管理部门登记注册并取得企业法人营业执照后，才能到建设行政主管部门办理资质申请手续。

申请工程监理企业资质，应当提交以下材料：

（1）工程监理企业资质申请表（一式三份）及相应电子文档；

（2）企业法人、合伙企业营业执照；

（3）企业章程或合伙人协议；

（4）企业法定代表人、企业负责人和技术负责人的身份证明、工作简历及任命（聘用）文件；

（5）工程监理企业资质申请表中所列注册监理工程师及其他注册执业人员的注册执业证书；

（6）有关企业质量管理体系、技术和档案等管理制度的证明材料；
（7）有关工程试验检测设备的证明材料。
（四）工程监理企业的资质审批

工程监理企业申请综合资质、专业甲级资质的，应当向企业工商注册所在地的省、自治区、直辖市人民政府建设主管部门提出申请。省、自治区、直辖市人民政府建设主管部门应当自受理申请之日起20日内初审完毕，并将初审意见和申请材料报国务院建设主管部门。国务院建设主管部门应当自省、自治区、直辖市人民政府建设主管部门受理申请材料之日起60日内完成审查，公示审查意见，公示时间为10日。其中，涉及铁路、交通、水利、通信、民航等专业工程监理资质的，由国务院建设主管部门送国务院有关部门审核。国务院有关部门应当在20日内审核完毕，并将审核意见报国务院建设主管部门。国务院建设主管部门根据初审意见审批。

专业乙级、丙级资质和事务所资质由企业所在地省、自治区、直辖市人民政府建设主管部门审批。专业乙级、丙级资质和事务所资质许可、延续的实施程序由省、自治区、直辖市人民政府建设主管部门依法确定。省、自治区、直辖市人民政府建设主管部门应当自作出决定之日起10日内，将准予资质许可的决定报国务院建设主管部门备案。

工程监理企业合并的，合并后存续或者新设立的工程监理企业可以承继合并前各方中较高的资质等级，但应当符合相应的资质等级条件。工程监理企业分立的，分立后企业的资质等级，根据实际达到的资质条件，按照本规定的审批程序核定。

工程监理企业资质证书分为正本和副本，每套资质证书包括一本正本，四本副本。正、副本具有同等法律效力。工程监理企业资质证书的有效期为5年。工程监理企业资质证书由国务院建设主管部门统一印制并发放。

（五）工程监理企业的资质管理

资质有效期届满，工程监理企业需要继续从事工程监理活动的，应当在资质证书有效期届满60日前，向原资质许可机关申请办理延续手续。对在资质有效期内遵守有关法律、法规、规章、技术标准，信用档案中无不良记录，且专业技术人员满足资质标准要求的企业，经资质许可机关同意，有效期延续5年。

工程监理企业在资质证书有效期内名称、地址、注册资本、法定代表人等发生变更的，应当在工商行政管理部门办理变更手续后30日内办理资质证书变更手续。涉及综合资质、专业甲级资质证书中企业名称变更的，由国务院建设主管部门负责办理，并自受理申请之日起3日内办理变更手续。其他资质证书变更手续，由省、自治区、直辖市人民政府建设主管部门负责办理。省、自治区、直辖市人民政府建设主管部门应当自受理申请之日起3日内办理变更手续，并在办理资质证书变更手续后15日内将变更结果报国务院建设主管部门备案。

工程监理企业不得有下列行为：
（1）与建设单位串通投标或者与其他工程监理企业串通投标，以行贿手段谋取中标；
（2）与建设单位或者施工单位串通弄虚作假、降低工程质量；
（3）将不合格的建设工程、建筑材料、建筑构配件和设备按照合格签字；
（4）超越本企业资质等级或以其他企业名义承揽监理业务；
（5）允许其他单位或个人以本企业的名义承揽工程；

(6) 将承揽的监理业务转包；
(7) 在监理过程中实施商业贿赂；
(8) 涂改、伪造、出借、转让工程监理企业资质证书；
(9) 其他违反法律法规的行为。

三、工程监理企业经营管理

（一）工程监理企业经营管理的基本准则

工程监理企业从事建设工程监理活动，应当遵循"守法、诚信、公正、科学"的基本准则。

1. 守法

守法，即遵守国家的法律法规。对于工程监理企业来说，守法即是要依法经营，主要体现在：

(1) 工程监理企业只能在核定的业务范围内开展经营活动。核定的业务范围包括两方面：一是监理业务的工程类别；二是承接监理工程的等级。

(2) 工程监理企业不得伪造、涂改、出租、出借、转让、出卖《资质等级证书》。

(3) 建设工程监理合同一经双方签订，即具有法律约束力，工程监理企业应按照合同的约定认真履行，不得无故或故意违背自己的承诺。

(4) 工程监理企业离开原住所地承接监理业务，要自觉遵守当地人民政府颁发的监理法规和有关规定，主动向监理工程所在地的省、自治区、直辖市建设行政主管部门备案登记，接受其指导和监督管理。

(5) 遵守国家关于企业法人的其他法律、法规的规定。

2. 诚信

诚信，即诚实守信用。这是道德规范在市场经济中的体现。它要求一切市场参加者在不损害他人利益和社会公共利益的前提下，追求自己的利益，目的是在当事人之间的利益关系和当事人与社会之间的利益关系中实现平衡，并维护市场道德秩序。诚信原则的主要作用在于指导当事人以善意的心态、诚信的态度行使民事权利，承担民事义务，正确地从事民事活动。

加强企业信用管理，提高企业信用水平，是完善我国工程监理制度的重要保证。企业信用的实质是解决经济活动中经济主体之间的利益关系。它是企业经营理念、经营责任和经营文化的集中体现。信用是企业的一种无形资产，良好的信用能为企业带来巨大效益。工程监理企业应当建立健全企业的信用管理制度。信用管理制度主要有：

(1) 建立健全合同管理制度。

(2) 建立健全与业主的合作制度，及时进行信息沟通，增强相互间的信任感。

(3) 建立健全监理服务需求调查制度，这也是企业进行有效竞争和防范经营风险的重要手段之一。

(4) 建立企业内部信用管理责任制度，及时检查和评估企业信用的实施情况，不断提高企业信用管理水平。

3. 公正

公正，是指工程监理企业在监理活动中在维护建设单位的权益时，不损害承包单位的合法权益，并尊重事实、依据法律法规和有关合同公平合理地处理业主与承包商之间的争议。

工程监理企业要做到公正，必须做到以下几点：
（1）要具有良好的职业道德；
（2）要坚持实事求是；
（3）要熟悉有关建设工程合同条款；
（4）要提高专业技术能力；
（5）要提高综合分析判断问题的能力。

4．科学

科学，是指工程监理企业要依据科学的方案，运用科学的手段，采取科学的方法开展监理工作，工程监理工作结束后，还要进行科学的总结。实施科学化管理主要体现在：

（1）科学的方案

建设工程监理的计划方案主要是指监理规划。在实施监理前，尽可能准确地预测各种可能问题，有针对性地拟定解决办法，制定出切实可行、行之有效的监理规划，必要时进一步编制监理实施细则，使各项监理活动都纳入计划管理的轨道。

（2）科学的手段

实施工程监理必须借助于先进的科学仪器才能做好监理工作，如各种检测、试验、化验仪器、摄录像设备及计算机等。

（3）科学的方法

监理工作的科学方法主要体现在监理人员在掌握大量的、确凿的有关监理对象及其外部环境实际情况的基础上，适时、妥帖、高效地处理有关问题，解决问题要用事实说话、用书面文字说话、用数据说话；要开发、利用计算机软件辅助工程监理。

（二）建立健全企业内部管理制度

工程监理企业的内部规章制度一般包括以下若干方面：

1．组织管理制度。合理设置企业内部机构和各机构职能，建立严格的岗位责任制度，加强考核和督促检查，有效配置企业资源，提高企业工作效率，健全企业内部监督体系，完善制约机制。

2．人事管理制度。健全工资分配、奖励制度，完善激励机制，加强对员工的业务素质培养和职业道德教育。

3．劳动合同管理制度。推行职工全员竞争上岗，严格劳动纪律，严明奖惩，充分调动和发挥职工的积极性、创造性。

4．财务管理制度。加强资产管理、财务计划管理、投资管理、资金管理、财务审计管理等。要及时编制资产负债表、损益表和现金流量表，真实反映企业经营状况，改进和加强经济核算。

5．经营管理制度。制定企业的经营规划、市场开发计划。

6．项目监理机构管理制度。制定项目监理机构的运行办法、各项监理工作的标准及检查评定办法等。

7．设备管理制度。制定设备的购置办法、设备的使用、保养规定等。

8．科技管理制度。制定科技开发规划、科技成果评审办法、科技成果应用推广办法等。

9. 档案文书管理制度。制定档案的整理和保管制度，文件和资料的使用、归档管理办法等。

10. 风险管理制度。有条件的工程监理企业应实行监理责任保险制度，适当转移责任风险。

（三）工程监理企业的市场开发

1. 取得监理业务的基本方式

工程监理企业承揽监理业务的表现形式有两种：一是通过投标竞争取得监理业务；二是由业主直接委托取得监理业务。通过投标取得监理业务，是市场经济体制下比较普遍的形式。我国《招标投标法》明确规定，关系公共利益安全、政府投资、外资工程等实行监理必须招标。在不宜公开招标的机密工程或没有投标竞争对手的情况下，或者是工程规模比较小、比较单一的监理业务，或者是对原工程监理企业的续用等情况下，业主也可以直接委托工程监理企业。

2. 工程监理企业投标书的核心

工程监理企业向业主提供的是管理服务，所以，工程监理企业投标书的核心问题主要是反映所提供的管理服务水平高低的监理大纲，尤其是主要的监理对策。业主在监理招标时应以监理大纲的水平作为评定投标书优劣的重要内容，而不应把监理费的高低当作选择工程监理企业的主要评定标准。作为工程监理企业，不应该以降低监理费作为竞争的主要手段去承揽监理业务。

一般情况下，监理大纲中主要的监理对策是指：根据监理招标文件的要求，针对业主委托监理工程的特点，初步拟订的该工程的监理工作指导思想，主要的管理措施、技术措施，拟投入的监理力量以及为搞好该项工程建设而向业主提出的原则性的建议等。

3. 市场竞争中应注意的事项

（1）严格遵守国家的法律、法规及有关规定，遵守监理行业职业道德，不参与恶性压价竞争活动，严格履行委托监理合同。

（2）严格按照批准的经营范围承接监理业务，特殊情况下，承接经营范围以外的监理业务时，需向资质管理部门申请批准。

（3）承揽监理业务的总量要视本企业的力量而定，不得在与业主签订监理合同后，把监理业务转包给其他工程监理企业，或允许其他企业、个人以本监理企业的名义挂靠承揽监理业务。

（4）对于监理风险较大的建设工程，可以联合几家工程监理企业组成联合体共同承担监理业务，以分担风险。

四、工程监理费

（一）工程监理费的构成

建设工程监理费是指业主依据委托监理合同支付给监理企业的监理酬金。它是构成工程概（预）算的一部分，在工程概（预）算中单独列支。建设工程监理费由监理直接成本、监理间接成本、税金和利润四部分构成。

（1）直接成本。直接成本是指监理企业履行委托监理合同时所发生的成本。主要包括：

①监理人员和监理辅助人员的工资、奖金、津贴、补助、附加工资等；

②用于监理工作的常规检测工器具、计算机等办公设施的购置费和其他仪器、机械的租赁费；

③用于监理人员和辅助人员的其他专项开支，包括办公费、通信费、差旅费、书报费、文印费、会议费、医疗费、劳保费、保险费、休假探亲费等；

④其他费用。

(2) 间接成本。间接成本是指全部业务经营开支及非工程监理的特定开支，具体内容包括：

①管理人员、行政人员以及后勤人员的工资、奖金、补助和津贴；

②经营性业务开支，包括为招揽监理业务而发生的广告费、宣传费、有关合同的公证费等；

③办公费，包括办公用品、报刊、会议、文印、上下班交通费等；

④公用设施使用费，包括办公使用的水、电、气、环卫、保安等费用；

⑤业务培训费、图书、资料购置费；

⑥附加费，包括劳动统筹、医疗统筹、福利基金、工会经费、人身保险、住房公积金、特殊补助等；

⑦其他费用。

(3) 税金。税金是指按照国家规定，工程监理企业应交纳的各种税金总额，如营业税、所得税、印花税等。

(4) 利润。利润是指工程监理企业的监理活动收入扣除直接成本、间接成本和各种税金之后的余额。

(二) 工程监理费的计算

自 2007 年 5 月 1 日起施行的《建设工程监理与相关服务收费管理规定》（发改价格[2007] 670 号，以下简称《收费管理规定》）规定，建设工程监理与相关服务收费根据建设项目性质的不同情况，分别实行政府指导价或市场调节价。依法必须实行监理的建设工程施工阶段的监理收费实行政府指导价；其他建设工程施工阶段的监理收费和其他阶段的监理与相关服务收费实行市场调节价。

施工监理服务收费的计算具体如下：

1. 施工监理服务收费的计费额

施工监理服务收费以建设项目工程概算投资额分档定额计费方式收费的，其计费额为工程概算中的建筑安装工程费、设备购置费和联合试运转费之和，即工程概算投资额。对设备购置费和联合试运转费占工程概算投资额 40% 以上的工程项目，其建筑安装工程费全部计入计费额，设备购置费和联合试运转费按 40% 的比例计入计费额。但其计费额不应小于建筑安装工程费与其相同且设备购置费和联合试运转费等于工程概算投资额 40% 的工程项目的计费额。

施工监理服务收费以建筑安装工程费分档定额计费方式收费的，其计费额为工程概算中的建筑安装工程费。

2. 施工监理服务收费基价

施工监理服务收费基价按施工监理服务收费基价表（表 1-3）确定，计费额处于两个数值区间的，采用直线内插法确定施工监理服务收费基价。

施工监理服务收费基价表（单位：万元）　　　　　表 1-3

序号	计费额	收费基价	序号	计费额	收费基价
1	500	16.5	9	60000	991.4
2	1000	30.1	10	80000	1255.8
3	3000	78.1	11	100000	1507.0
4	5000	120.8	12	200000	2712.5
5	8000	181.0	13	400000	4882.6
6	10000	218.6	14	600000	6835.6
7	20000	393.4	15	800000	8658.4
8	40000	708.2	16	1000000	10390.1

注：计费额大于1000000万元的，以计费额乘以1.039%的收费率计算收费基价。其他未包含的其收费由双方协商议定。

3．施工监理服务收费基准价

施工监理服务收费基准价的计算如下式：

$$\text{施工监理服务收费基准价} = \text{施工监理服务收费基价} \times \text{专业调整系数} \times \text{工程复杂程度调整系数} \times \text{高程调整系数} \quad (1-1)$$

（1）专业调整系数

是对不同专业建设工程的施工监理工作复杂程度和工作量差异进行调整的系数。计算施工监理服务收费时，专业调整系数在《收费管理规定》的施工监理服务收费专业调整系数表（表1-4）中查找确定。房屋建筑工程的专业调整系数为1。

施工监理服务收费专业调整系数表　　　　　表 1-4

工程类型	专业调整系数	工程类型	专业调整系数
1. 矿山采选工程		5. 交通运输工程	
黑色、有色、黄金、化学、非金属及其他矿采选工程	0.9	机场场道、助航灯光工程	0.9
选煤及其他煤炭工程	1.0	铁路、公路、城市道路、轻轨及机场空管工程	1.0
矿井工程、铀矿采选工程	1.1	水运、地铁、桥梁、隧道、索道工程	1.1
2. 加工冶炼工程		6. 建筑市政工程	
冶炼工程	0.9	园林绿化工程	0.8
船舶水工工程	1.0	建筑、人防、市政公用工程	1.0
各类加工	1.0	邮政、电信、广电电视工程	1.0
核加工工程	1.2		
3. 石油化工工程		7. 农业林业工程	
石油工程	0.9	农业工程	0.9
化工、石化、化纤、医药工程	1.0	林业工程	0.9
核化工工程	1.2		
4. 水利电力工程			
风力发电、其他水利工程	0.9		
火电工程、送变电工程	1.0		
核能、水电、水库工程	1.2		

（2）工程复杂程度调整系数

是对同一专业建设工程的施工监理复杂程度和工作量差异进行调整的系数。工程复杂程度分为一般、较复杂和复杂三个等级，其调整系数分别为：一般（Ⅰ级）0.85；较复杂（Ⅱ级）1.0；复杂（Ⅲ级）1.15。计算施工监理服务收费时，工程复杂程度在《收费管理规定》的《工程复杂程度表》中查找确定。

(3) 高程调整系数

海拔高程2001m以下的为1；海拔高程2001～3000m为1.1；海拔高程3001～3500m为1.2；海拔高程3501～4000m为1.3；海拔高程4001m以上的，高程调整系数由发包人和监理人协商确定。

4. 施工监理服务收费

施工监理服务收费的计算如下式：

$$施工监理服务收费 = 施工监理服务收费基准价 \times (1 + 浮动幅度值) \quad (1-2)$$

实行政府指导价的建设工程施工阶段监理收费，上式中浮动幅度值最大为上下20%，发包人和监理人应当根据建设工程的实际情况在规定的浮动幅度内协商确定收费额。实行市场调节价的建设工程监理与相关服务收费，由发包人和监理人协商确定收费额。

《收费管理规定》中要求：发包人将施工监理服务中的某一部分工作单独发包给监理人，按照其占施工监理服务工作量的比例计算施工监理服务收费，其中质量控制和安全生产监督管理服务收费不宜低于施工监理服务收费总额的70%。

建设工程项目施工监理服务由两个或者两个以上监理人承担的，各监理人按照其占施工监理服务工作量的比例计算施工监理服务收费。发包人委托其中一个监理人对建设工程项目施工监理服务总负责的（详见第二章图2-11），该监理人按照各监理人合计监理服务收费的4%～6%向发包人加收总体协调费。

建设工程监理与相关服务人员人工日费用标准见表1-5。

建设工程监理与相关服务人员人工日费用标准　　　　　表1-5

建设工程监理与相关服务人员职级	工日费用标准（元）
一、高级专家	1000～1200
二、高级专业技术职称的监理与相关服务人员	800～1000
三、中级专业技术职称的监理与相关服务人员	600～800
四、初级及以下专业技术职称监理与相关服务人员	300～600

第三节　监理工程师

一、监理工程师的概念

监理工程师是注册监理工程师的简称，是指经考试取得中华人民共和国监理工程师资格证书（以下简称资格证书），并按照本规定注册，取得中华人民共和国注册监理工程师注册执业证书（以下简称注册证书）和执业印章，从事工程监理及相关业务活动的专业技术人员。未取得注册证书和执业印章的人员，不得以注册监理工程师的名义从事工程监理及相关业务活动。

注册监理工程师可以从事工程监理、工程经济与技术咨询、工程招标与采购咨询、工程项目管理服务以及国务院有关部门规定的其他业务。

工程监理企业在履行委托监理合同时，必须在工程建设现场建立项目监理机构。项目监理机构是工程监理企业派驻工程项目负责履行委托监理合同的组织机构。在完成委托监理合同约定的监理工作后，项目监理机构方可撤离现场。我国将项目监理机构中工作的监理人员按其岗位职责不同分为四类，即总监理工程师、总监理工程师代表、专业监理工程师和监理员。

1. 总监理工程师

总监理工程师是由工程监理企业法定代表人书面授权，全面负责委托监理合同的履行、主持项目监理机构工作的监理工程师。总监理工程师由具有3年以上同类工程监理经验的监理工程师担任。

我国建设工程监理实行总监理工程师负责制。在项目监理机构中，总监理工程师对外代表工程监理企业，对内负责项目监理机构的日常工作。一名总监理工程师只宜担任一项委托监理合同的项目总监理工程师工作。当需要同时担任多项委托监理合同的项目总监理工程师时，须经建设单位书面同意，且最多不得超过3项。开展监理工作时，若需要调整总监理工程师，工程监理企业应征得建设单位同意并书面通知建设单位。

2. 总监理工程师代表

总监理工程师代表是经工程监理企业法定代表人同意，由总监理工程师授权，代表总监理工程师行使其部分职责和权利的项目监理机构中的监理工程师。总监理工程师代表由具有2年以上同类工程监理经验的监理工程师担任。

总监理工程师在监理工作必要时配备总监理工程师代表。

3. 专业监理工程师

专业监理工程师是根据项目监理岗位职责分工和总监理工程师的指令，负责实施某一专业或某一方面的监理工作，具有相应监理文件签发权的监理工程师。专业监理工程师应由具有1年以上同类工程监理经验的监理工程师担任。

监理工程师在注册时，注册证书上即注明了专业工程类别。专业监理工程师是项目监理机构中的一种岗位设置，可按工程项目的专业设置，也可按部门或某一方面的业务设置。工程项目如涉及特殊行业（如爆破工程），从事此类项目监理工作的专业监理工程师还应符合国家有关对专业人员资格的规定。开展监理工作时，若需要调整专业监理工程师，总监理工程师应书面通知建设单位和承包单位。

4. 监理员

监理员是经过监理业务培训，具有某类工程相关专业知识，从事具体监理工作的监理人员。监理员属于工程技术人员，不同于项目监理机构中的其他行政辅助人员。

项目监理机构的监理人员应专业配套、数量满足工程项目监理工作的需要。

二、监理工程师的素质

工程监理企业的职责是受建设工程项目建设单位的委托对建设工程进行监督和管理。具体从事监理工作的监理人员，不仅要对工程项目的建设过程进行监督管理，提出指导性的意见，而且要能够组织、协调与建设工程有关的各方共同实现工程目标。这就要求监理人员，尤其监理工程师是一种复合型人才，既要具备一定的工程技术或工程经济方面的专业知识，还要有一定的组织协调能力。对监理工程师素质的要求，主要体现在以下几个方面：

（一）复合型的知识结构和丰富的工程建设实践经验

作为一名监理工程师，至少应掌握一种专业工程的有关理论知识，没有专业理论知识的人无法担任监理工程师岗位工作。除此之外，监理工程师还应学习、掌握一定的建设工程经济、法律和组织管理等方面的理论知识，从而成为一专多能的复合型人才，肩负起在工程建设领域中的使命。

工程建设实践经验就是理论知识在工程建设中的成功应用。工程建设中的实践经验主要包括以下几个方面：

(1) 工程建设地质勘测实践经验；
(2) 工程建设规划设计实践经验；
(3) 工程建设设计实践经验；
(4) 工程建设施工实践经验；
(5) 工程建设设计管理实践经验；
(6) 工程建设施工管理实践经验；
(7) 工程建设构件、配件加工、设备制造实践经验；
(8) 工程建设经济管理实践经验；
(9) 工程建设招标投标等中介服务的实践经验；
(10) 工程建设立项评估、建成使用后的评价分析实践经验；
(11) 工程建设监理工作实践经验。

不少研究指出，工程建设中出现的失误，往往与经验不足有关。因此，世界各国都很重视工程建设的实践经验。英国咨询工程师协会规定，入会的会员年龄必须在38岁以上。我国规定，取得中级工程技术或者工程经济专业技术职称后还要有三年的工作实践，方可参加全国监理工程师执业资格考试。当然，一个人的工作时间不等于其工作经验，只有及时地、不断地把工作实践中的做法、体会以及失败的教训加以总结，使之条理化，才能升华成为经验。

（二）良好的品德和职业道德

监理工程师应热爱本职工作，具有科学的工作态度，具有廉洁奉公、为人正直、办事公道的高尚情操，能够听取各方意见、冷静分析问题。监理工程师还应严格遵守自己的职业道德守则：

(1) 维护国家的荣誉和利益，按照"守法、诚信、公正、科学"的准则执业；
(2) 执行有关工程建设的法律、法规、标准、规范、规程和制度，履行委托监理合同规定的义务和职责；
(3) 努力学习专业技术和建设监理知识，不断提高业务能力和监理水平；
(4) 不以个人名义承揽监理业务；
(5) 不同时在两个或两个以上工程监理企业注册和从事监理活动，不在政府部门和施工、材料设备的生产供应等单位兼职；
(6) 不为所监理项目指定承包商、建筑构配件、设备、材料生产厂家和施工方法；
(7) 不收受被监理单位的任何礼金；
(8) 不泄露所监理工程各方认为需要保密的事项；
(9) 坚持独立自主地开展工作。

（三）健康的体魄和充沛的精力

尽管建设工程监理是一种高智能的技术服务，以脑力劳动为主，但为了胜任繁忙、严谨的监理工作，监理工程师也须具有健康的身体和充沛的精力。所以，我国规定年满65周岁的监理工程师就不再予以注册。

三、监理工程师的责任风险

（一）监理工程师责任风险的由来

监理工程师的责任风险是多方面的，且不以人们的意志为转移，经常地、随机地发生在监理工程师的日常工作之中，具有存在的客观性、发生的偶然性等特征。监理工程师责任风险的原因体现在以下方面：

1. 法律法规对监理工程师的要求日益严格

近年来不断出现的建设工程重大质量事故、安全事故，促使人们对质量、安全责任的思考，我国的法律法规也随着形势的发展日益健全，对监理工程师法律责任也有了较为明确的规定。

2. 监理工程师所掌握的技术资源不可能尽善尽美

即使监理工程师在工作中无任何行为上的过错，仍然有可能承受由于技术、资源而带来的工作方面的风险，有些工作中的问题，往往需要相当的技术资源支撑。

3. 监理工程师的知识、经验有局限性

任何专业人士的知识和经验都是有局限的，工程监理是基于专业技能的技术服务。因此，尽管监理工程师履行了监理合同中业主委托的工作职责，但由于监理工程师本身知识和经验的局限性，可能并不一定能取得应有的效果。

4. 社会对工程监理的要求提高

近年来，工程监理得到了前所未有的重视，社会公众对工程监理寄予了极大的期望。但与此同时，人们对工程监理的认识也产生了某些偏差和误解，在社会环境方面加大了监理工程师的责任风险。

（二）监理工程师责任风险的分类

基于上述原因，结合监理工程师的工作特征，监理工程师所承担的责任风险可归纳为如下几个方面：

1. 行为责任风险

行为责任风险是指监理工程师出于失职、疏忽等原因，未能及时、全面地履行委托监理合同中约定的监理职责，并对由此造成的损失承担相应责任的风险。

2. 工作技能风险

工作技能风险是指由于监理工程师掌握的理论知识有限或工程管理实践经验不足而未能发现本应该发现的问题或隐患的风险。虽然监理工程师的主观愿望并不希望发生这样的过错，但由于当今的工程技术日新月异，新材料、新工艺层出不穷，监理工程师未必能及时、准确、全面地掌握所有相关的理论知识和实践技能，因此，也就无法完全避免工作技能方面的风险。

3. 技术资源风险

即使监理工程师在工作中无任何行为上的过错，仍然有可能承受由技术、资源而带来的工作上的风险。例如，利用现有的技术手段和质检方法，并不可能保证所有的质量隐患都能够被监理工程师及时发现。

4. 管理风险

明确的管理目标、合理的组织机构、细致的职责分工、有效的约束机制是建设工程监理的基本保证。尽管有高素质的人才资源，但如果监理单位与项目监理机构之间的管理约束机制或是项目监理机构的内部管理机制不健全，监理工程师仍然可能面对较大的风险。

5. 职业道德风险

监理工程师是高素质的专业技术人才，接受过良好的教育并具有丰富的实践经验，社会公众对监理工程师的专业技术服务存在较多的依赖。如果监理工程师不能遵守职业道德的约束，自私自利，敷衍了事，回避问题，甚至为谋求私利而损害工程利益，必然会因此而面对相应的职业道德风险。

6. 社会环境风险

社会环境风险是指来自于社会公众对监理行业寄予了极大期望而给监理工程师的业务开展带来的风险压力。

综上所述，监理工程师所面临的责任风险是十分复杂和巨大的。监理工程师有必要将所承担的责任风险进行转移和分担，而购买职业责任保险就是一种国际上通行的分担和转移责任风险的机制。

四、监理工程师资格考试

为了适应建立社会主义市场经济体制的要求，加强建设工程项目监理，确保工程建设质量，提高监理人员专业素质和建设工程监理工作水平，建设部、人事部自1997年起，在全国举行监理工程师执业资格考试。这样做，既符合国际惯例，又有助于开拓国际建设工程监理市场。

（一）考试报名条件

凡中华人民共和国公民，遵纪守法，具有工程技术或工程经济专业大专以上（含大专）学历，并符合下列条件之一者，可申请参加监理工程师执业资格考试：

（1）具有按照国家有关规定评聘的工程技术或工程经济专业中级专业技术职务，并任职满三年；

（2）具有按照国家有关规定评聘的工程技术或工程经济专业高级专业技术职务。

申请参加监理工程师执业资格考试，由本人提出申请，所在工作单位推荐，持报名表到当地考试管理机构报名，并交验学历证明、专业技术职务证书。

（二）考试科目

全国监理工程师执业资格考试的范围是现行的六本监理培训教材，即建设工程监理概论、建设工程合同管理、建设工程质量控制、建设工程进度控制、建设工程投资控制和工程建设信息管理等六方面的理论知识和实务技能。

监理工程师执业资格考试实行全国统一大纲、统一命题、统一组织的办法，每年举行一次。

考试科目有四科，即《建设工程监理基本理论和相关法规》、《建设工程合同管理》、《建设工程质量、投资、进度控制》和《建设工程监理案例分析》。符合免试条件的人员可以申请免试《建设工程合同管理》和《建设工程质量、投资、进度控制》两科。

（三）考试管理

根据我国国情，对监理工程师执业资格考试工作，实行政府统一管理的原则。国家成立由建设行政主管部门、人事行政主管部门、计划行政主管部门和有关方面的专家组成的"全国监理工程师资格考试委员会"；省、自治区、直辖市成立"地方监理工程师资格考试委员会"。

参加四个科目考试人员成绩的有效期为两年，实行两年滚动管理办法，考试人员必须在连续两年内通过四科考试，方可取得《监理工程师执业资格证书》。参加两个科目考试的人员必须在一年内通过两科考试，方可取得《监理工程师执业资格证书》。

五、监理工程师注册

注册监理工程师实行注册执业管理制度。根据2006年4月1日施行的《注册监理工程师管理规定》（建设部第147号令）规定，取得资格证书的人员，应当受聘于一个具有建设工程勘察、设计、施工、监理、招标代理、造价咨询等一项或者多项资质的单位，经注册后方可从事相应的执业活动。从事工程监理执业活动的，应当受聘并注册于一个具有工程监理资质的单位。注册监理工程师依据其所学专业、工作经历、工程业绩，按照《工程监理企业资质管理规定》划分的工程类别，按专业注册。每人最多可以申请两个专业注册。

监理工程师的注册分为三种形式，即初始注册、延续注册和变更注册。

（一）初始注册

初始注册者，可自资格证书签发之日起3年内提出申请。逾期未申请者，须符合继续教育的要求后方可申请初始注册。由初始注册申请者本人向聘用单位提出申请，由聘用单位连同申请人的有关材料向所在省、自治区、直辖市人民政府建设行政主管部门提出申请。省、自治区、直辖市人民政府建设行政主管部门初审合格后，报国务院建设行政主管部门，国务院建设行政主管部门对符合条件者予以注册，颁发注册证书和执业印章。

注册证书和执业印章是注册监理工程师的执业凭证，由注册监理工程师本人保管、使用。注册证书和执业印章的有效期为3年。

（二）延续注册

注册监理工程师在注册有效期满需继续执业的，应当在注册有效期满30日前，按照规定程序申请延续注册。延续注册有效期3年。由延续注册申请者本人向聘用单位提出申请，由聘用单位连同申请人的有关材料向所在省、自治区、直辖市人民政府建设行政主管部门提出申请。省、自治区、直辖市人民政府建设行政主管部门准予延续注册后，报国务院建设行政主管部门备案。

延续注册有效期3年。

（三）变更注册

在注册有效期内，注册监理工程师变更执业单位，应当与原聘用单位解除劳动关系，并按本规定第七条规定的程序办理变更注册手续，变更注册后仍延续原注册有效期。由变更注册申请者本人向聘用单位提出申请，由聘用单位开出解聘证明连同申请人的有关材料向所在省、自治区、直辖市人民政府建设行政主管部门提出申请。省、自治区、直辖市人民政府建设行政主管部门准予变更注册后，报国务院建设行政主管部门备案。

监理工程师办理变更注册后，1年内不能再次办理变更注册。

六、监理工程师继续教育

注册监理工程师在每一注册有效期内应当达到国务院建设主管部门规定的继续教育要求,以及时更新理论知识,学习政策法规,不断提高执业能力和工作水平。继续教育作为注册监理工程师逾期初始注册、延续注册和重新申请注册的条件之一。

继续教育分为必修课和选修课,在每一注册有效期(3年)内各为48学时。

必修课的内容主要有:国家近期颁布的与工程监理有关的法律法规、标准规范和政策;工程监理与工程项目管理的新理论、新方法;工程监理案例分析;注册监理工程师职业道德。

选修课的内容主要有:地方及行业近期颁布的与工程监理有关的法规、标准规范和政策;工程建设新技术、新材料、新设备及新工艺;专业工程监理案例分析;需要补充的其他与工程监理业务有关的知识。

选修课48学时按注册专业安排学时,只注册一个专业的,每年接受该注册专业选修课16学时的继续教育;注册两个专业的,每年接受相应两个注册专业选修课各8学时的继续教育。

注册监理工程师申请变更注册专业时,在提出申请之前,应接受申请变更注册专业24学时选修课的继续教育。注册监理工程师申请跨省、自治区、直辖市变更执业单位时,在提出申请之前,应接受新聘用单位所在地8学时选修课的继续教育。

注册监理工程师继续教育采取集中面授和网络教学的方式进行。

思 考 题

1. 什么是建设工程监理?开展建设工程监理业务的依据是什么?
2. 国家规定哪些建设工程必须实行监理?
3. 建设工程监理具有哪些性质?其含义是什么?
4. 工程监理企业的组织形式有哪些?
5. 设立工程监理有限责任公司的基本条件有哪些?
6. 工程监理企业的资质等级标准如何?
7. 工程监理企业经营活动的基本准则是什么?
8. 工程监理费如何构成?依法必须实行监理的建设工程施工阶段的监理收费如何计算?
9. 监理机构中按岗位职责不同包括哪几类监理人员?其任职条件各是什么?
10. 监理工程师应具备哪些方面的素质?
11. 监理工程师注册有哪几种?
12. 注册监理工程师继续教育的内容和学时要求是什么?

第二章 建设工程监理组织

第一节 建设工程监理的组织形式

工程监理企业与建设单位签订委托监理合同后,企业法定代表人任命总监理工程师。总监理工程师根据监理大纲和委托监理合同的内容,负责组建项目监理机构。项目监理机构是工程监理企业派驻工程项目负责履行委托监理合同的组织机构。因此,监理工程师应懂得有关组织理论知识。

组织是管理的一项重要职能。建立精干、高效的监理组织,并使之得以正常运行,是实现监理目标的前提条件。

一、组织的基本原理

(一) 组织

所谓组织,就是为了使系统达到它的特定的目标,使全体参加者经分工与协作以及设置不同层次的权力和责任制度而构成的群体以及相应的机构。正是由于人们聚集在一起,协同合作,共同从事某项活动,才产生了组织。

组织既指静态的社会实体单位,又指动态的组织活动过程。因此,组织理论分为组织结构学和组织行为学两个相互联系的分支学科。组织结构学侧重于建立精干、合理、高效的组织结构;组织行为学侧重于研究组织在实现组织目标活动过程中所表现出的行为,包括其取得成功的行为能力、社会公众形象、良好的人际关系等。本章重点介绍组织结构学部分。

(二) 组织设计的原则

组织设计是对组织结构和组织活动的设计过程,有效的组织设计在提高组织活动效能方面起着重大作用。

项目监理机构的组织设计应遵循以下几个基本原则:

1. 分工与协作

就项目监理机构而言,分工就是按照提高监理工作专业化程度和监理工作效率的要求,把监理目标分成各级各部门各工作人员的目标和任务。对每一位工作人员的工作作出严密分工,有利于个人扬长避短、提高监理工作质量和效率。组织设计时尽量按照专业化分工的要求组建项目监理机构,同时兼顾物质条件、人力资源和经济效益。

有分工就有协作。项目监理机构内部门与部门之间、部门内工作人员之间是密切联系、相互依赖的,因此,要求彼此之间做到相互配合、协作一致。组织设计时尽可能考虑到自动协调,并要提出具体可行的协调配合方法,否则,分工难以取得整体的最佳效益。

2. 集权与分权

在项目监理机构设计中,集权就是总监理工程师决定一切监理事项、其他监理人员只是执行命令;分权则是总监理工程师将一部分权力下放给总监理工程师代表和专业监理工程师，总监理工程师主要把握重大决策，起协调作用。

项目监理机构中集权和分权程度如何，要综合考虑工程项目的特点、决策问题的重要性、监理人员的精力、能力、工作经验等因素而定。分权尤其应注意明确个人权力的大小和界限。

3. 管理跨度与管理层次

管理跨度是指一个上级管理者直接管理的下级人数。管理跨度越大，管理者需要协调的工作量越大，管理难度越大，因而必须确定合理的管理跨度。管理跨度与工作性质和内容、管理者素质、被管理者素质、授权程度等因素有关。

管理层次是指从组织的最高管理者到基层工作人员之间的等级层次数量。从最高管理者到基层工作人员权责逐层递减，人数却逐层递增。在项目监理机构中，管理层次分为三个，即：(1) 决策层，由总监理工程师及其助手组成，要根据工程项目的监理活动特点与内容进行科学化、程序化决策；(2) 中间控制层（协调层和执行层），由专业监理工程师或子项目监理工程师组成，具体负责监理规划的落实、目标控制及合同实施管理，属承上启下管理层次；(3) 作业层（操作层），由监理员、检查员等组成，具体负责监理工作的操作。

管理跨度与管理层次成反比关系。即管理跨度加大，管理层次就减少；缩小管理跨度，管理层次就增加。项目监理机构设计应通盘考虑确定管理跨度之后，再确定管理层次。

4. 才职相称与权责一致

项目监理机构的管理跨度和管理层次确定之后，应根据每位工作人员的能力安排职位，明确责任，并授予相应的权力。

项目监理机构中每个工作岗位都对其工作者提出了一定的知识和技能要求，只有充分考察个人的学历、知识、经验、才能、性格、潜力等，因岗设人，才能做到才职相称、人尽其才、才得其用、用得其所。

在项目监理机构中应明确划分职责、权力范围，做到责任与权力一致。组织结构中的责任和权力是由工作岗位决定的，不同的岗位职务有着不同的责任和权力。既不能权大于责，也不能责大于权，只有权责一致，才能充分发挥人的积极性、主动性、创造性，增强组织活力。

5. 效率与弹性

项目监理机构设计应将高效率放在重要地位。力求以较少的人员、较少的管理层次、较少的时间实现组织的预期管理成效。高效率要求项目监理机构选用适宜的组织结构形式，实现有效的内部、外部协调。

弹性是指项目监理机构具有一定的适应能力。一个项目监理机构既要有相对的稳定性，不能随心所欲地变动，又要随组织内部、外部条件和环境的变化，作出相应的调整以保证组织管理目标的实现。

二、组建项目监理机构的步骤

工程监理企业在组建项目监理机构时，一般按以下步骤进行，如图 2-1 所示。

(一) 确定监理目标

监理目标是项目监理机构设立的前提，应根据委托监理合同中确定的监理目标，明确

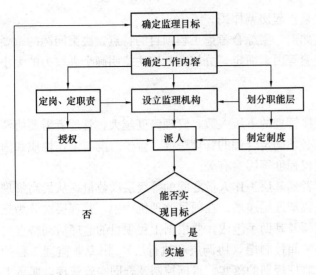

图 2-1 组建项目监理机构工作流程图

划分为若干分解目标。

（二）确定工作内容

根据监理目标和委托监理合同中规定的监理任务，明确列出监理工作内容，并进行分类归并及组合。此组织工作应以便于监理目标控制为目的，并考虑被监理项目的规模、性质、工期、工程复杂程度以及工程监理企业自身技术业务水平、监理人员数量、组织管理水平等。

（三）组织结构设计

1. 确定组织结构形式

由于工程项目规模、性质、建设阶段等的不同，可以选择不同的监理组织机构形式以适应监理工作需要。结构形式的选择应考虑有利于项目合同管理，有利于控制目标，有利于决策指挥，有利于信息沟通。

2. 确定管理层次

遵循由上至下、先确定管理跨度的原则合理确定项目监理机构的管理层次。

3. 划分职能部门

考虑监理工程项目具体需要、项目监理机构的资源以及工程项目合同结构等情况，可划分安全监理、质量控制、进度控制、投资控制、合同管理、信息管理等职能部门，也可考虑对应子项目成立职能部门。

4. 制定岗位职责和考核标准

岗位职务及职责的确定，要有明确的目的性，不可因人设事。根据责权一致的原则，应进行适当的授权，以承担相应的职责。应明确对各岗位的考核内容、考核标准和考核时间。

5. 选派监理人员

根据监理工作的任务，选择相应的各层次人员，除应考虑监理人员个人素质外，还应考虑总体的合理性与协调性。

（四）制定工作流程和信息流程

为使监理工作科学、有序进行，应按监理工作的客观规律性制定工作流程和信息流程，规范化地开展监理工作。

三、项目监理机构的组织形式

项目监理机构的组织形式应根据工程项目的特点、工程项目承发包模式、建设单位委托的监理任务以及项目监理机构自身情况而确定。常用的组织形式有：

（一）直线制监理组织形式

这是最简单的组织形式，其特点是项目监理机构组织中各种职位是按垂直系统直线排列的，任何一个下级只接受唯一上级的命令。总监理工程师负责整体规划、组织和指导，并负责监理工作各方面的指挥和协调；各监理工程师分别负责各分解目标值的控制工作，具体指导现场监理工作。

直线制监理组织形式主要优点是组织机构简单，权力集中，命令统一，职责分明，决策迅速，隶属关系清晰。缺点是要求总监理工程师是"全能"人物，实际上是总监理工程师的个人管理。

在实际运用中，直线制监理组织形式有三种具体形式：

1. 按子项目分解的直线制监理组织形式

适用于被监理项目能划分为若干相对独立的子项目的大、中型工程项目，如图2-2所示。

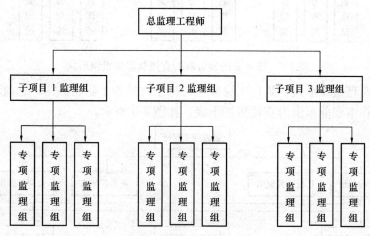

图 2-2　按子项目分解的直线制监理组织形式

2. 按建设阶段分解的直线制监理组织形式

建设单位委托工程监理企业对建设工程实施全过程监理，项目监理机构可采用此种组织形式，如图2-3所示。

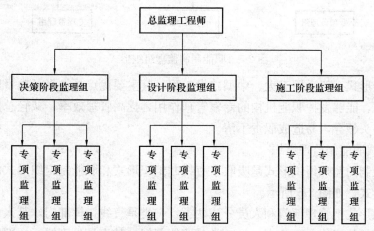

图 2-3　按建设阶段分解的直线制监理组织形式

3. 按专业内容分解的直线制监理组织形式

适于小型建设工程，如图2-4所示。

（二）职能制监理组织形式

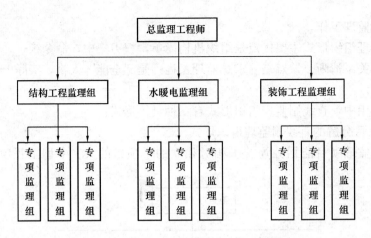

图 2-4　按专业内容分解的直线制监理组织形式

职能制的监理组织形式，是在项目监理机构中设立若干职能机构，总监理工程师授权这些职能部门在本职能范围内直接指挥下级，如图 2-5 所示。

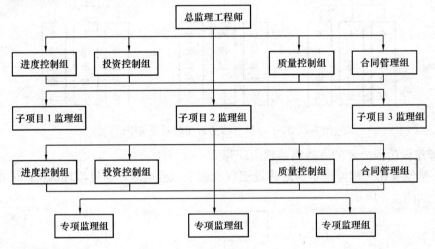

图 2-5　职能制的监理组织形式

此种组织形式一般适用于大、中型建设工程。其主要优点是加强了项目监理目标控制的职能化分工，能够发挥职能机构的专家管理作用，提高管理效率，减轻总监理工程师负担。缺点是多头领导，易造成职责不清。

（三）直线职能制监理组织

直线职能制的监理组织形式是吸收了直线制组织形式和职能制组织形式的优点而构成的一种组织形式，如图 2-6 所示。

这种组织形式把管理部门和人员分成两类：一类是直线指挥部门，其人员有权指挥下级，并对该部门的工作全面负责；另一类是职能部门，其人员是直线指挥部门的参谋，只能对下级进行业务指导，无指挥权。其主要优点是在直线领导、统一指挥的基础上，引进了监理目标控制的职能化分工。缺点是职能部门与指挥部门易产生矛盾，信息传递路线长，不利于互通情报。

（四）矩阵制监理组织形式

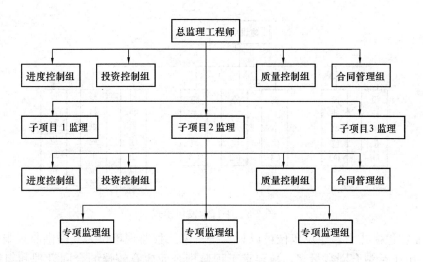

图 2-6 直线职能制监理组织形式

矩阵制监理组织形式是由纵横两套管理系统组成的矩阵式组织结构，一套是纵向的职能系统，另一套是横向的子项目系统，如图 2-7 所示。

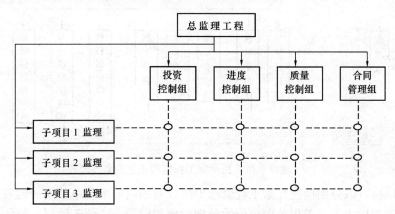

图 2-7 矩阵制监理组织形式

优点是加强了各职能部门的横向联系，具有较大的弹性，把上下左右集权与分权实行最优的结合，有利于解决复杂难题，有利于监理人员业务能力的培养。缺点是纵横向协调工作量大，易产生矛盾。

第二节 建设工程监理模式与实施程序

一、建设工程监理模式

建设工程监理模式的选择取决于建设工程组织管理模式，即建设单位与承包商之间的承发包模式。建设工程监理模式确定后，将直接影响建设工程的监理组织形式。

（一）平行承发包模式下的监理模式

平行承发包是指建设单位将建设工程的设计、施工以及材料设备采购等任务分别发包给若干设计单位、施工单位和材料设备供应单位，如图 2-8 所示。

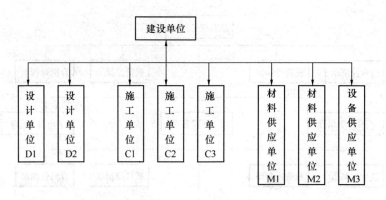

图 2-8 平行承发包模式

平行承发包模式下,建设单位可以只委托一家工程监理单位为其提供监理服务,如图 2-9 所示。由于承包合同数量多,故要求工程监理企业应有较强的合同管理和组织协调能力,并做好全面规划工作。

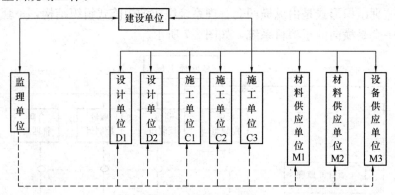

图 2-9 建设单位委托一家工程监理单位的监理模式

建设单位也可以分别授权几家工程监理单位针对不同的承包单位实施监理,如图 2-10 所示。这种监理模式下,工程监理单位的监理对象相对单一,便于管理,但各工程监理单位之间的相互协调与配合需要建设单位的协调,不利于建设工程的总体规划与协调控制。

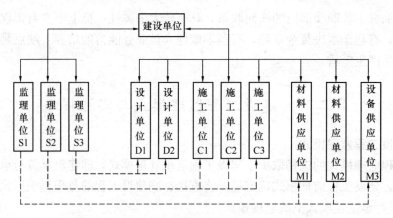

图 2-10 建设单位委托多家工程监理单位的监理模式

为了克服上述不足,在某些大、中型项目的监理实践中,业主首先委托一个"总监理工程师单位"总体负责建设工程的总规划和协调控制，再由业主和"总监理工程师单位"共同选择几家监理单位分别承担不同合同段的监理任务。在监理工作中，由"总监理工程师单位"负责协调、管理各监理单位的工作，大大减轻了业主的管理压力，形成如图2-11所示的委托监理模式。

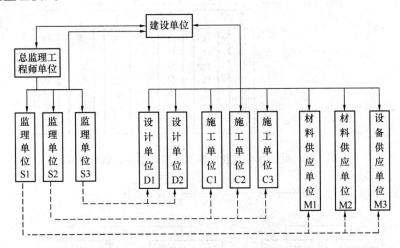

图 2-11 建设单位委托"总监理工程师单位"的监理模式

（二）设计或施工总分包模式下的监理模式

设计或施工总分包是指建设单位将全部设计或施工任务发包给一家设计单位或一家施工单位作为总包单位，总包单位可以将部分任务分包给其他承包单位，如图 2-12 所示。

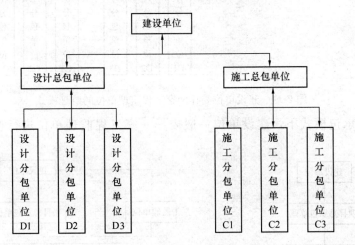

图 2-12 设计或施工总分包模式

设计或施工总分包模式下，建设单位可以委托一家工程监理单位进行实施阶段的监理，如图 2-13 所示。建设单位也可以按设计阶段和施工阶段分别委托两家工程监理单位，如图 2-14 所示。监理工程师必须做好对分包单位资质的审查、确认工作。

（三）项目总承包模式下的监理模式

项目总承包是指建设单位将工程设计、施工、材料设备采购等任务全部发包给一家承包单位，总承包单位可以将部分任务分包给其他承包单位，如图 2-15 所示。

37

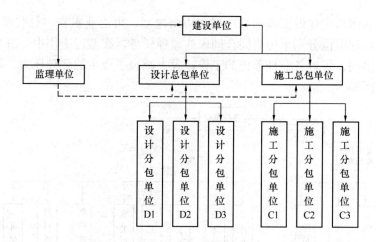

图 2-13 建设单位委托一家工程监理单位的监理模式

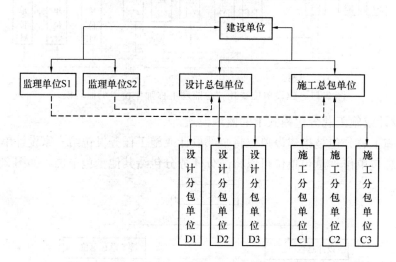

图 2-14 建设单位委托两家工程监理单位的监理模式

在项目总承包模式下,建设单位一般委托一家工程监理单位进行监理,如图 2-16 所示。

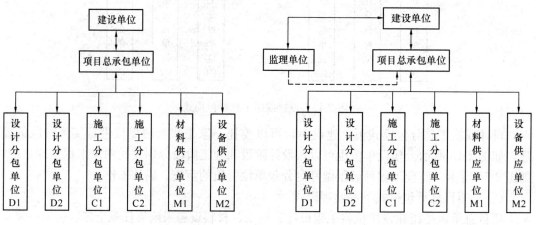

图 2-15 项目总承包模式　　　　　　图 2-16 项目总承包模式下的监理模式

二、建设工程监理实施程序

下面以新建、扩建、改建建设工程施工、设备采购和制造的监理工作为例，说明工程监理单位实施监理工作的程序。

(一) 任命总监理工程师，组建项目监理机构

工程监理单位根据建设工程的规模、性质、建设单位的要求，任命称职的人员担任项目总监理工程师。由总监理工程师全面负责建设工程监理的实施工作，是实施监理工作的核心人员。总监理工程师往往由主持监理投标、拟定监理大纲、与建设单位商签委托监理合同等工作的人员担任。

总监理工程师在组建项目监理机构时，应符合监理大纲和委托监理合同中有关人员安排的内容，并在今后的实施监理过程中进行必要的调整。

工程监理单位应于委托监理合同签订10日内将项目监理机构的组织形式、人员构成及对总监理工程师的任命书面通知建设单位。

(二) 编制建设工程监理规划

监理规划是指导项目监理机构全面开展监理工作的指导性文件，具体内容详见第九章。

(三) 编制各专业监理实施细则

监理实施细则是根据监理规划，针对工程项目中某一专业或某一方面监理工作的操作性文件，具体内容详见第九章。

(四) 规范化地开展监理工作

规范化是指在实施监理时，各项监理工作都应按一定的逻辑顺序先后开展；每位工作人员都有严密的职责分工，又精诚协作；每一项监理工作都有事先确定的具体目标和工作时限，并能对工作成效进行检查和客观、公正的考核。

(五) 参与验收，签署建设工程监理意见

建设工程完成施工后，由总监理工程师组织有关人员进行竣工预验收，发现问题及时要求承包单位整改。整改完毕由总监理工程师签署工程竣工报验单，并提出工程质量评估报告。

项目监理机构应参加由建设单位组织的竣工验收，并提供相关监理资料。对验收中提出的整改问题，项目监理机构应要求承包单位进行整改。工程质量符合要求，由总监理工程师会同参加验收的各方签署竣工验收报告。

(六) 向建设单位移交建设工程监理档案资料

项目监理机构应设专人负责监理资料的收集、整理和归档工作。工程监理企业应在工程竣工验收前按委托监理合同或协议规定的时间、套数移交工程档案，办理移交手续。项目监理机构一般应移交设计变更、工程变更资料、监理指令性文件、各种签证资料等档案资料。

(七) 监理工作总结

完成监理工作后，项目监理机构一方面要及时向建设单位做监理工作总结，主要总结委托监理合同履行情况、监理目标完成情况等内容；另一方面要向本监理单位移交总结，主要总结监理工作的经验和监理工作中存在的不足及改进的建议。

第三节 项目监理机构人员配备及职责分工

一、项目监理机构的人员配备

项目监理机构的人员数量和专业配备要从工程特点、工程环境、监理任务、委托监理合同的要求等方面综合考虑，优化组合，形成整体高素质的监理组织。

（一）项目监理机构的人员结构

项目监理机构要有合理的人员结构才能适应监理工作的要求。人员结构合理是指：

1. 合理的专业结构

即项目监理机构应由与监理项目的性质（如某类工业项目还是民用建筑项目）及建设单位对项目监理的要求（如全过程监理还是施工阶段的监理）相称职的各类专业人员组成，也就是各类专业人员要配套。

一般来说，监理组织应具备与所承担的监理任务相适应的专业人员。但是，当监理项目局部具有某些特殊性，或业主提出某些特殊的监理要求而需要借助于采用某种特殊的监控手段时，如需采用X光及超声探测仪无损探伤等，此时，可以外聘某些特殊作业人员或将这些局部的、专业性很强的监控工作另行委托给有相应资质的咨询单位来承担，也应视为保证了人员合理的专业结构。

2. 合理的技术职务、职称结构

监理工作虽是综合性及专业性很强的技术服务，但并不是一味追求监理人员的技术职务、职称越高越好。合理的技术职称结构应是高级职称、中级职称和初级职称应有与监理工作要求相称的比例。

一般来说，决策阶段、设计阶段的监理，中级及中级以上监理人员应占绝大多数，初级职称人员仅占少数；施工阶段的监理，应有较多的初级职称人员从事实际操作，如旁站、现场检查、计量等。

（二）项目监理机构监理人员数量的确定

影响项目监理机构监理人员数量的主要因素有：

1. 工程建设强度

工程建设强度是指单位时间内投入的工程建设资金的数量，即：

$$工程建设强度 = 投资/工期$$

其中，投资和工期均指由项目监理机构所承担的那部分工程的建设投资和工期。一般投资费用可按工程估算、概算或合同价计算，工期来自进度总目标及其分目标。

显然，工程建设强度越大，投入的监理人员应越多。

2. 工程复杂程度

根据一般工程的情况，可将工程复杂程度按以下各项考虑：设计活动多少、工程地点位置、气候条件、地形条件、工程地质、施工方法、工程性质、工期要求、材料供应、工程分散程度等。

根据工程复杂程度的不同，可将各种情况的工程分为若干级别，不同级别的工程需要配备的人员数量有所不同。例如，将工程复杂程度按五级划分：简单、一般、一般复杂、复杂、很复杂。显然，简单级别的工程需要的人员少，而复杂的项目就要多配置人员。

3. 项目承包商队伍的情况

承包商队伍的技术水平、项目管理机构的质量管理体系、技术管理体系、质量保证体系愈完善，相应监理工作量较小一些，监理人员配备可少一些。反之，要增加监控力度，人员要多一些。

4. 工程监理企业的业务水平

每个工程监理企业的业务水平各不相同，人员素质、专业能力、管理水平、工程经验、设备手段等方面的差异都直接影响监理效率的高低。高水平的工程监理企业可以投入较少人力完成一个工程项目的监理工作，而一个经验不多或管理水平不高的工程监理企业则需要投入较多的人力。因此，各工程监理企业应当根据自己的实际情况制定监理人员需要量定额。

5. 项目监理机构的组织结构和职能分工

项目监理机构的组织结构情况关系到监理人员的数量。

二、项目监理机构各类监理人员的基本职责

项目监理机构的监理人员包括总监理工程师、专业监理工程师和监理员，必要时可配备总监理工程师代表。各类监理人员的基本职责应按照工程建设阶段和建设工程的具体情况确定。以施工阶段为例，依照《建设工程监理规范》的规定，项目总监理工程师、总监理工程师代表、专业监理工程师和监理员的基本职责如下：

（一）总监理工程师

1. 确定项目监理机构人员的分工和岗位职责；
2. 主持编写项目监理规划、审批项目监理实施细则，并负责管理项目监理机构的日常工作；
3. 审查分包单位的资质，并提出审查意见；
4. 检查和监督监理人员的工作，根据工程项目的进展情况可进行人员调配，对不称职的人员应调换其工作；
5. 主持监理工作会议，签发项目监理机构的文件和指令；
6. 审定承包单位提交的开工报告、施工组织设计、技术方案、进度计划；
7. 审核签署承包单位的申请、支付证书和竣工结算；
8. 审查和处理工程变更；
9. 主持或参与工程质量事故的调查；
10. 调解建设单位与承包单位的合同争议、处理索赔、审批工程延期；
11. 组织编写并签发监理月报、监理工作阶段报告、专题报告和项目监理工作总结；
12. 审核签认分部工程和单位工程的质量检验评定资料，审查承包单位的竣工申请，组织监理人员对待验收的工程项目进行质量检查，参与工程项目的竣工验收；
13. 主持整理工程项目的监理资料。

（二）总监理工程师代表职责

1. 负责总监理工程师指定或交办的监理工作；
2. 按总监理工程师的授权，行使总监理工程师的部分职责和权力。

总监理工程师不得将下列工作委托给总监理工程师代表：

1. 主持编写项目监理规划、审批监理实施细则；

2. 签发工程开工/复工报审表、工程暂停令、工程款支付证书、工程竣工报验单；

3. 审核签认竣工结算；

4. 调解建设单位与承包单位的合同争议、处理索赔，审批工程延期；

5. 根据工程项目的进展情况进行监理人员的调配，调换不称职的监理人员。

（三）专业监理工程师职责

1. 负责编写本专业的监理实施细则；

2. 负责本专业监理工作的具体实施；

3. 组织、指导、检查和监督本专业监理员的工作，当人员需要调整时，向总监理工程师提出建议；

4. 审查承包单位提交的涉及本专业的计划、方案、申请、变更，并向总监理工程师提出报告；

5. 负责本专业分项工程验收及隐蔽工程验收；

6. 定期向总监理工程师提交本专业监理工作实施情况报告，对重大问题及时向总监理工程师汇报和请示；

7. 根据本专业监理工作实施情况做好监理日记；

8. 负责本专业监理资料的收集、汇总及整理，参与编写监理月报；

9. 核查进场材料、设备、构配件的原始凭证、检测报告等质量证明文件及其质量情况，根据实际情况认为有必要时对进场材料、设备、构配件进行平行检验，合格时予以签认；

10. 负责本专业的工程计量工作，审核工程计量的数据和原始凭证。

（四）监理员职责

1. 在专业监理工程师的指导下开展现场监理工作；

2. 检查承包单位投入工程项目的人力、材料、主要设备及其使用、运行状况，并做好检查记录；

3. 复核或从施工现场直接获取工程计量的有关数据并签署原始凭证；

4. 按设计图及有关标准，对承包单位的工艺过程或施工工序进行检查和记录，对加工制作及工序施工质量检查结果进行记录；

5. 担任旁站工作，发现问题及时指出并向专业监理工程师报告；

6. 做好监理日记和有关的监理记录。

思 考 题

1. 组织设计的原则有哪些？
2. 建立项目监理机构有哪些主要步骤？
3. 简述项目监理机构的组织形式及其优缺点。
4. 建设单位可选择哪些委托监理模式？其优缺点如何？
5. 建设工程监理实施程序如何？
6. 各类监理人员职责分别是什么？

第三章 建设工程监理目标控制及风险分析

按照监理规划编制要求，监理规划中已明确了监理工作的目标，也就是工程的质量、工程的进度及工程的投资控制三大目标。本章主要介绍监理工程师应如何进行三大目标的制定，目标的分解、目标的风险分析以及行动计划措施的控制和实施管理，从而确保监理工作目标的实现。

第一节 监理目标控制概念及目标系统

一、目标控制概念

目标控制的概念是由 P. Drucker 在 1954 年提出的。控制的功能包括五个方面，确定控制工作的目标；计划的制订；组织与人事；协调；调整与控制。目标是任何工作的出发点，也是任何工作的归结和期望取得的成果，因此目标控制是成果管理的重要手段。

监理项目目标控制的程序框图如图 3-1 所示。

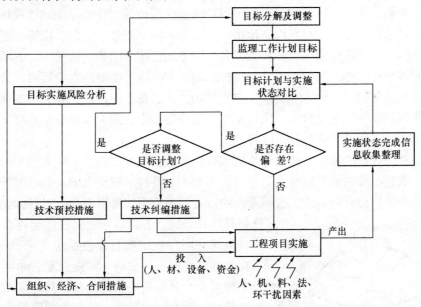

图 3-1 监理项目目标控制程序框图

目标控制程序包括：目标分解及计划制定；目标实施风险分析；目标预控措施制定；目标的跟踪、对比及调控。

工程项目一般都具有一定规模，工程实施时间较长，因此目标的分解是必需的，通常可以按以下方式分解目标：

（1）按业主对项目的期望划分：项目投资控制目标；项目实施进度目标；项目质量目

标；项目建设安全目标；项目环保目标等。

（2）按项目实施的阶段划分：如设计阶段监理目标；施工招标阶段监理目标；施工阶段监理目标。

（3）按项目从属关系划分：如项目监理目标；子项目监理目标；分部工程监理目标等。

（4）按项目组成内容分解：如投资目标按费用组成划分建筑安装工程费用目标，设备工器具费用目标，其他工程费用目标等。又如质量目标可划分为材料质量目标，设备质量目标，土建工程质量目标，设备安装质量目标等。

（5）按项目实施的进展分解：如进度控制目标可划分为年度目标、季度目标、月度目标。

监理工作目标的控制是一个动态的过程，目标的实现在实施过程中会受到干扰，重要的是做好两个方面的工作：

（1）监理目标风险分析，以便预先采取风险防范、预控的措施；

（2）监理项目实施后的信息收集整理，并及时反馈对比，发现偏差，以便确定是否要采取纠正偏差的措施，或者适当修改目标。

二、建设工程目标系统

任何产品、工程项目，从业主或生产建造者来讲，总是期望获得优良的质量，同时期望尽可能的节省投资（成本），缩短工期，生产安全，环保。这五项目标是生产建设中永恒的追求。不同的项目，依业主需求的项目功能和使用价值，建造标准，建设规模，工程环境条件，建造技术水平，材料设备价格水平等的不同，质量、工期、投资、安全、环保目标均会不同。对于确定的项目，在上述各项因素均已相对明确的情况下，五项目标之间依然存在相互依存、相互制约的关系。目标的确立和表达，主要是在项目可行性研究阶段和设计阶段，通过项目选址，项目工程方案技术经济分析、设计优化来制定五项目标。在施工建造阶段则是实现五项目标。项目实体的形成过程多变的因素将会对五项目标的实现造成更大的干扰，也是最难控制的阶段。

目标是业主建设的愿景，而目标的实现有赖于业主与建设相关方的共同努力，因此目标的确立、表达、控制和实现将在业主与建设相关方签订的建设合同（包括可行性研究合同、设计合同、监理合同、施工合同等）中以合同条款形式得以明确，对目标控制的具体依据是建设合同。五项目标之间往往会存在一定的矛盾，但又共同存在于项目建设系统之中。一般而言，目标之间需要兼顾、妥协，不能片面、单独追求其中一个或某几个目标高要求的实现，只能要求目标整体相对最优。在个别情况下，如业主刻意追求个别指标高水平，甘愿降低相关指标水平，也未尝不可。从目标间相互关联，相互影响，综合地对目标进行控制，这就是目标控制的系统观念。

以建设合同为控制核心的目标系统如图 3-2 所示。

在图 3-2 中，各目标之间的相互依存、相互制约

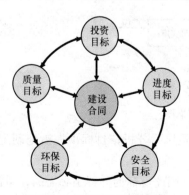

图 3-2 以建设合同为控制核心的目标系统

的关系简述如下：

投资：一般而言，投资多一些，质量、安全、环保会好一些，进度会快一些。撇开那些伪劣设计、粗糙施工和管理混乱的情况，工程建设基本上是"一分钱，一分货"。反之，如果盲目压价，降低投资，质量、安全、环保设施的建设和工程进度都可能因投入不足而受到影响。

质量：项目的功能质量要求较高，就需较好的材料、设备、精良的工艺，投资就要多一些，进度会慢一些，工程安全风险会低一些；但质量好，则会减少因返工损失带来的投资增加。

进度：盲目压缩工期，或因各种原因要求加快进度，则需要增加设备投入量，组织加班等，会增加投资；盲目加快进度，难免影响质量，并可能引发工程安全及人身伤亡事故。但工期过长，或因各种原因延误进度，会导致管理费用增加，甚至延误合同工期带来工期违约罚款。

安全：安全包括工程安全和人身安全。安全防护设施需要足够的资金投入，如因投入不足引发工程安全或人身安全事故，工程安全事故可能连带造成工程质量问题，事故的处理耗用时间会延误进度和增加投资。

环保：环保问题已成为21世纪全球关注的热点，按照我国《环保法》、《建设项目环境保护条例》的规定，项目开工必须提供环境影响评价报告书（表），污染防治设施及环保措施必须与项目主体工程同设计、同施工和同时投入使用，并且在项目建设中引入工程环境监理制度。从广义上讲，项目环保是项目质量的内涵之一，也是项目安全的内涵之一，过去在项目建设目标体系中，通常只提质量、投资、进度、安全四大目标，本书特将环保列为第五大目标，这样控制的目标更为明确。污染防治设施及环保措施需要足够的资金投入，如因投入不足引发工程环保问题或事故，整改和事故处理的费用将耗费更多，也必然影响工程的进度、质量和安全。

从五大目标间对立统一关系来看，谋求五者均最优是不符合客观规律的。因此对一般的工程项目，只能在满足国家标准、规范的起码要求的前提下，综合考虑五者之间相对较优。对于有特殊要求的某一目标，则其他目标要有所调整。如追求优良的质量目标，要准备增加投资，同时工期要适当放宽；在紧急抢险的工程中，工期是第一位的，除保证基本质量要求外，要增加设备、人力、加快进度，成本增加也在所难免。在工程实施中，五大目标对业主和承建商而言，因利益角度不同难免会有不同的追求，因此统一业主和承建商对五大目标认识的就是工程承包合同，在合同条款中必须明确的规定。所以，建设工程项目五大目标的实现是建设行为相关方围绕相应的工程合同来进行的。

第二节 工程风险管理

一、风险及其特点

风险是指损失发生的不确定性（或称可能性），它是不利事件发生的概率及其后果的函数。

$$R = f(P,C)$$

式中，R 为风险；P 为不利事件发生的概率；C 为不利事件的后果。

风险是人们因对未来行为的决策及客观条件不确定性而可能引起的后果与预定目标发生多种偏差的综合。

通常人们对"风险"的理解并不一致,对"风险"这一概念也没有一个权威的定义。

风险也就是一种潜在的可能出现的危险,是对某一决策方案的实施所遭受的损失、伤害、不利或毁灭的可能性及其后果的度量。结合建设工程生产及管理要求,在建设工程领域,我们不妨定义:建设工程风险是指某种特定危险情况和环境污染现象发生的可能性和后果的综合度量。

以下几点认识有助于加深对风险含义和特点的理解:

(1) 风险是针对未来可能出现的危险、损失等不利后果的。

(2) 风险存在于随机状态中,状态完全确定时的事则不能称作风险。

(3) 风险是客观存在的,不以人的意志为转移,所以风险的度量中,不应涉及风险防范决策人的效用观念和偏好。决策人不同的偏好和效用观念只能反映其对风险防范的态度、认知能力和承受风险能力。客观条件的变化才是风险是否转化的主要成因。

(4) 尽管风险是客观存在的,但它却是依赖于决策目标存在的。没有目标,当然也谈不上风险。同一方案,目标不同风险也不一定相同。同一项目目标是多维的,因此风险也是多维的,如项目的质量、工期、投资、安全、环保目标都存在各自的风险。又如:完成基本任务的风险、追求最大利益的风险等因目标的期望值不同,风险的大小也不相同。

(5) 风险虽然是客观的,但人们可以从不同的目标角度去粗略地感知它,衡量它出现的机会及大小。风险防范决策人的知识、经验积累和风险意识不同,感知、衡量风险的能力也不同。对于工程建设中极大可能出现的同样风险,有人可能视而不见或抱有侥幸心理,酿成祸患;而有的人则能感知它,并积极采取防范措施,避开或减少损失。因此风险防范决策人的知识、经验积累和风险意识至为宝贵。

(6) 风险防范成功与否主要取决于未来客观环境状态(出现概率、危害程度等)和防范行动方案(科学性、实用性和经济性等)两大要素之间的博弈。但这两者间的博弈有太多的不确定因素,因而使得风险防范极为困难。

二、建设项目风险控制

风险控制就是对可能遇到的风险进行预测、识别、评估、分析,并在此基础上有效地采取处置风险措施,以尽可能低的风险防范成本提高风险防范成功的保障概率。

项目风险控制一般包括以下内容:

(1) 项目风险因素的识别与排列;

(2) 项目风险源分析;

(3) 项目风险发生路径分析;

(4) 项目风险的评估;

(5) 项目风险的控制对策。

(一) 项目风险因素识别与排列

项目风险的预测和识别就是对风险可能发生的因素、风险出现的概率、风险发生可能造成的后果进行识别和定性估计。

建设工程与其他产品制造工业相比,是一个高风险的产业,这是由其本身的生产特点决定的:

(1) 建设项目是专门设计并在指定的场地建造，产品具有单一性、施工的多样性和流动性，使得人员、机具之间的配合更容易出现失误，同时品种多样及消耗巨大的原材料质量难以控制，施工生产和组织管理都难以保持持久的最佳工作状态，容易引发质量事故和安全事故，潜在的风险因素很多。

(2) 建筑施工露天作业，野外作业多，容易受到工程地质、水文条件、气候条件及突发的自然灾害等不确定性随机影响大，各种工程风险发生的可能性很大，而且一般后果较严重。

(3) 建筑施工的高空作业较多，使得人员伤亡的概率增加，不但施工人员本身容易发生伤亡，而且还会造成过路人的伤亡，这可以说是建筑工程人员伤亡事故的一个特点。

(4) 建设工期长、实际施工期间各种风险因素随着时间会发生动态变化，使得施工组织管理工作难度提高，施工质量控制的难度提高，人员安全措施的落实困难，更加造成各种风险事故发生的可能性。

(5) 建筑物结构在整个施工过程中是强度和刚度处于最弱的状态，荷载承受能力最低，任何不利的作用和预料之外的荷载，都将给建筑物造成不利的影响、不同程度的损坏或破坏，或者引起该建筑物周围其他房屋、构筑物的损失、人员的伤亡等风险。

以上建设项目风险因素具有易发性、多发性及突发性特点，增加了风险识别与预测的难度。一般可根据对类似项目的风险发生情况的统计资料进行分析、归纳和整理，获得同类项目带有共性的风险因素排列表，然后请有经验的风险防范人针对具体项目情况，依据他们的认识和经验作出较为可靠判断，获得具体项目的风险因素排列表。

(二) 项目风险源分析

风险源是指导致风险事件发生的源头，含有发生的原因、地点、部位的含义。风险源又常分为自然风险源和人为风险源。

自然的风险源有地震、滑坡、泥石流、洪水、台风、暴风雪、严寒、酷热等。人为的风险源有设计的错误、组织管理的错误、施工操作的错误等。

如地震滑坡、泥石流、洪水、台风发生时，可能会造成已建成和正在建造的建筑物、脚手架、塔吊等建筑机械和设备的损坏或倒塌，带来巨大的财产损失或人员伤亡的巨大风险损失。暴风雪、严寒会造成建筑物的基础冻害、混凝土结构低温收缩开裂、新浇混凝土结冰冻害、严寒的低温可使钢材等变脆等风险。酷热会使新浇混凝土中的水分快速蒸发，影响混凝土的强度，降低结构的安全度等风险。

人为的原因，不包括故意行为，在不同的建设阶段、施工阶段，会引起不同的风险。

在设计阶段，如果发生荷载计算错误、结构模型选错等，造成建筑物结构先天不足，使得建筑物在建造过程中处于不安全的状态，在遇一某些风险因素作用下，就可能发生开裂、倾斜，甚至倒塌，或者在建造过程中发生破坏等风险。

在施工阶段，基坑开挖时，错误的支护方案和施工方法会造成基坑边坡垮塌，或引起周围建筑物的开裂和倾斜风险；上部结构施工时，施工管理和操作的错误会造成混凝土的质量事故，或钢材焊接的质量事故，造成结构开裂、倾斜或倒塌等风险；装修和设备安装施工时，施工管理和操作的错误会引起各种质量事故和人身伤亡事故，造成财产损失和人员伤亡等风险；在高空作业时，安全措施不周，或施工人员的疏忽和错误，会造成施工人员从高处坠落的伤亡事故，或造成高空坠物而引起施工人员伤亡，或引起第三者伤亡等风险。

(三) 项目风险路径分析

风险路径分析是指由风险源头开始，研究分析风险动因发展所经历的路线和涉及的事件，直到造成风险损失的事件为止。

工程建设周期长，项目范围大，情况复杂，给风险源和风险路径分析带来了很大的难度。在寻找风险源和分析风险路径时，应该预先熟悉项目的施工程序和采用的技术措施，然后可将整个工程项目按分部、分项工程分成若干个子系统，按照施工顺序对每个子系统进行查找和识别风险源及风险路径。

风险路径分析是风险控制十分重要的环节，其意义一方面是弄清风险的来龙去脉，对风险的产生和发展有一个清楚的整体认识；另一方面风险的产生和发展就像一副排列的多米诺骨牌，源头第一块牌倒下，后面的牌会依次受到撞击而倒下。假如在中间抽出一块牌，撞击力的传递在此中断，后面的牌就不会倒下。研究风险路径，就是想在风险传递的路径上找出最容易抽出的一块牌，即最容易采取防范措施的环节，使风险传递过程中断，最终的风险事件得以避免而不会发生。

以下我们通过案例来具体说明风险路径分析的方法。

【案例】 武昌某高层建筑深基坑护壁垮塌事故风险分析

(1) 事故概况

武昌某高层建筑深基坑，开挖深度 9.5m，开挖范围内上部 1.2m 左右为杂填土，其下为武昌地区老黏土，基坑采用人工挖孔桩加土层锚杆支护结构护壁。施工开挖接近底部时，遭遇连续两天大雨，造成基坑东侧 10 多根挖孔桩连续断裂，20 多米基坑护壁垮塌，并使距离基坑边 6m 左右的一栋 6 层砖混结构办公楼条形基础端部外露，办公楼处于倾斜开裂临界状态，经施工单位紧急回填大量土方护坡，才使办公楼没有倾斜开裂。后采用垂直打入钢管桩＋锚杆＋钢筋网喷混凝土支护进行排险处理，耗费几十万元，加上施工中其他损失，总计在 100 万元以上。

图 3-3 基坑护壁垮塌及处理后的现场照片　　图 3-4 基坑护壁垮塌抢险回填后现场照片

(2) 事故原因

事后调查分析主要原因是由于垮塌区后面 10 多米处有一公共厕所，长期渗水流入支护桩墙后土体中，使墙后老黏土已泡软达到一定程度。在连续两天大雨时，墙后地面因没有防水护面，墙后武昌地区老黏土本身存在较多微细裂隙，特别是竖向微细裂隙，地表雨水大量渗入支护桩墙后土体中，使墙后老黏土泡软，土体参数发生变化：重度 γ 增大，内摩擦角 φ 减小，黏性系数 c 减小，导致作用于支护桩墙上的主动土压力增大，超出支护桩的抗力，桩体断裂。

（3）事故风险分析

1）风险源：渗入支护桩墙后土体中的水是风险源，包括厕所长期的渗水和地表渗入的雨水。

2）风险路径：①厕所渗水及地面雨水→②渗入墙后土体→③渗水改变了土体参数 γ、φ、c →④作用于支护桩墙上主动土压力增大→⑤桩体断裂事故。

在这条风险路径中，环节①是风险源，环节⑤是终点事件；环节②是容易采取防范措施的环节，可以挖沟切断厕所渗水并导流排走。同时在基坑口外地表做水泥防水护面和排水沟，这样环节②就会中断，环节⑤终点事件不会发生；此外，如果在环节②没有采取措施或措施不力，事前我们在环节③，考虑武昌地区老黏土存在较多微细裂隙，采用水泥灌浆对墙后土体进行了固化处理，则环节③不会发生，风险环节传递就会中断。

（4）事故教训

1）没有发现厕所长期渗水，导致墙后老黏土已泡软达到一定程度，如果及早发现，早作处理，仅连续两天大雨可能还不至于引发事故；又如果没有连续两天大雨，任凭厕所继续长期渗水，不作处理，潜在的风险源仍然存在，到一定时候也会引发事故。

2）基坑口外地表没有做水泥防水护面和排水沟，导致在连续两天大雨时，地表雨水大量渗入支护桩墙后土体，使墙后因厕所渗水已泡软达到一定程度的老黏土继续泡软，加速达到引发事故程度。地表雨水大量渗入是直接导致本次事故的触发风险事件。

（四）项目风险的评估

风险评估是指在风险识别及风险路径分析的基础上，通过进一步分析期望能对风险发生的概率及风险事件一旦发生后可能带来的损失有一个较可靠的估计，以供制定风险控制对策参考。

风险评估有定性评估法和定量评估法。定性风险评估法适用于风险后果不严重的情况，通常是根据经验和判断能力进行评估，它不需要大量的统计资料，所采用的方法有风险初步分析法、系统风险分析问答法、安全检查表法等。定量风险评估法需要大量的统计资料和进行数学运算，所采用的方法有可靠性风险评估法、模糊综合评估法、事故树分析法等。

风险的存在，并不表示一定发生事故，只是具有一定概率的可能性。由于工程项目建设的单件性特点，每个项目或即使是同类项目的风险也因时因地不同而异，要想求得具体项目风险发生的概率非常困难。在实际风险评估中，往往因概率难求转而推求风险事件的触发条件，通过控制风险事件的触发条件来控制风险。

风险的触发条件又称为风险转化条件，是指能够导致将潜在的、可能的风险事件转变成实际发生的风险事件的敏感因素。

例如，在施工现场的一个用于焊接的氧气瓶，它可能会发生爆炸，所以是一个风险源。但是，只有当：①氧气瓶的壁厚由于腐蚀而减薄到一定的程度，使氧气瓶的承压能力不足；②氧气瓶内的压力过大；③氧气瓶受到撞击或强烈振动；④上述①、②、③情况同时出现，或①、②情况同时出现并且瓶内的压力大于瓶的承压能力，氧气瓶才会发生爆炸。以上④就是使潜在的风险转变实际发生的风险的触发条件。

施工过程非常复杂，各个风险的触发条件都各不相同，在对触发条件进行分析时，需要从建筑工程的工艺过程、作用机理等技术和管理层面方面加以考虑。

风险评估另一方面是要对风险事件一旦发生后可能带来的损失有一个较可靠的估计。因为风险是和风险事件的损失相关的，不会造成损失的风险是无关紧要的，可以不加以考虑，或者不能称为风险。所以风险评估应预测风险可能造成的损失，但这与评估风险概率同样困难，因为风险评估是事前的，而不是事后统计损失。特别是一般风险事故发生后还可能引发次生灾害损失，更难以估计。在实际工程风险防范控制中，一般并不需要定量的计算损失，而是采用按风险可能造成损失的程度进行定性的分级，可以满足制定风险控制对策需要。通常分为四级：

一级：后果可以忽略，可不采取控制措施；
二级：后果较轻，不至于造成某个分项工程的破坏，可适当采取措施；
三级：后果严重，会造成某个分项工程破坏并有人员伤亡，应立即采取措施；
四级：灾难性后果，应立即排除。

（五）项目风险的控制及对策

风险控制是指减少风险损失或避免风险事件发生而进行的技术管理活动。

建设工程中，有不少风险是可以控制的，对这些可以控制的风险，只要消除或减少相应的风险源，中断风险传递路径就可能减少风险损失或避免风险事件的发生。如钢筋混凝土结构构件施工后的承载能力不足，造成结构局部倒塌事件。这一事故的风险因素有：混凝土或钢筋的材料强度不足；构件的断面尺寸不足；钢筋布置错误；混凝土振捣不密实；或其他不利的气候条件等。只要针对这些风险因素，在施工过程中，加强原材料及每道工序的检查和复核，层层把关，就可以避免结构倒塌事件的发生。

但是，还有些风险是人类无法避免、无法消除的，如自然界的地震、台风等。通常，把这些风险称为不可抗力。对于由不可抗力引起的风险、造成的事故，可以根据风险的特点，损失的情况，采取各种措施，以减少直接的损失。如增加支撑、加强结构的整体性和减少在结构上的堆重等措施，以减少造成的损失；增加连接、固定等措施，以防止台风或大风引起的结构或附属设施的倒塌、物体的坠落，以避免由此造成的直接或间接损失。

不同的建设阶段，有着不同的风险源和风险，所以，风险控制措施也应该有相应的变化和调整。如在建设决策阶段，应该进行科学的可行性研究，以避免决策错误而带来项目投资失败的风险。在勘测设计阶段，应该进行详尽的地质勘测，获得可靠的地质资料；应该严格按照国家标准进行设计，充分考虑各种风险因素，精心设计，避免发生由于设计考虑不周的风险事件。在施工阶段，强化风险管理意识，应由项目经理或总工负责对工程施工中的风险因素及风险路径进行排列、识别和评估，并对属于三级、四级的风险事件组织专门小组进行分析，制定风险控制对策。在日常的施工管理中，也要时刻防范风险因素的产生，要严格执行国家标准、规范和有关规定要求，严格控制原材料的质量，严格遵守操作规程。

风险控制需要采取各种措施，包括工程的措施和非工程的措施，都需要投入一定的费用，称为风险事故预防费。一般来说，风险事故预防费投入得越多，事故发生的概率会减少。但它们之间并不是线性的关系，事故预防费投入多少为宜，应该通过效益分析来确定。通常，对事故损失极小的风险可以不采取控制措施，而对会引起重大事故、造成巨大人员伤亡和财产损失的风险，则应该采取强有力的措施，投入充足的风险事故预防费。

对风险的控制必须依赖于强有力的对策，即需要通过一定的风险防范手段或风险管理技术来防范风险。常用的风险对策有：

（1）风险回避。这是指事先评估风险产生的概率和可能造成的损失大小，对于风险概率大，而且一旦发生损失很大的事件，要尽量采取风险回避的对策。

例如一个项目的施工，可能有几套施工方案可供选择，各有利弊，此时要仔细分析各个方案的风险大小，对于风险很大的方案或措施要十分慎重权衡利弊，尽可能采用风险较小的方案。风险回避对策表面上看是消极的措施，甚至有可能失去一定的利益机遇，但从风险的可靠防范上不失为一种积极措施。

（2）风险损失控制。有些风险事件往往是难以回避的，或一定要回避要采取很多措施，在经济上是不合算的，此时可采取风险损失控制的对策，力求减少风险事件一旦发生的损失。

例如，对于工程中的生产安全事故，往往是很难完全避免的，但我们通过加强安全教育、严格执行操作规程和充分提供各种安全设施，是有助于减少事故发生概率和一旦发生也能减少损失的。

（3）风险自担。这是明知有风险，但如采用某种风险防范方法，防范的费用可能大于自行承担风险一旦发生造成的损失，这种情况还是采用风险自担的对策更有利。这一般是指风险发生的概率较小，风险损失强度不大，依靠自己的财务能力可以承担的风险。风险意识强的管理者，一般会在企业建立风险损失后备金，提高自行承担风险的财务能力。

（4）风险转移。这是指面对某些风险，可以借助若干技术和经济手段，转移一定的风险，避免大的损失。风险转移并不是嫁祸于人，而是一种风险共担、利益机遇共享的机制，借助他人或社会共同的力量救助风险损失者的方式。最常见的有效方式就是保险，向保险公司定期支付一定的保险费，一旦发生损失，可从保险公司获得一定的补偿。在国际FIDIC合同条件中，对工程是实行强制保险的，承包商在工程开工前必须就施工的工程进行保险，因此承包商在工程投标报价时，应包含这一部分保险费。若承包商未对在建工程投保，发包方（业主）有权自行投保，费用从支付给承包商的工程款中扣除。我国近些年来国内的工程也开始向保险公司投保，如三峡工程建设，分期分项的向保险公司进行投保，以转移一定的风险。

除工程投保之外，风险转移对策还可采用联合他人共担风险的办法转移。如对工程投标的风险，可以采取联合其他企业组成"联合体"共同投标，或主、分包约定共同投标，如未能中标，投标风险损失按约定的比例分担。如投标成功，则中标后按约定共同承担相应的工程，利益共享。

风险是遍存于万事万物之中的，在人生的历程上，在企业兴衰之中，在人与自然的共处之中，在生产建设过程中……风险与机遇总是并存的。"祸兮福之所倚，福兮祸之所伏"，两千多年前古代先哲老子所明示的风险理念何其清晰！作为监理及工程技术人员，对工程中风险的辨识、评估、防范的高度重视，是工程取得成功的前提。

思 考 题

1. 何谓目标控制？目标控制的基本流程包括哪些基本环节？
2. 在图 3-1 目标控制程序图中，哪些基本环节属于主动控制（预控）？哪些是属于被动控制（反馈控制）？
3. 为什么强调工程建设监理目标控制是一个动态过程？
4. 建设工程五大目标是从什么角度提出的？五大目标辩证统一的关系如何理解？
5. 建设工程五大目标与工程承发包合同有什么关系？
6. 何谓风险因素？如何获得具体项目的风险因素排列表？
7. 何谓风险源及风险路径？风险控制中为什么要强调风险路径分析？
8. 何谓风险事件的触发条件？有什么作用？
9. 一般有哪几类风险控制对策？如何选择运用？

第四章 建设项目工程进度控制

第一节 建设项目工程进度控制概述

一、工程进度控制概念

建设项目的全寿命过程包括项目决策、项目设计、项目施工和竣工验收、项目使用直到报废四个大的阶段。其中项目设计、施工和竣工验收又称作项目的实施阶段，当前建设监理工作主要是在项目实施阶段开展。由于多方面原因，实际工程中业主在设计阶段委托监理的很少，主要还是在施工和竣工验收阶段委托监理。因此，本章工程进度控制，以及后续章节的投资、质量控制等主要是介绍项目实施阶段的相关控制工作。

1. 工程进度控制的含义

工程进度控制是指为保证项目按既定的工期计划完成竣工并交付使用而进行的监督管理活动。包括三方面的含义：

（1）项目不能拖延竣工完成日期。这是工程进度控制的最终目标，延误竣工完成时间，将影响项目按时投入使用，带来一系列相关影响和损失，特别是对生产或商业性经营性项目直接经济损失更大。

（2）项目也不宜盲目提前完工。通常认为提前完工总比延误竣工好，从保证工程进度控制的最终目标实现而言，这毫无疑问是对的。况且一般业主喜欢提前完工，甚至要求提前，并且提前完工有奖。但从进度控制角度来看，盲目要求提前完工，将打乱原合理制定的进度计划和工作安排，引发参建单位一系列连锁反应，可能带来因赶工而造成的质量及安全事故或隐患，并必然造成参建单位因赶工措施而增加成本费用。此外，盲目要求提前完工也同样会打乱监理工作的一系列安排。

（3）不能随意改变进度计划中各时点的进程，即前松后紧，或前紧后松，但总工期未变。在实际工程中，由于多方面原因，进度计划中各时点的进程很容易受到影响不能按计划实现，施工单位的主导思想往往是确保最后竣工不受影响，视前松后紧或前紧后松为平常之事。殊不知在进度网络计划系统中，各时点的进程改变都将影响一系列紧前工作或紧后工作及后续工作的变动。因此，从进度控制角度不希望随意改变进度计划中各时点的进程。

2. 工程进度控制的意义

建设项目的进度控制的意义，首先在于其具有"龙头"的作用，因为建设项目进入实施阶段后，项目的进度计划一旦制定，项目建设各项工作的进行，以及项目各参建单位工作之间的协作或配合都是以工期进度计划安排为龙头来展开的，进度的失控将牵一发而动全身。

其次，项目的进度控制是项目整体目标控制不可或缺的重要方面之一。在项目五大目标中，往往又更加偏重投资和质量，投资节约是现实的经济利益，质量则是百年大计。但

第三章中我们已论及，五大目标之间是对立和统一的关系。在一般情况下，工期短、进度快就会增加投资，但工程如提前交付使用就可提高投资效益；进度快有可能影响质量、安全及环保设施建设，而质量、安全和环保控制严格，则有可能影响进度；但质量、安全和环保控制严格必然会减少返工，减少事故，从而减少因处理质量、安全和环保问题带来的进度延误，提高了工期的保证率。因此，进度的控制不是单一的，忽视进度控制必然给其他目标控制带来影响。

此外，控制进度不仅是考虑施工单位的施工速度，还要与和进度有关的单位之间的紧密配合和协作。与进度有关的单位很多，如项目审批的政府部门、建设单位、勘察设计单位、施工单位、材料设备供应单位、资金贷款单位等，只有对这些有关的单位都进行有效协调，才能更好地控制建设项目的进度。

二、影响进度控制的因素

对影响进度控制的因素进行分析，是监理对进度控制目标实现的风险分析，查清影响进度控制的风险因素，有利于监理工程师事先采取有效措施，尽量缩小实际进度与计划进度的差距，实现对建设项目进度的主动控制，使之达到预期的进度计划目标。

影响进度控制主要的因素包括人为干扰因素、施工方案的选择、材料设备机具因素、资金因素、环境及工程地质因素等几方面。以下是一些影响进度的常见干扰因素。

1. 建设相关方不同的利益冲突对进度的干扰

建设项目的进度控制取决于建设相关方的共同努力，但相关方在工程进度的想法上有不同的利益冲突。

对于建设单位来讲，希望项目能尽早投入使用，可以尽早获得效益，因此建设单位对进度的关心往往高于其他方面，尤其是生产性和商业性的投资项目，早投入使用早受益。因此业主在工程招标确定工期时，往往盲目压缩工期，不顾项目工期的长短有其内在科学合理的范围，超越此范围必然带来施工成本的增加，并带来质量隐患。特别是有些"献礼工程"、"首长工程"，盲目压缩工期的现象十分普遍。

对施工单位来说，如按国家颁布的工期定额规定的合理工期编制项目施工进度计划，可使人力、材料、机械设备得到充分合理的使用，成本投入合理、工程的质量和进度有较好的保证。但如面对业主要求的比合理工期范围短得多的工期，施工单位的人力、材料、机械设备投入很难得到充分合理的使用，成本投入将加大，质量也难有较好的保证。

对于监理单位来说，在业主既压价又盲目压缩工期的情况下，监理的投入会加大，进度目标控制的难度同样增大。

因此合理的确定项目工期是项目进度保证的前提条件。

2. 对建设项目的特点和实现条件估计不足，包括：

（1）对工程项目的规模和工程复杂程度了解不够，低估了实现项目进度在技术上的困难；

（2）低估了参加项目建设的每个单位之间的协调的困难（土建和安装、总包和分包、建设单位和施工单位等）；

（3）对环境因素影响了解不够，如工程地质、交通运输、供水供电、建设场地周边地下管线分布等条件，事先没有摸清；

(4) 对物资供应的条件、市场变化趋势了解不够；

(5) 对建设资金的筹集、能否及时保证工程需要估计不足。

3. 建设项目参加者的工作错误，包括：

(1) 设计者拖延设计进度、延误交图时间，设计各工种配合不周，设计图纸出现差错；

(2) 建设管理部门、监督机构拖延审批手续时间。如划红线、许可证、用电用水增容、建设配套手续等久批不下延误工期；

(3) 建设单位没有及时做出建设项目有关问题的决策性的意见，如重大的设计变更、承建单位的选择等；

(4) 编制的概算、预算不准确，缺项少量，以至资金、材料或设备供应不足；

(5) 承建施工单位施工管理和技术装备水平达不到工程的需要。

4. 不可预见的事件发生，如：大风、雨雪恶劣气候影响；不明的恶劣工程地质条件；突发的火灾、工程质量事故、工伤事故等。

以上这些因素干扰，都将直接影响到进度的控制。

三、工程项目进度控制的方法

进度控制的方法主要是计划、控制和协调。所谓计划，就是确定项目进度总控目标和分控目标；所谓控制，就是在项目进展过程中，进行计划进度与实际进度的比较，及时发现进度偏差，及时采取措施纠正；所谓协调就是协调项目参建单位之间的进度关系，确保工期目标实现。

进度控制工作，应明确一个基本思想：计划不变是相对的，变是绝对的；平衡是相对的，不平衡是绝对的。要针对变化及时采取措施纠偏，防止小变积累成大变，造成难以调整而延误工期。

进度控制的措施包括组织措施、技术措施、合同措施、经济措施和信息管理措施等。

1. 组织措施。如从组织管理角度可采取如下措施：

(1) 落实项目监理机构中进度控制部门的人员，具体的控制任务和管理职能分工。

(2) 制定工程进度信息采集、分析、反馈、管理措施，包括计划进度与实际进度的动态比较，及时向进度相关部门反馈和定期地向业主提供工程进度报告等。

(3) 制定进度控制协调会议制度及管理工作制度等。

2. 技术措施。如从技术管理角度可采取如下措施：

(1) 对影响进度目标实现的风险因素进行分析。监理人员要全面掌握建设项目工程特征和复杂程度，针对影响工程进度的关键因素制定技术措施。

(2) 必要时应从施工技术方案调整角度及人力、设备、工作班次调整等控制进度偏差。

3. 合同措施。如认真研究受监工程项目的工程招标和发包合同中明确的工程进度条款，分析合同条款中甲、乙双方可能存在的风险，制定监理控制的方法和措施等。

4. 经济措施。如业主不能及时支付工程进度款往往是影响进度的因素，监理应根据建设资金的不同渠道（国拨、贷款、自筹、集资等）及时提请建设单位组织落实建设资金到位，以保证工程建设的进度款和设备、材料等所需资金的按期支付。

第二节　建设项目实施阶段监理进度控制内容

项目实施阶段进度控制的内容主要有设计准备阶段进度控制的内容、设计阶段进度控制的内容、施工招标阶段以及施工阶段进度控制的内容等。

一、设计准备阶段的进度控制内容

1. 向建设单位提供有关工期信息，协助建设单位分析、论证和确定项目总进度目标。
2. 协助建设单位编制项目实施总进度规划，包括设计、招标、采购、施工等全过程和项目实施各个方面的工作规划。
3. 协助建设单位分析总进度目标实现的风险，编制进度风险管理的初步方案。
4. 协助建设单位编制设计任务书中有关进度控制的内容。
5. 编制设计准备阶段的详细工作计划，并控制该计划的执行。
6. 审核设计单位提出的设计工作形象进度计划并控制其执行。

通过设计工作形象进度计划，使设计各项工作相互衔接，任务落实，时间得到控制。设计形象计划表格见表 4-1 所示。

设计工作形象进度计划表　　　　　　表 4-1

项目名称	建设性质	建设规模	初步设计		技术设计		施工图设计	
			进度要求	单位负责人	进度要求	单位负责人	进度要求	单位负责人

注：1. "建设性质"栏填写改建、扩建或新建；
　　2. "建设规模"栏填写生产能力、使用规模或建筑面积等。

二、设计阶段的进度控制内容

1. 参与编制项目总进度计划，有关施工现场条件的调研和分析等。

工程项目建设总进度计划，是指初步设计被批准后，编制上报年度计划以前，根据初步设计，对工程项目从开始建设（设计、施工准备）至竣工投产（动用）全过程的统一部署，以安排各单项工程和单位工程的建设进度，合理分配年度投资，组织各方面的协作，保证初步设计确定的各项建设任务的完成。它对于保证项目建设的连续性，增强建设工作的预见性，确保项目按期动用，具有重要作用，它是编制上报年度计划的依据，它由以下几个部分组成：

（1）文字部分

包括工程项目的概况和特点，安排建设总进度的原则和依据，投资资金来源和年度安排情况，技术设计、施工图设计、设备交付和施工力量进场时间的安排，道路、供电、供水等方面的协作配合及进度的衔接，计划中存在的主要问题及采取的措施，需要上级及有关部门解决的重大问题等。

（2）工程项目一览表

该表把初步设计中确定的建设内容，按照单项工程、单位工程归类并编号，明确其建设内容和投资额，以便各部门按统一的口径确定工程项目控制投资和进行管理。工程项目一览表见表 4-2 所示。

工程项目一览表　　　　　　　　　　　　　　　　表 4-2

单项工程和单位工程名称	工程编号	工程内容	概算数（千元）					备注
			合计	建筑工程费	安装工程费	设备购置费	工器具购置费	工程建设其他费用	

（3）工程项目总进度计划

工程项目总进度计划是根据初步设计中确定的建设工期和工艺流程，具体安排单项工程和单位工程的进度。一般用横道图编制。表头见表 4-3 所示。

工程项目总进度计划表　　　　　　　　　　　　　　表 4-3

工程编号	单项工程和单位工程名称	工程量		××××年				××××年				……
		单位	数量	一季	二季	三季	四季	一季	二季	三季	四季	……

（4）投资计划年度分配表

该表根据工程项目总进度计划，安排各个年度的投资，以便预测各个年度的投资规模，筹集建设资金或与银行签订借款合同，规定分年用款计划。其表式见表 4-4 所示。

投资计划年度分配表　　　　　　　　　　　　　　　表 4-4

工程编号	单项工程名称	投资额	投资分配（万元）				
			年	年	年	年	年
…							
	合计 其中：建安工程投资 　　　设备投资 　　　工器具投资 　　　其他投资						

（5）工程项目进度平衡表

工程项目进度平衡表用以明确各种设计文件交付日期，主要设备交货日期，施工单位进场日期和竣工日期，水、电、道路接通日期等。借以保证建设中各个环节相互衔接，确保工程项目按期投产。表式见表 4-5 所示。

工程项目进度平衡表　　　　　　　　　　　　　　　表 4-5

工程编号	单项工程和单位工程名称	开工日期	竣工日期	要求设计进度			要求设备进度			要求施工进度		道路、水、电接通日期				
				交付日期			数量	交货日期	供应单位	进场日期	竣工日期	施工单位	道路通行日期	供电		供水	
				技术设计	施工图	设备清单	设计单位								数量	日期	数量	日期

在此基础上，分别编制综合进度控制计划、设计工作进度计划、采购工作进度计划、施工进度计划、验收和投产进度计划等。

2. 审核设计方提出的详细的设计进度计划和出图计划，并控制其执行，避免发生因设计单位延误进度而影响施工进度。

3. 督促建设单位对设计文件尽快作出决策和审定。

4. 协助建设单位确定专业施工分包合同结构及招投标方式。

5. 协助建设单位起草主要甲供材料和设备的采购计划，审核甲供进口材料设备清单。

6. 协调室内外装修设计、专业设备设计与主设计的关系，使专业设计进度能满足施工进度的要求。

7. 在项目设计实施过程中进行进度计划值和实际值的比较，并提交各种设计进度控制报表和报告（月报、季报、年报）。

三、施工招标阶段的进度控制内容

1. 协助建设单位编制项目的发包计划和各招标项目的招标工作进度计划。

2. 会同建设单位审查招标文件编制单位编制的招标文件及商讨修改招标文件。

3. 拟定投标单位资格预审文件，参加投标单位资格预审。

4. 协助建设单位组织投标单位现场踏勘、答疑及其他开标前的有关工作。

5. 参加评标和合同谈判。

6. 其他应协助建设单位进行的招标工作。

四、施工阶段的进度控制内容

1. 在施工准备阶段，监理要协助建设单位编制工程项目年度计划。

工程项目年度计划依据工程项目总进度计划进行编制。该计划既要满足工程项目总进度的要求，又要与当年可能获得的资金、设备、材料、施工力量相适应。根据分批配套投产或交付使用的要求，合理安排年度建设的内容。工程项目年度计划的内容如下：

（1）文字部分

说明编制年度计划的依据和原则；建设进度；本年计划投资额；本年计划建造的建筑面积；施工图、设备、材料、施工力量等建设条件的落实情况，动员资源情况；对外部协作配合项目建设进度的安排或要求；需要上级主管部门协助解决的问题；计划中存在的其他问题；为完成计划采取的各项措施等。

（2）表格部分

① 年度计划项目表

该计划对年度施工的项目确定投资额、年末形象进度，阐明建设条件（图纸、设备、材料、施工力量）的落实情况。表式见表 4-6 所示。

年度计划形象进度表 表 4-6

工程编号	单项工程名称	开工日期	竣工日期	投资额	投资来源	年初已完			本年计划						年末形象进度	建设条件落实情况		
						投资额	其中建安工程投资	其中设备投资	投资			建筑面积				施工图	设备	材料	施工力量
									合计	其中建安工程投资	其中设备投资	新开工	续建	竣工					

②年度竣工投产交付使用计划表

该计划阐明单项工程的建筑面积，投资额、新增固定资产，新增生产能力等的总规模及本年计划完成数，并阐明竣工日期。表式见表4-7所示。

年度竣工投产交付使用计划表（投资：万元；面积：m²）　　　　表4-7

工程编号	单项工程名称	总规模				竣工日期	建筑面积	投资额	新增固定资产	新增生产能力
		建筑面积	投资额	新增固定资产	新增生产能力					

③年度建设资金平衡表和年度设备平衡表

年度建设资金平衡表见表4-8所示；年度设备平衡表见表4-9所示。

年度建设资金平衡表（单位：万元）　　　　表4-8

工程编号	单项工程名称	本年计划投资	动员内部资金	为以后年度储备	本年计划需要资金	资金来源			
						预算拨款	自筹资金	基建贷款	…… ……

年度设备平衡表　　　　表4-9

工程编号	单项工程名称	设备名称规格	要求到货		利用库存	自制		已订货		采购数量
			数量	时间		数量	完成时间	数量	完成时间	

2. 编制项目工期控制流程图，并告知施工单位。工期控制流程图如图4-1所示。
3. 审核分析各承包单位编制提供的相关工程进度计划。
4. 审核施工总进度计划，并在项目施工过程中控制其执行，必要时，及时调整施工总进度。
5. 审核项目施工年度、季度、月度的进度计划，并控制其执行，必要时作调整。
6. 在项目施工过程中，进行进度计划值与实际值的比较，每月、季、年提交各种进度控制报告。

五、施工阶段监理进度控制的主要实务工作

（一）总监理工程师对施工单位报送的施工进度计划的审批

施工单位承接工程项目施工后，应向监理机构报送施工总进度计划，同时还要按照合

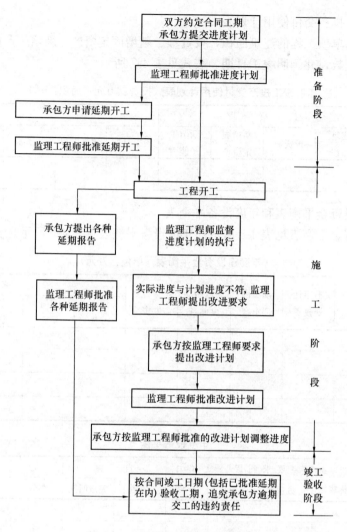

图 4-1 工程项目工期控制流程图

同的约定适时地报送年、季、月度施工进度计划,经总监理工程师审查批准后方可实施。

施工进度计划审核的主要内容有:

1. 施工总进度计划是否与项目总进度计划及项目年度计划保持一致,是否符合施工合同中开竣工日期的规定;

2. 施工进度计划中的主要工程项目是否有遗漏;项目分期施工部分是否满足项目分批投入使用的需要和配套使用的要求;总包、分包单位及协作单位分别编制的各自施工的进度计划之间是否相协调;

3. 工程关键部位的工序安排是否能满足工程质量、安全及环保的要求;

4. 劳动力、材料、构配件、设备及施工机具、设备、水、电等生产要素供应计划是否能保证施工进度计划的需要,供应是否均衡;

5. 对由建设单位提供的施工条件(资金、施工图纸、施工场地、采供的物资等),承包单位在施工进度中所提出的供应时间和数量是否明确、合理,是否有造成因建设单位违约而导致工程延期和费用索赔的可能。

6. 施工进度计划中在哪些部位、时段存在进度可能出现较大失控的风险，监理有哪些提醒施工方注意的建议。

（二）总监对监理进度控制方案的审定

承包单位编制的施工进度计划经总监理工程师审查批准后，总监理工程师还应组织或责成有关专业监理工程师依据施工合同有关条款、施工图对进度目标进行风险分析，制定监理对工程进度控制的方案，主要内容应包括：

1. 施工进度控制目标分解图；
2. 实施施工进度控制目标的风险分析；
3. 施工进度控制的主要工作内容和深度；
4. 监理人员对进度控制的职责分工；
5. 进度控制工作流程；
6. 进度控制的方法（包括进度检查周期、数据采集方式、进度报表格式、统计分析方法等）；
7. 进度控制的具体措施（包括组织措施、技术措施、经济措施及合同措施等）；
8. 尚待解决的有关问题。

（三）监理对工程进度滞后的处置

对工程进度控制方案的实施及检查，主要是相关专业监理工程师的职责，因此专业监理工程师应做好如下进度控制工作：

1. 检查和记录实际进度完成情况，当实际进度符合计划进度时，应要求承包单位编制下一期进度计划；当进度滞后于计划进度时，应签发监理工程师通知单指令承包单位采取调整措施；
2. 定期召开工地例会，适时召开各种层次的专题协调会议，督促承包单位按期完成进度计划；
3. 当工程实际进度严重滞后于计划进度时，专业监理工程师应及时报总监理工程师。总监理工程师在得知工程进度严重滞后于计划时，应分析原因、考虑对策，向业主报告，并与业主商量进一步应采取的措施。

在工程实施过程中，总监理工程师应在监理月报中向业主报告工程进度和采取的进度控制措施执行情况，并提出合理预防可能由于业主原因导致的工程延期及相关费用索赔的建议。

（四）监理对工程延期及工程延误的处理

在工程施工过程中，当发生非承包单位原因造成的持续性影响工期的事件，必然导致施工承包单位无法按原定的竣工日期完工。此时，承包单位会提出要求工程延期，项目监理机构应予以受理。

按照施工合同示范文本有关条款，由下列原因造成的工期延误，经总监理工程师确认，工期相应顺延：

（1）发包人未能按合同约定提供图纸及开工条件；
（2）发包人未能按约定日期支付工程预付款、进度款，致使施工不能正常进行；
（3）监理工程师未能按合同约定提供所需指令，批准等，致使施工不能正常进行；
（4）设计变更的工程量增加；

(5) 一周内非承包人原因停水、停电、停气等造成停工累计超过 8 小时；

(6) 不可抗力；

(7) 专用条款中约定或工程师同意工期顺延的其他情况。

工程延期的批准涉及施工合同中有关工程延期的约定，及工期影响事件的事实和程度及量化核算。在确定各影响工期事件对工期或区段工期的综合影响程度时，要按下列步骤进行：

(1) 以批准的施工进度计划为依据，确定正常按计划施工时应完成的工作和应该达到的进度；

(2) 详细核实工期延误后，实际完成的工作或实际达到的进度；

(3) 查明受到延误的作业工种；

(4) 查明影响工期延误的主要事件外是否还有其他影响因素，并确定其影响程度；

(5) 最后确定该影响工期主要事件对工程竣工时间或区段竣工时间的影响值。在量化方法上可根据其在网络计划中是处在关键线路上还是非关键线路及对工期影响的计算确定。

工期的延期批准分为两种：工程临时延期批准和工程最终延期批准。

当承包单位提交的阶段性工程延期表经审查后，由总监理工程师签署工程临时延期审批表并报建设单位（见表 4-10）。当承包单位提交最终的工程延期申请表后，项目监理机构应复查工程延期及临时延期情况，并由总监理工程师签署工程最终延期审批表。审批表见表 4-10，使用括号中的"最终"即可。

工程临时（最终）延期审批表　　　　　　　　　　表 4-10

工程名称：　　　　　　　　编号：

致：　　　　　　　　　　　　　　（承包单位）
根据施工合同条款_____条的规定，我方对你方提出的工程延期申请（第_____号）要求延长工期_____日历天的要求，经过审核评估：
□ 暂时（最终）同意工期延长_____日历天。使竣工日期（包括已指令延长的工期）从原来的____年____月____日延迟到____年____月____日。请你方执行。
□ 不同意延长工期，请按约定竣工日期组织施工。
说明：
项目监理机构_____
总监理工程师_____
日　　　　　期_____

总监理工程师在作出临时工程延期批准或最终工程延期批准之前，均应与建设单位和承包单位进行协商。

第三节　建设项目工期定额

建设工期定额，是指在社会平均的建设管理水平和施工装备水平及正常的建设条件下，一个建设项目从设计文件规定的工程正式破土动工，到全部工程竣工，验收合格交付使用全过程所需时间。

工程项目工期涉及因素多，为了克服在建设工期确定上的盲目性和随意性，加强对工期管理的考核，建设部制定了《全国统一建筑安装工程工期定额》(2000年版)。工期定额是确定建设项目合理工期的依据，对于工程招投标、签订施工合同、编制施工组织设计时确定合理工期及处理施工索赔时有重要作用。

当前实际工程建设中，建设单位盲目和随意压缩工期的现象比较普遍，给施工单位额外增加不少困难，给工程质量和安全埋下隐患，不合理的工期也带来社会资源的不必要浪费。监理在协助建设单位分析、论证和确定项目总进度目标时，应为业主提供工期定额信息，帮助业主确定项目合理工期。因此本章特安排此节内容。

一、工期定额主要内容

《全国统一建筑安装工程工期定额》(以下简称《定额》)总共有六章，根据工程类别，又分为三部分：民用建筑工程（第1、2章）；工业及其他工程（第4、5章）；其他工程（第5、6章）。各章主要内容如下：

1. 第1章民用建筑单项工程。本章包括±0.000m以下工程、±0.000m以上工程、影剧院和体育馆工程。

(1) ±0.000m以下工程，按土质分类，划分为无地下室和有地下室两部分，其工期包括±0.000m以下全部工程内容。

(2) ±0.000m以上工程，按工程用途、结构类型、层数及建筑面积划分，其工期包括结构、装修、设备安装全部内容。按用途又划分为住宅工程、宾馆、饭店工程、综合楼工程、办公教学楼工程、医疗、门诊楼工程、图书馆工程。

(3) 影剧院和体育馆工程，按结构类型、檐高及建筑面积划分，其工期不分±0.000m以下，±0.000m以上，均包括基础、结构、装修全部工程内容。

2. 第2章民用建筑单位工程。本章包括结构工程和装修工程。

(1) 结构工程，包括±0.000m以上及±0.000m以下两部分。±0.000m以下结构工程按地下室层数及建筑面积划分，包括基础挖土±0.000m以下结构工程、安装的配管工程内容。±0.000m以上按工程结构类型、层数及建筑面积划分，包括结构、层面及安装的配管等工程内容。

(2) 装修工程，按工程用途、装修标准及建筑面积划分。装修工程适用于以装修单位为总协调单位的工程，其工期包括内装修、外装修及相应的机电安装工程。

3. 第3章工业建筑工程。包括单层、多层厂房、降压站、冷冻机房、冷库、冷藏间、空压机房等工业建筑，工程工期是指一个单项工程（土建、装修等）的工期。除定额有特殊规定外，附属配套的工程工期也包括在内。

4. 第4章其他建筑工程。包括地下汽车库、汽车库、仓库、独立地下工程、服务用房、停车场、园林庭院和构筑物工程等。

5. 第5章设备安装工程。本章适用于一般工业和民用建筑设备安装工程，包括电梯、起重机、锅炉、供热交换设备、空调设备、通风空调、变电室、开关所、降压站、发电机房、肉联厂屠宰间、冷冻机房、冷冻冷藏间、空压站、自动电话交换机及金属容器安装等工程安装内容。本章工期是指从土建交付安装并具备建筑施工条件起，至完成承担的全部设计内容，并达到国家建筑安装工程验收标准的全部日历天数。

6. 第6章机械工程。包括构件吊装、网架吊装、机械土方、机械打桩、钻孔灌注桩和人工挖孔桩等工程，而且是以各种不同施工机械综合考虑的，对任何机械种类均不作调整。

工程工期定额制定时，考虑了我国幅员辽阔，各地气候条件差别较大，故将全国划分为Ⅰ、Ⅱ、Ⅲ类地区，分别制定工期定额。

Ⅰ类地区：上海、江苏、浙江、安徽、福建、江西、湖北、湖南、广东、广西、四川、贵州、云南、重庆、海南。

Ⅱ类地区：北京、天津、河北、山西、山东、河南、陕西、甘肃、宁夏。

Ⅲ类地区：内蒙古、辽宁、吉林、黑龙江、西藏、青海、新疆。

同一省、自治区内由于气候条件不同，可由省、自治区建设行政主管部门在本地域内再划分类区，报住房和城乡建设部批准后执行。

工期定额是按各类地区情况综合考虑的，由于各地施工条件不同，允许各地有15%以内的定额水平调整幅度，各自治区、直辖市建设行政主管部门可按本地情况制定实施细则，报住房和城乡建设部备案。

以下将通过几个工程实例介绍工期定额计算方法。

二、综合楼工期定额计算

综合楼工期定额适用于购物中心、贸易中心、商场（店）、科研楼、业务楼、写字楼、培训楼、幼儿园、食堂等公共建筑。

按《定额》说明，综合楼工程工期计算应注意以下事项：

1. 总工期为：±0.000m 以下工期与±0.000m 以上工期之和。

2. ±0.000m 以上工程首先按照结构类型进行大的分类，这些结构类型依次划分为砖混结构、全现浇结构、现浇框架结构、预制框架结构、滑模结构、内浇外砌结构、内浇外挂结构和升板结构。

3. 对于±0.000m 以上工程的每一种结构类型，《定额》中又按层数、建筑面积和地区类型来划分。

【案例4-1】 武汉某高校某教学实验综合楼工期计算案例

（一）工程概况

1. 该工程位于湖北省武汉市，楼内设公用教室、实验室、物理系、信技系、计科系、粒子所、应用物理所。该工程主楼±0.000m 以下为3层，±0.000m 以上为11层，建筑高度为49.7m，主楼采用整体现浇框架—剪力墙结构形式。地基基础设计采用桩基础。

2. 主楼左、右裙楼为5层教学楼，前方裙楼为4层公用实验楼，均采用整体现浇框架结构形式。由于裙楼体形较为复杂，为满足抗震要求、不同层高建筑物间沉降要求及温度伸缩缝要求，左、右裙房与中间裙房间，以及裙房与主楼间均需断开设缝，缝间距应满足抗震和沉降缝的要求。主体楼长约81m。通过采取措施不留设伸缩缝。

3. 地基基础设计及基坑开挖处理：根据本工程情况采用桩基础。

（二）施工工期的确定

该工程位于湖北省武汉市，属《定额》中Ⅰ类地区。

1. ±0.000m 以下工程工期

本工程地基土为粉质黏土，夹有碎石、卵石的砂土，属Ⅱ类土，且有3层地下室，总面积为 4513m²。查《定额》第 7 页，见表 4-11。

根据表 4-11 编号 1-18 得：地下室工程工期 $T_1=220$ 天。

有地下室工程　　　　　　　　　　　　　　　　　　　　　表 4-11

编　号	层　数	建筑面积 (m²)	工　期　天　数	
			Ⅰ、Ⅱ类土	Ⅲ、Ⅳ类土
1-10	1	500 以内	75	80
1-11	1	1000 以内	90	95
1-12	1	1000 以外	110	115
1-13	2	1000 以内	120	125
1-14	2	2000 以内	140	145
1-15	2	3000 以内	165	170
1-16	2	3000 以外	190	195
1-17	3	3000 以内	195	205
1-18	3	5000 以内	220	230
1-19	3	7000 以内	250	260

2. ±0.000m 以上工程工期

整个工程分为主体楼和裙房两个独立的单项工程。

(1) 裙房工程工期。裙房建筑面积为 13820m²，左右裙楼为 5 层教学楼，前方裙楼为 4 层公用实验楼，均采用整体现浇框架结构形式。查《定额》第 65 页表"综合楼工程"，见表 4-12。

结构类型：现浇框架结构　　　　　　　　　　　　　　　　表 4-12

编　号	层　数	建筑面积 (m²)	工　期　天　数		
			Ⅰ类	Ⅱ类	Ⅲ类
1-723	6 以下	3000 以内	245	255	285
1-724	6 以下	5000 以内	260	270	300
1-725	6 以下	7000 以内	275	285	315
1-726	6 以下	7000 以外	295	305	335
1-727	8 以下	5000 以内	325	340	370
1-728	8 以下	7000 以内	340	355	385
1-729	8 以下	10000 以内	360	375	405
1-730	8 以下	15000 以内	385	400	430
1-731	8 以下	15000 以外	410	430	470
1-732	10 以下	7000 以内	370	385	425
1-733	10 以下	10000 以内	385	405	445
1-734	10 以下	15000 以内	410	430	470

根据表 4-12 编号 1-726 得：裙房工程工期 $T_{2-1}=295$ 天。

(2) 主体楼工程工期。主体楼工程共 11 层，总建筑面积为 25380m²，采用整体现浇框架—剪力墙结构形式。查《定额》第 66 页表"综合楼工程",见表 4-13。

结构类型:现浇框架结构　　　　　　　　　　　　　　　　　表 4-13

编　号	层　数	建筑面积 (m²)	工　期　天　数		
			Ⅰ类	Ⅱ类	Ⅲ类
1-735	10 以下	20 000 以内	435	455	495
1-736	10 以下	20 000 以外	465	485	525
1-737	12 以下	10 000 以内	420	440	480
1-738	12 以下	15 000 以内	445	465	505
1-739	12 以下	20 000 以内	470	490	530
1-740	12 以下	25 000 以内	495	520	560
1-741	12 以下	25 000 以外	525	550	590
1-742	14 以下	10 000 以内	455	475	515
1-743	14 以下	15 000 以内	475	500	540
1-744	14 以下	20 000 以内	500	525	565
1-745	14 以下	25 000 以内	530	555	595
1-746	14 以下	25 000 以外	565	585	635

根据表 4-13 编号 1-741 得:主体楼工程工期 $T_{2-2}=525$ 天。

按《定额》第二章单位工程说明第八条第 7 款:单项工程中±0.000m 以上分为若干个独立部分时,先按各自的面积和层数查出相应工期,再以其中一个最大工期为基数,另加其他部分的 25% 计算,4 个以上独立部分不再另增加工期。如果±0.000m 以上有整体部分,将其并入最大部分工期计算。

所以,±0.000m 以上工程工期

$$T_2 = T_{2-2} + T_{2-1} \times 25\%$$
$$= 525 + 259 \times 25\% = 599 \text{ 天}$$

3. 工程总工期

$$T = T_1 + T_2 = 220 + 599 = 819 \text{ 天}$$

即该教学实验综合楼定额工期经计算为 819 天。

三、民用建筑单位工程工期计算

民用建筑单位工程包括结构工程和装修工程。

按《定额》说明,民用建筑单位工程工期定额计算应遵守以下规定:

1. 结构工程包括±0.000m 以下和±0.000m 以上结构工程。±0.000m 以下结构工程有地下室按地下室层数及建筑面积划分。±0.000m 以上结构工程按工程结构类型、层数及建筑面积划分。

2. ±0.000m 以下无地下室工程执行第一章第一节无地下室工程相应子目。

3. ±0.000m 以下结构工程工期包括:基础挖土、±0.000m 以下结构工程、安装的配管工程内容。±0.000m 以上结构工期包括:±0.000m 以上结构、屋面及安装的配管工程内容。

4. 装修工程按工程用途、装修标准及建筑面积划分。装修工程工期适用于单位工程，以装修单位为总协调单位，其工期包括：内装修、外装修及相应的机电安装工程工期。

5. 宾馆、饭店星级划分标准按《中华人民共和国旅游涉外饭店星级标准》确定。

6. 其他建筑工程装修标准划分为一般装修、中级装修、高级装修，划分标准按《定额》附表一执行。

计算中应注意事项：

1. ±0.000m 以下结构工程工期：无地下室按首层建筑面积计算，有地下室按地下室建筑面积总和计算。

2. ±0.000m 以上结构工程工期：按±0.000m 以上建筑面积总和计算。

3. 结构工程总工期为±0.000m 以下结构工期与±0.000m 以上结构工期之和。

4. 装修工期：不分±0.000m 以上或以下，按装修部分建筑面积总和计算。

5. 单位工程±0.000m 以上由 2 种或 2 种以上结构组成。无变形缝时，先按全部面积查出不同结构的相应工期，再按不同结构各自的建筑面积加权平均计算工期；有变形缝时，先按不同结构各自的面积查出相应工期，再以其中一个最大工期为基数，另加其他部分工期的 25% 计算。

6. 单位工程±0.000m 以上结构层数不同，有变形缝时，先按不同层数各自的面积查出相应工期，再以其中一个最大工期为基数，另加其他部分工期的 25% 计算。

7. 单位工程±0.000m 以上结构分成若干个独立部分时，先按各自的面积和层数查出相应工期，再以其中一个最大工期为基数，另加其他部分工期的 25% 计算，4 个以上独立部分不再另增加工期。如果±0.000m 以上有整体部分，将其并入到最大部分工期中计算。

【案例 4-2】 深圳某大酒店工期计算案例

（一）工程概况

1. 深圳某大酒店为一幢五星级的旅游宾馆。该工程由裙楼、高层主楼及顶部旋转餐厅三部分组成。总建筑面积为 63000m²。

2. 裙楼占地面积为 5700m²，共 4 层，为现浇框架结构，建筑面积约 1898m²，层面标高为 19.3m。主要有共享大厅、桃树中心、超级市场、中西餐厅、舞池乐堂、屋顶桃园游泳池、桑拿浴室、观光电梯、仓库及管理服务用房等。高层的东南面有贯通 4 层的内庭院一个，其屋面为采光玻璃顶棚，地面为中国园林。

3. 高层主楼为 Y 形塔式建筑，单层面积约 1300m²，共 33 层（包括 1 层地下室及 4 层裙楼），总高度由地面计为 114.1m，主楼中央的三角区域内主要是通道、电梯井、楼梯间及竖向管道井。主楼的东、西、南三翼除了少数层为公共设施外，其他层共设 605 套豪华客户，各翼尽端均设安全楼梯及管道井。

4. 高层屋面设有旋转餐厅一座，共 5 层，相对高度为 17.6m，建筑面积为 3206m²。塔楼外边线最大处为 6.181m；除一层旋转餐厅外，其余为设备及服务用房；层面标高为 114.1m。

5. 该建筑的装饰工程按五星级标准，客房卧室平顶涂乳胶漆，墙面为多种花色的进口图纸，地面铺设米色地毯，客房卫生间采用意大利瓷砖或西班牙瓷砖。

6. 大堂等公共场所地面铺设意大利花岗岩或大理石，墙面或顶棚色彩均用白色；

楼梯扶手涂白色；家具灯饰及卫生洁具都采用意大利罗浮世家产品；外墙为玻璃幕墙，或以瓷砖及花岗岩等高级材料贴面。

7. 地下室建筑面积为 $6156m^2$，其中地下停车场占 $2387m^2$，机电设备、物品仓库、食品加工用房 $3769m^2$。地下室深度分别为 $-3.70m$、$-5.50m$、$-7.02m$。底板、顶板均为钢筋混凝土肋形梁板结构。

8. 本工程采用冲孔桩基础（最深冲孔桩达 $72m$，桩径 $0.8\sim1.2m$），钢筋混凝土结构。

9. 场地地基从上至下依次为细土层，主要为褐黄、红色湿黏土；淤泥层，主要为淤泥质黏土；中粗砂层，主要为中粗砂及全细砂。

（二）施工工期的确定

1. 主体建筑施工工期的确定。根据已知设计情况及《定额》3~4页说明，本工程分 $\pm0.000m$ 以下和 $\pm0.000m$ 以上两部分工期之和。

（1）$\pm0.000m$ 以下工程工期。包括地下室工程和桩基础工程两部分。

1）地下室工程。本工程属宾馆工程，土质以湿黏土为主，属Ⅰ、Ⅱ类土，由此可查《定额》第137页，见表4-14。本工程的地下室包括地下停车场和机电设备、物品仓库、食品加工用房两部分，其面积分别为 $2387m^2$ 和 $3769m^2$，总面积为 $6165m^2$。

有地下室工程　　　　　　　　　　　　　　　　　　　　　　　表 4-14

编 号	层 数	建筑面积 (m^2)	工 期 天 数	
			Ⅰ、Ⅱ类土	Ⅲ、Ⅳ类土
2-10	3	7000 以内	180	190
2-11	3	10000 以内	205	215
2-12	3	15000 以内	230	240
2-13	3	15000 以外	260	270
2-14	4	5000 以内	190	205
2-15	4	7000 以内	210	225
2-16	4	10000 以内	230	245
2-17	4	15000 以内	255	270
2-18	4	20000 以内	280	295
2-19	4	20000 以外	310	325

根据表4-14编号2-10查得：3层地下室工程工期：$T_1=180$ 天。

2）桩基础工程。本工程采用冲孔桩基础，冲孔桩长 $12m$，桩径 $0.8\sim1.2m$，共420根，采用《定额》第349页表"钻孔灌注桩工程"，见表4-15。

类型：机械钻孔灌注桩 表 4-15

编 号	桩深(m)	直径(cm)	工程量(根)	工期天数			
				Ⅰ类土	Ⅱ类土	Ⅲ类土	Ⅳ类土
6-500	12以内	φ100	450 以内	77	79	82	91
6-501			500 以内	85	88	92	101
6-502			550 以内	95	98	102	111
6-503			600 以内	103	107	112	121
6-504			650 以内	113	117	122	131
6-505			700 以内	123	127	132	141
6-506			750 以内	133	137	142	151
6-507			800 以内	143	147	152	161
6-508			850 以内	153	157	162	171
6-509			900 以内	163	167	172	181
6-510			950 以内	173	177	182	191
6-511			1000 以内	183	187	192	201

根据表 4-15 采用编号 6-500，则主楼桩基工程工期 $T_2=77$ 天。

(2) ±0.000m 以上工程工期。本宾馆主楼为 33 层，其中 1 层为地下室，第 29～33 层为旋转餐厅，建筑面积为 3206m²，2～28 层建筑面积为 41600m²，裙房部分为 7592m²，楼房结构为现浇框架结构，故其工期可以分为两部分：

1) 高层部分计算施工工期。根据《定额》第 160 页表 "±0.000m 以上结构工程"，见表 4-16。

结构类型：滑模结构 表 4-16

编 号	层 数	建筑面积(m²)	工期天数		
			Ⅰ类	Ⅱ类	Ⅲ类
2-316	24 以下	30000 以外	380	395	435
2-317	26 以下	20000 以内	360	375	415
2-318	26 以下	25000 以内	375	390	420
2-319	26 以下	30000 以内	385	405	445
2-320	26 以下	30000 以外	405	425	480
2-321	28 以下	25000 以内	405	425	480
2-322	28 以下	30000 以内	425	445	490
2-323	28 以下	35000 以内	445	465	515
2-324	28 以下	35000 以外	470	490	540
2-325	30 以下	25000 以内	440	460	510
2-326	30 以下	30000 以内	460	480	530
2-327	30 以下	35000 以内	480	500	550
2-328	30 以下	35000 以外	500	525	580
2-329	32 以下	30000 以内	490	515	565
2-330	32 以下	35000 以内	510	535	590

根据表 4-16 采用编号 2-324，则第 2～28 层工期 $T_{3-1}=470$ 天。

2) 裙房部分施工工期。根据《定额》第 149 页表 "±0.000m 以上结构工程"，见表

4-17。

结构类型：现浇框架结构　　　　　　　　　　　　　　表 4-17

编　号	层　数	建筑面积（m²）	工期天数 Ⅰ类	Ⅱ类	Ⅲ类
2-175	6 以下	3000 以内	160	165	185
2-176	6 以下	5000 以内	170	175	195
2-177	6 以下	7000 以内	180	185	202
2-178	6 以下	7000 以外	195	200	220
2-179	8 以下	5000 以内	210	220	245
2-180	8 以下	7000 以内	220	230	255
2-181	8 以下	10000 以内	235	245	270
2-182	8 以下	15000 以内	260	260	285
2-183	8 以下	15000 以外	270	280	610
2-184	10 以下	7000 以内	240	250	275
2-185	10 以下	10000 以内	255	265	295
2-186	10 以下	15000 以内	270	280	310

根据表 4-17 编号 2-178 查得：裙房部分施工工期 $T_{3-2}=195$ 天。

根据《定额》第二章单位工程说明第八条第 5 款：单位工程±0.000m 以上结构由 2 种或 2 种以上结构组成。无变形缝时，先按全部面积查出不同结构的相应工期，再按不同结构各自的建筑面积加权平均计算；有变形缝时，先按不同结构各自的面积查出相应工期，再以其中一个最大的工期为基数，另加其他部分工期的 25% 计算。即：

±0.000m 以上部分施工工期 $T_3 = T_{3-1} + T_{3-2} \times 25\% = 470 + 195 \times 25\% = 519$ 天

2. 装修工程。根据《定额》第 166 页"宾馆、饭店工程"，见表 4-18。

装修标准：五星级　　　　　　　　　　　　　　表 4-18

编　号	建筑面积（m²）	工期天数 Ⅰ类	Ⅱ类	Ⅲ类
2-386	1000 以内	115	120	135
2-387	3000 以内	145	150	165
2-388	7000 以内	185	190	210
2-389	10000 以内	230	240	365
2-390	15000 以内	285	295	325
2-391	20000 以内	335	350	385
2-392	30000 以内	410	430	475
2-393	40000 以内	515	540	590
2-394	40000 以外	685	720	780

根据表 4-18 编号 2-394 查得：装修工程工期 $T_4=685$ 天。

3. 该工程总工期（不包括旋转餐厅）：

$$T = T_1 + T_2 + T_3 + T_4$$
$$= 180 + 77 + 519 + 685 = 1461 \text{ 天}$$

即该大酒店定额工期经计算为 1461 天。

思 考 题

1. 何谓建设工程进度控制？进度控制的作用是什么？
2. 影响建设工程进度控制的主要因素来自哪些方面？
3. 工程项目的进度控制包括哪些主要内容？
4. 进度控制的主要方法是什么？进度控制基本思想是什么？
5. 进度控制的主要措施有哪些？
6. 工程项目建设总进度计划的作用是什么？涉及哪些方面的主要工作？
7. 工程项目年度计划作用是什么？影响年度计划安排的要素有哪些？
8. 建设工期定额有什么作用？它与项目施工合同工期的关系及作用有什么不同？
9. 民用建设单项工程定额工期和民用建设单位工程定额工期计算上有什么不同？
10. 总监理工程师对承包单位要求工程延期申请审批依据是什么？

第五章 建设工程项目监理投资控制

第一节 建设工程项目投资控制概述

一、建设项目投资概念

建设项目投资是指工程建设所需要的全部建设费用，它包括从工程项目的可行性研究开始，直至项目竣工交付使用所花费的全部建设费用的总和，其中包括建筑安装费用、设备（工器具）购置费、建设其他费用、贷款利息、投资方向调节税及维持生产所需流动基金等。

二、建设项目投资构成

我国现行建设项目投资构成大体如图 5-1 所示。

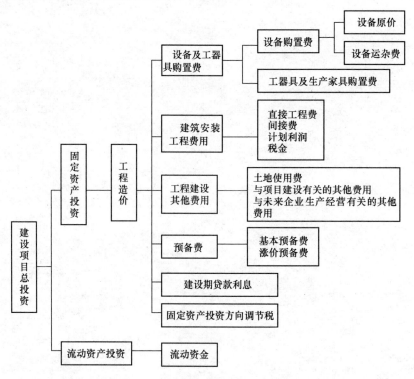

图 5-1 我国现行建设工程总投资构成

在图 5-1 中，与项目建设有关的其他费用包括：建设单位管理费；勘察设计费；研究试验费；建设单位临时设施费；工程监理费；工程保险费；引进技术和进口设备的其他费用等。

与未来企业生产经营有关的其他费用包括：生产准备费；联合试运转费；生产准备费；办公和生活家具购置费等。

为了贯彻国家产业政策、控制投资规模、引导投资方向、调整投资结构、加强重点建设促进国民经济持续稳定协调发展，国务院决定从1991年起对进行固定资产投资的单位和个人（不含中外合资、中外合作经营企业和外资企业）征收固定资产投资方向调节税，实行差别税率，见表5-1所示。投资方向调节税按投资项目的年度计划投资额预缴，年终按年度实际完成投资额结算，多退少补，项目竣工后按全部实际完成投资额进行清算，多退少补。

投资方向调节税差别税率 表5-1

税　率	适用的能源交通、城市建设、住宅建设项目
0%	1. 煤炭（无证采煤及20万t以下机焦除外）、石油、核电、水电、送变电及单机容量10万kV以上火电机组； 2. 铁路、公路、民航、港口、航道； 3. 城市供排水、节水设施、燃气道路、桥梁及集中供热污水处理厂、地下铁道、公共交通、垃圾处理厂、转运站； 4. 城市个人住宅、地质野外工作人员生活基地住宅、各类学校教职工住宅及学生宿舍、科研院所住宅、北方节能住宅
5%	1. 单机容量2.5万kV以上10万kV以下火电及凝汽机组； 2. 机车车辆制造
10%	1. 本表规定以外的各类住宅建设投资项目； 2. 除适用0%以外的更新改造项目（按项目中建筑工程投资计征）
15%	本表未列出的除更新改造投资以外的其他固定资产投资项目
30%	1. 20万t以上机焦，燃油发电机组； 2. 经有权单位批准允许建设的楼堂馆所； 3. 公费建设超标准独门独院、别墅式住宅
禁止发展	1. 无证采煤、单机容量2.5万kV以下凝汽式燃煤发电机组，各种小柴油机发电机组； 2. 未经有权单位批准的楼堂馆所

注：为贯彻宏观调控政策，扩大内需，鼓励投资，按国务院规定，对自2000年1月1日起新发生的投资额，暂停征收固定资产投资方向调节税，但该税种并未取消。

三、建设项目投资有关制度

我国是发展中国家，工程建设对于增强国力，提高我国生产力水平，改善人民生活有重大作用，因此必须管好投资资金，充分发挥资金效益。改革开放以来，我国项目建设投资逐步由全额财政拨款变为主要依靠贷款方式进行负债建设，有的项目甚至全额负债，项目建成后，企业资产负债率过高，给生产经营与银行的正常运营带来影响，"无本投资"成为推动盲目扩大投资规模的重要原因。为此国家从1996年起加速投资体制改革，有如下重大举措：

1. 建设项目法人责任制度

从1992年起，原国家计委在建设项目上实行项目法人责任制，对项目责任主体、责任范围、目标和权益风险承担方式等明确规定，从项目一开始就进行规范化管理。由项目法人对项目筹划、建设实施、贷款偿还、资产的保值增值全过程负责，承担风险责任。1996年又进一步完善和扩大了这一行之有效的制度，"先有法人，后有项目"，明确划分项目管理者、经营者、出资者各自的权利和义务,严格对项目法人的奖惩办法等。

2.新建项目实行项目资本金制度

新建经营性项目需要在资金市场融资的,各出资者必须自己拥有占投资总额一定比例的资本金(如自有资金、所有者权益等)作为对项目的投资,否则不得进行融资、筹资活动,项目不得批准建设。各行业资本金比例可不同,由国家确定。

3.国家投资实行国家投资主体代表制度

国家投资职能和作用在社会主义市场经济体制下仍占有重要的地位,国家投资没有明确主体代表,严重影响国家投资的使用效益和国有资产的保值增值,为此,从1996年起,按照"政企分开,两权分离"的原则,经国务院授权,具有法人地位的一批国家投资主体代表中央政府行使国家资产投资者的职能,维护所有者权益,相应承担投资风险责任,地方政府也将相应确定投资主体。

4.重大项目立项和投资审核制度

重大项目由国家投资,必须强加审核。1995年起,国家决定重大项目投资由原国家计委和国家开发银行共同负责。俗称"计委挖坑"、"开行种树",即原国家计委有立项权,但无权决定投资,国家开发银行有投资权,但无权立项,只能在计委立项中确定投资还是不投资到项目上。投资权与立项权两权分立体现了国家对重大项目建设投资的审慎。

四、建设项目投资控制

建设项目投资控制是指在投资决策阶段、设计阶段、建设项目发包阶段和施工阶段,把建设项目投资控制在批准的投资限额以内,以保证项目投资控制目标的实现,取得较好的经济效益和社会效益。

投资控制贯穿建设的全过程,但不同建设阶段对投资的影响程度是不同的,如图5-2所示是国外描述不同建设阶段主要环节影响投资程度图,与我国的情况是大致吻合的。

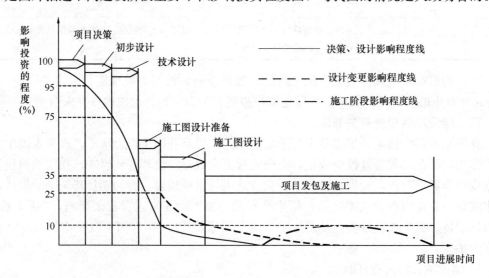

图5-2 项目建设阶段不同环节影响投资程度图

由图5-2可以看到,项目决策阶段对投资影响程度最大可达95%~100%,即项目如决策发生重大错误,项目投资可能毫无效益。其他影响程度为:初步设计75%~95%;

技术设计 35%～75%；施工图设计 10%～35%；项目发包及施工阶段在 10%以内。因此，对项目投资的控制重在项目建设前期。在项目决策已定，施工图已完成的情况下，要控制设计变更，其影响程度可达 25%，项目发包及施工过程控制同样不能忽视，其影响程度可达 10%。

综上所述，可以看出，项目的投资控制贯穿于工程建设的各个阶段，对项目投资实施控制是建设监理的一项主要任务，具体控制的内容及方法在本章后续各节介绍。

第二节　建设工程项目设计阶段的投资控制

设计阶段的投资控制是项目实施阶段投资控制的重点，设计优劣对投资的影响程度远高于施工阶段。

一、设计准备阶段监理对投资进行控制的内容

1. 在可行性研究的基础上，进行项目总投资目标的分析论证

在项目可行性研究阶段，经过分析论证已给出项目的总投资估算额。进入设计准备阶段，监理应根据已批准的设计任务书进一步对项目的总投资额进行分析论证，弄清总投资估算的构成及其合理性。

2. 编制项目总投资切块分解的初步规划

在进一步对项目的总投资额进行分析论证的基础上，监理应协助业主编制项目总投资切块，按总投资构成进行分解，给出各项投资构成的初步规划控制额度目标。

3. 评价总投资目标实现的风险，制定投资风险控制的初步方案

对各项投资构成的初步规划控制目标进行风险分析，评价总投资目标实现的风险，制定投资风险控制的初步方案。

4. 编制设计阶段资金使用计划并控制其执行。

二、设计阶段监理对投资进行控制的内容

1. 根据选定的项目方案审核项目总投资估算

在项目初步设计完成项目设计方案后，监理应协助业主审核选定项目方案的总投资估算，对设计方案提出投资评价建议。如方案的总投资估算超出设计任务书总投资控制额，应要求设计进行调整。

2. 对设计方案提出投资评价建议

设计方案从大局上确定了项目的总体平面布置、立面布置、剖面布置、结构选型、设备及工艺方案等，其合理性、适用性及经济性需要认真审查。从投资控制角度，监理应审查方案的经济合理性，对设计方案提出投资评价建议。比如设计方案中有大跨度的屋面结构，它可以选择复合桁架结构、网架结构、预应力混凝土屋面梁结构等形式，但它们的造价不同，由于施工难度不同而带来的建筑安装费用也不同，因此必须进行综合评价，选出既适用又经济的方案。所以投资评价建议必须建立在方案优化基础上进行。

3. 审核项目设计概算，对设计概算作出评价报告和建议

初步设计完成后，设计单位应编制设计概算，监理应对设计概算进行审核，并做出设计概算评价报告和建议。这项工作应在设计概算上报主管部门审批之前完成，因为设计概算上报主管部门批准之后，如需调整设计概算，须重新上报主管部门审批。同时在设计深

化过程中要严格控制项目投资在设计概算所确定的投资计划值之中。

4. 对设计有关内容进行市场调查分析和技术经济比较论证

从设计、施工、材料和设备等多方面做必要的市场调查分析和技术经济比较论证，并提出咨询报告，如发现设计可能突破投资目标，则可提出解决办法建议，供业主和设计人员参考。

5. 考虑优化设计，进一步挖掘节约投资的潜力

如采用价值工程方法，在充分满足项目功能的条件下考虑进一步挖掘节约投资的潜力。

6. 审核施工图预算

施工图完成后，设计应编制施工图预算，监理应审核施工图预算，并控制不超出经批准的设计概算。

7. 编制设计资金限额指标

根据设计概算，要求设计单位编制设计阶段各单项工程、单位工程、分部工程及各专业设计进行合理的投资分配，制定设计资金限额指标，以体现控制投资的主动性。必要时可对设计资金限额指标提出调整建议。

8. 控制设计变更

进入施工阶段，施工图投入使用后，出于多方面原因难免会出现要求设计变更情况，问题还会返回到设计单位，要注意控制设计变更，认真审核变更设计的合理性、适用性和经济性。

9. 认真监督勘察设计合同的履行

三、设计阶段监理控制投资的参考方法

设计阶段控制投资的方法很多，以下介绍几种常用方法供设计监理工作参考。

（一）推行设计招标或方案竞赛

推行设计招标或方案竞赛的目的是想通过竞争的方式优选设计方案，确保项目设计满足业主所需功能使用价值，同时，又控制投资在合理的额度内。

大型建设项目设计方案，习惯上多采用设计方案竞赛的方式。设计竞赛的第一名往往是设计任务的承担者。但业主有时可能并不完全中意于某一方案，而希望综合有关方案特色，此时可把前几名中奖的方案优点综合起来，作为确定设计方案的基础，再以一定的方式委托设计，商签设计合同。此时对于被部分采用的方案设计者应给予一定的补偿。

在设计方案的优选及审查中要注意运用价值工程原理，正确处理功能与费用成本的关系。如某大城市电视塔设计，塔高415.2m高，若仅作发射塔用，每年维修更新费上百万元。后利用价值工程原理，以增加少量投资扩大使用功能，以塔养塔，以塔创收。在274m处增加综合利用机房，为气象、环保、消防、通信服务。在253m、257m处增加瞭望、旋转餐厅可供观景游览，工程投资虽由此增加1000多万元，但建成后综合收入年近千万元，为今后的维修更新提供了充分的保障，增加了经济收益。

（二）认真监督履行勘测设计合同

业主与勘测设计单位为完成一定的勘测设计任务商签的合同，若不能认真履行，必然带来工期、质量及经济上的损失，因此，监理单位应监督双方认真履行合同。委托方或承托方违反合同规定时，应承担违约的责任：

1. 因勘察设计质量低劣引起返工或未按期提交勘察设计文件拖延工期造成损失，由勘察设计单位继续完善勘察、设计任务，勘察设计单位应视造成的损失浪费大小减收或免

收勘察设计费。对于因勘察设计错误而造成工程重大质量事故者，除应免收损失部分的勘察、设计费外，还应交付与直接受损失部分勘察、设计费用相等的赔偿金。

2. 由于变更计划，提供的资料不准确，未按期提供勘察、设计必需的资料或工作条件而造成勘察、设计的返工、停工、窝工或修改设计，业主方应按承包方实际消耗的工作量增付费用。因业主方责任而造成重大返工或重作设计，应另行增费。监理应协助业主防止此类费用发生。

3. 委托方超过合同规定的日期付费时，应偿付逾期的违约金。偿付办法与金额，由双方按照国家的有关规定协商，在合同中订明。业主方不履行合同的，无权要求返还定金；承包方不履行合同的，应当双倍偿还定金（勘察定金为勘测费的30%，设计定金为设计费的20%）。

4. 建设单位与勘察设计单位在执行合同过程中发生争议，监理工程师应负责调解。

（三）推行限额设计

采用限额设计是控制项目投资的有力措施，监理应在设计监理中充分运用这一措施控制投资：

1. 要求按照批准的设计任务书的投资估算额控制设计概算，以批准的设计概算控制各专业技术设计及施工图设计。

2. 要求各专业设计按照分配的限额指标进行设计，即"算着画"。改变目前设计过程不算账，设计完了"概算、预算见分晓"的现象。

3. 要求设计单位完善各专业限额设计考核制度。设计开始前，按照设计过程的估算、概算、预算的不同阶段，将工程投资按专业进行分配，并分段考核。下段指标不得突破上段指标。问题发生在哪一阶段，就消灭在哪一阶段。哪一个专业突破控制投资限额指标时，应首先分析突破的原因，用修改设计的方法解决。

4. 对设计单位出现下列情况之一导致的投资失控，监理可建议业主按有关规定或合同约定，扣减一定的设计费：

（1）设计单位未经建设项目审批单位同意擅自提高建设标准、设备标准、增设初设范围以外工程项目等造成投资增加；

（2）由于设计深度不够或设计标准选用不当，导致设计或下一步设计仍有较大变动导致投资增加。

但设计单位对以下情况造成的投资增加不承担责任：

（1）国家政策变动导致设计调整；

（2）工资、物价变动后的价差；

（3）土地征用费标准、水库淹没损失补偿标准的改变；

（4）由原审批部门同意，重大设计变动和项目增加引起投资增加；

（5）其他单位强行干预改变设计或不合理摊派等造成投资增加等。

5. 对设计单位原因导致的投资超支的处罚规定：

原国家计委曾规定因设计错误、漏项或扩大规模和提高标准而导致工程静态投资超支，可按以下规定扣减设计费：

累计超原批准概算2%～3%的，扣全部设计费的3%；

累计超原批准概算3%～5%的，扣全部设计费的5%；

累计超原批准概算 5%~10%的,扣全部设计费的 10%;

累计超原批准概算 10%以上的,扣全部设计费的 20%。

限额设计是控制设计投资超支的重要手段,但如运用不当,各专业投资分配不合理,或统筹调整不够灵活,过分强调限额,有可能使某些专业设计特色不能表现出来。

(四)标准设计的应用

标准设计,也称定型设计或通用设计,是工程设计标准化的组成部分,各类工程设计中的构件、配件、零部件、通用的建筑物、构筑物、公用设施等,有条件时都应编制标准设计、推广使用。

标准设计一般较为成熟,经过实践考验。推广标准设计有助于降低工程造价,节约设计费用,加快设计速度。如天津市曾统计使用标准构件建安造价可降 16%左右,上海市调查可降低 10%~15%。

第三节 建设工程项目施工阶段的投资控制

施工阶段是工程投资具体使用到建筑物实体上的阶段,设备的购置、工程款的支付主要在此阶段,这是花钱如流水、有出难进的阶段。加之施工工期长,市场物价及环境因素变化大,因此是投资控制最困难的阶段。

这一阶段主要要做好投资控制目标、资金使用计划的制订,工程进度款支付控制,工程变更控制,工程价款的动态结算,施工索赔处理等项工作。

一、施工阶段监理投资控制的主要业务工作

1. 根据监理项目情况,监理机构人员组成,明确投资控制负责人及部分组织,明确控制投资目标。

2. 编制项目施工阶段各年度、季度、月度资金使用计划,并控制执行。

3. 按照投资分解,建立投资计划值与实际值的动态跟踪控制。

4. 工程变更的审核及由此导致的投资增减量的复核。

5. 已完实物工程量的量测、审核确认,签认相应工程价款支付凭证。

6. 合同外实际发生的工程费用的审核、签认。

7. 施工索赔的处理及可能的反索赔。

8. 协调处理业主与承包方合同执行过程中的纠纷等。

9. 挖掘设计、施工、材料设备等方面可能节约投资的潜力。

10. 审核工程结算。

11. 定期向业主报告投资的使用、完成、偏差及处理情况。督促业主及时提供工程资金等。

施工阶段监理在项目上对工程投资控制程序如图 5-3 所示。

二、施工阶段投资控制目标及资金使用计划

1. 投资控制目标

从业主的角度当然是希望投资额尽可能少,但如果由此而对承包单位盲目压价,损害承包单位应得利益则是不恰当的。监理应按照经济规律,从公正的立场维护业主合法的权益,并且不损害承包商合法权益。因此投资控制的目标不是盲目追求越少越好,而应当

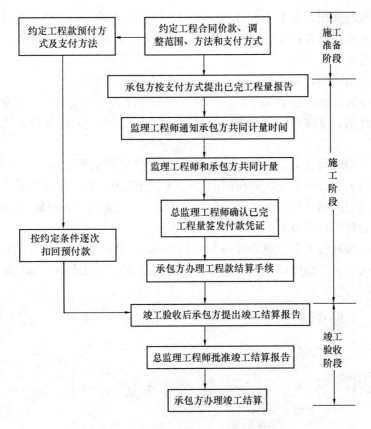

图 5-3 施工阶段监理投资控制程序图

是：以计划投资额为控制目标，在可能的情况下，努力节约投资。

如对于设备采购招标，建安工程招标并签订合同的，则合同价款就是控制目标，当然不排斥合同实施过程中挖潜节约带来的投资节约。

2．资金使用计划

投资控制在具体操作上须将投资逐级分解到工程分项上才能具体控制，同时由于工程价款现行的支付方式主要是按工程实际进度支付，因此除按工程分项分解外，还需要按照工程进度计划中工程分项进展的时间编制资金使用时间计划。所以，资金使用计划包括工程分项资金使用计划和单项工程资金使用时间计划。

(1) 工程分项资金使用计划

从投资控制角度将一个项目分解成工程分项，需要综合考虑多方面因素，如工程的部位、概预算子项的划分、工作队组相应承担的任务等，而且要与工程进度计划中分项的划分协调。特别是使用计算机辅助管理时，进度计划、投资计划、工程概预算工程分项的划分一定要一致，这样才可能建立统一的数据库，即必须保持一致的工作分解结构。

项目分解应有层次性，统一编码便于管理，如图 5-4 所示。

工程分项的资金支出是工程分项综

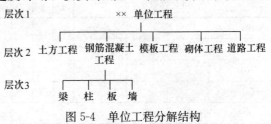

图 5-4 单位工程分解结构

合单价与工程量的乘积,每个工程分项应填写资金使用计划表,供分项费用控制使用。资金使用计划表主要栏目有:工程分项编码、工程内容、计量单位,工程数量,计划综合单价,不可预见费等。

(2) 资金使用时间计划

在工程分项资金使用计划编制后,结合工程进度计划可以按单位工程或整个项目制定资金使用时间计划,这样可以供业主筹措资金,保证工程资金及时到位,从而保证工程进度按计划进行。

编制资金使用时间计划,通常可利用工程进度计划横道图或带时间坐标的网络计划图,并在相应的工程分项上注出单位时间平均资金消耗额,然后按时间累计可得到资金支出 S 形曲线。参照网络计划中最早开始时间(ES)、最迟必须开始时间(LS)可以得到两条投资资金计划使用时间 S 形曲线,如图 5-5 所示。

一般而言,所有的工程分项若都按 LS 时间开始,投资贷款利息可节至最少,但同时也降低了项目按期完工的保证率,因此要合理的控制资金使用计划,如实际使用曲线应介于上述两曲线间为宜。

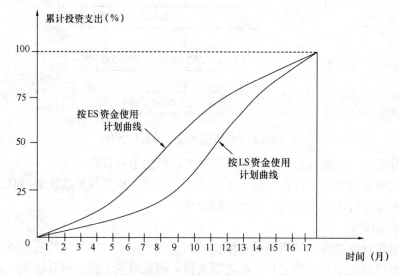

图 5-5 投资使用计划 S 形曲线

资金使用时间计划还应编制投资计划年度、季度分配表,便于统计和操作,见表 5-2。

投资计划年度(季度)分配表 表 5-2

工程编码	工程名称 (单位、分部、分项)	投资额 (万元)	年度投资分配(万元)															
			2010 年				2011 年				2012 年				2013 年			
			1	2	3	4	1	2	3	4	1	2	3	4	1	2	3	4
××-××-1																		
××-××-2																		
……																		
合 计																		

三、工程款的结算

1. 我国现行建安工程价款的主要结算方式

（1）按月结算。

一般采用月终结算、竣工后清算。对于跨年竣工的工程，在年终进行盘点，办理年度结算。

（2）分段结算。

即将工程划分不同阶段进行结算。这种结算方式适用于固定总价，一般不能调价的合同方式。

分段结算可按月预支工程款，或按合同造价分段拨付工程款：如按开工、基础完工、主体完工、竣工验收等阶段按比例拨付工程款。

（3）结算双方约定并经开户银行同意的其他结算方式。例如采取竣工后一次结算，即每月月中预支，竣工后一次结算。这种结算方式适用工期短、合同价额不大的项目。

①由承包单位自行采购建筑材料的，发包单位可在双方签订合同后，按年度工作量的一定比例向承包方预付备料资金，并在一个月内付清。

②由发包单位供应材料，其材料可按合同约定价格转给承包单位，材料价款在结算工程款时陆续扣回。这部分材料，承包方不收取备料款。

上述结算款在施工期间一般不应超过承包价的95%，另5%的尾款在工程竣工验收后按规定清算。

2. 按月结算建安工程价款的一般程序

即按分部分项工程，以"工程实际完成进度"为对象，按月结算，待工程竣工后再办理竣工结算。

（1）预付备料款

指施工企业承包工程储备主要材料、构件所需的流动资金。

①预付备料限额

影响预付备料款的因素有：主要材料占施工产值的比重、材料储备天数、施工工期等。

$$备料款限额 = \frac{全年施工产值 \times 主要材料所占比重}{年度施工日历天数} \times 材料储备天数$$

一般建筑工程备料款不应超过当年建筑工作量的30%，安装工程不超过当年工作量的10%～15%。

②备料款的扣回

预付备料款相当于发包方借给承包方的流动资金，到工程后期要陆续扣回，其方式为抵充工程价款。

备料款的扣回一般按未完成工程中的主要材料及构件的价值等于备料款时开始扣，竣工前全部扣清。

设备料款为 M，主要材料占工程价款的比重为 N，则 $\frac{M}{N}$ 为主要材料款为 M 时相应的工程价款。也就是说当待完成工程价款还剩 $\frac{M}{N}$ 时应开始起扣，亦即工程完成到 T 时应开始起扣。

$$T = P - \frac{M}{N}$$

式中，P 为合同总价；T 为起扣点，即预付备料款开始扣回时的累计完成工程量金额。

备料款预付的比例，收回的方式、时间主要是业主与承包商在合同中事先约定的一种行为，不同的工程情况可视情况允许有一定的变动。

(2) 中间结算

施工企业在工程建设过程中，按月完成的分部分项工程数量计算各项费用，向建设单位办理中间结算手续。

即月中预支，月终（末）根据工程月报表和结算单，并通过银行结算。

【案例 5-1】 某建筑安装工程价款总额为 600 万元，备料款按 25% 预付，主要材料比重占总价款的 62.5%，工期 4 个月，计划各月的施工产值见表 5-3，试求将如何按月结算工程价款。

【解】

各月施工产值（万元）　　　　　　　　　　　　　　　　表 5-3

二月	三月	四月	五月
100	140	180	180

① 预付款 $M = 600 \times 25\% = 150$ 万元

② 起扣点 $T = P - \dfrac{M}{N} = 600 - 150/62.5\%$

　　　　　　$= 600 - 240 = 360$ 万元

③ 二月完成产值 100 万元 $< T$，结算 100 万元。

④ 三月完成 140 万元，工程累计完成 240 万元 $< T$，三月结算 140 万元。

⑤ 四月完成 180 万元，工程累计完成 420 万元 $> T = 360$ 万元。

所以：T（360 万元）－上月累计完成额（240 万元）＝120 万元，本月可结算，但本月实际完成 180 万元，尚余 60 万元应扣备料预付款，本月实际可结算工程款：

$$120 + 60 \times (1 - 62.5\%) = 120 + 22.5 = 142.5 \text{ 万元}$$

⑥ 五月完成产值 180 万元，并已竣工，应结算 $180 \times (1 - 62.5\%) = 67.5$ 万元。

(3) 竣工结算

竣工结算是指工程按合同规定内容全部完工并交工之后，向发包单位进行的最终工程价款结算。如合同价款发生变化，则按规定对合同款进行调整。

竣工结算工程价款＝预算（或概算或合同价款）＋施工过程中预算或合同价款调整数额－预付及已结算工程价款。

3. 设备、工器具和工程建设其他费用的结算

(1) 国内设备、工器具和工程建设其他费用的结算

按照我国现行规定，银行、单位和个人办理结算都必须遵守的结算原则：一是恪守信用，及时付款；二是谁的钱进谁的账，由谁支配；三是银行不垫款。

建设单位对订购的设备、工器具，一般不预付定金，只对制造期在半年以上的大型专

用设备的价款,按合同分期付款。

建设单位收到设备工器具后,要按合同规定及时结算付款,不应无故拖欠。如果资金不足而延期付款,要支付一定的赔偿金。

工程建设其他费用因为内容多而零散,又缺乏完备的价格依据,所以结算的费用,其伸缩性、灵活性较大。建设单位在结算工程建设其他费用时,应在经办建设银行的监督下,严格控制在年度投资计划、财务支出计划和概预算规定的指标或投资包干数范围内,并根据实际需要,逐笔审查,精打细算,节约使用。

(2) 进口设备、材料的结算

对进口设备及材料费用的支付,一般利用出口信贷的形式。出口信贷根据借款的对象分为卖方信贷和买方信贷。

采用卖方信贷进行设备材料结算时,一般是在签订合同后先预付10%的定金,在最后一批货物装船后再付10%,在货物运抵目的地,验收后付5%,待质量保证期满时再付5%,剩余的70%货款应在全部交货后规定的若干年内一次或分期付清。

买方信贷有两种形式:一种是由产品出口国银行把出口信贷给买方,买方以此款与出口国卖方供应商以即期现汇成交。

买方信贷的另一种形式,是由出口国银行贷给进口国银行,再由进口国银行转贷给买方,买方用现汇支付货款,进口国银行分期向出口国银行偿还借款本息。

进口设备材料的结算价与确定的合同价不同,结算价还要受多种因素(主要是工资、物价、贷款利率及汇率)的影响。因此,在结算时要采用动态结算方式。

4. 工程价款的动态结算

建设项目按照合同价款事先约定的方式进行结算时,通常要考虑到造价管理部门公布的价格指数(或调价系数)、政策性因素引起的价格变化、市场的涨价因素等进行动态结算。常用的动态结算方法有:

①按实际价格结算法

主要材料按市场实际价格结算,工程承包人凭发票实报实销。

②按调价文件结算法

甲、乙双方合同期内按造价管理部门调价文件规定补足价差。

③调值公式法

对项目已完成工程价款的结算,国际上通常采用调值公式法,并在合同中事先明确规定各项费用的比重系数。

建筑安装工程费用价格调值公式包括固定部分、材料部分和人工部分三项。典型的材料成本要素有钢筋、水泥、木材、钢构件、沥青制品等,同样,人工可包括普通工、技术工和监理工程师。调值公式一般为:

$$P = P_0 \left(a_0 + a_1 \frac{A}{A_0} + a_2 \frac{B}{B_0} + a_3 \frac{C}{C_0} + a_4 \frac{D}{D_0} \right)$$

式中 P——调值后合同价款或工程实际结算款;

      P_0——合同价款中工程预算进度款;

      a_0——固定要素,代表合同支付中不能调整的管理费用等部分;

 a_1、a_2、a_3、a_4……——代表有关各项费用(如:人工费用、钢材费用、水泥费用、运输费用等）在合同总价中所占的比重，并且 $a_1+a_2+a_3+a_4\cdots\cdots=1$；

A_0、B_0、C_0、D_0……——订合同时与 a_1、a_2、a_3、a_4……对应的各种费用的基准日期（投标截止日前 28 天）价格指数或价格；

A、B、C、D……——在工程结算月份与 a_1、a_2、a_3、a_4……对应的各项费用的现行价格指数或价格（国内现根据进度付款、竣工付款和最终结清等约定的付款证书相关周期最后一天的前 42 天）。

各部分成本的比重系数在许多标书中要求承包方在投标时即提出，并在价格分析中予以论证。

但也有的是由发包方（业主）在标书中规定一个允许范围，由投标人在此范围内选定。因此，监理工程师在编制标书中，尽可能要确定合同价中固定部分和不同投入因素的比重系数和范围，招标时以给投标人留下选择的余地。

如我国首个接受世界银行贷款的云南鲁布格水电站工程，标书中对外币支付项目各费用比重系数范围作了如下规定：外籍人员工资 0.10～0.20；水泥 0.10～0.16；钢材 0.09～0.13；设备 0.35～0.48；海上运输 0.04～0.08；固定系数 0.17。并规定允许投标人根据其施工方法在上述范围内选用具体系数。

【案例 5-2】 某项目工程总费用为 200 万美元。其组成为：土方工程费 20 万美元，占总费用 10%；砌体工程费 80 万美元，占总费用 40%；钢筋混凝土工程费 100 万美元，占总费用 50%。这三个组成部分的人工费和材料费占工程总费用 85%，人工费和材料费中各项费用比例如下：

(1) 土方工程：人工费 50%，机具折旧费 26%，柴油 24%。

(2) 砌体工程：人工费 53%，钢材 5%，水泥 20%，骨料 5%，空心砖 12%，柴油 5%。

(3) 钢筋混凝土工程，人工费 53%，钢材 22%，水泥 10%，骨料 7%，木材 4%，柴油 4%。该工程其他费用，即不调值的费用占工程价款的 15%，计算出各项参加调值的费用占工程价款比例如下：

人工费：　$a=(50\%\times10\%+53\%\times40\%+53\%\times50\%)\times85\%\approx45\%$

钢材：　　$b=(5\%\times40\%+22\%\times50\%)\times85\%\approx11\%$

水泥：　　$c=(20\%\times40\%+10\%\times50\%)\times85\%\approx11\%$

骨料：　　$d=(5\%\times40\%+7\%\times50\%)\times85\%\approx5\%$

柴油：　　$e=(24\%\times10\%+5\%\times40\%+4\%\times50\%)\times85\%\approx5\%$

机具折旧：$f=26\%\times10\%\times85\%\approx2\%$

空心砖：　$g=12\%\times40\%\times85\%\approx4\%$

木材：　　$h=4\%\times50\%\times85\%\approx2\%$

不调值费用占工程价款的比例：15%

具体的人工费及材料费的调值公式为：

$$P=P_0\left(0.15+0.45\frac{A}{A_0}+0.11\frac{B}{B_0}+0.11\frac{C}{C_0}+0.05\frac{D}{D_0}+0.05\frac{3}{E_0}\right.$$
$$\left.+0.02\frac{F}{F_0}+0.04\frac{G}{G_0}+0.02\frac{H}{H_0}\right)$$

假定该合同的原始报价基准日期为2007年1月1日，2007年9月完成的工程价款占合同总价的10%，有关月报的工资材料物价指数见表5-4所示，则2007年9月的工程款经过调值后为：

$$P = 10\%P_0\left(0.15 + 0.45\frac{A}{A_0} + 0.11\frac{B}{B_0} + 0.11\frac{C}{C_0} + 0.05\frac{D}{D_0} + 0.05\frac{E}{E_0}\right.$$
$$\left. + 0.02\frac{F}{F_0} + 0.04\frac{G}{G_0} + 0.02\frac{H}{H_0}\right)$$
$$= 10\% \times 200\left(0.15 + 0.45 \times \frac{116}{100} + 0.11 \times \frac{187.6}{153.4} + 0.11\frac{175.0}{154.8} + 0.05 \times \frac{169.3}{132.6}\right.$$
$$\left. + 0.05 \times \frac{192.8}{178.3} + 0.02 \times \frac{157.5}{154.4} + 0.04 \times \frac{167.0}{160.1} + 0.02 \times \frac{159.5}{147.7}\right)$$
$$= 22.66 \text{ 万美元}$$

即通过调值，2007年9月实得工程款为22.66万美元，比原始合同价20万美元多2.66万美元。

工资物价指数表 表5-4

费用名称	代 号	2007年1月指数	代 号	2007年8月指数
人工费	A_0	100	A	116
钢材	B_0	153.4	B	187.6
水泥	C_0	54.8	C	175.0
骨料	D_0	132.6	D	169.3
柴油	E_0	78.3	E	192.8
机具折旧	F_0	154.4	F	162.5
空心砖	G_0	160.1	G	162.0
木材	H_0	142.7	H	159.5

四、工程款计量支付

1. 工程款计量一般程序

工程计量的一般程序是承包方按协议条款的时间（承包方完成的工程分项获得质量验收合格证书以后），向监理工程师提交《合同工程月计量申报表》，监理工程师接到申报表后7天内按设计图纸核实已完工程数量，并在计量24小时前通知承包方，承包方必须为监理工程师进行计量提供便利条件并派人参加予以确认。承包方无正当理由不参加计量，由监理工程师自行进行，计量结果仍然视为有效。根据合同的公正原则，如果监理工程师在收到承包方报告后7天内未进行计量，从第8天起，承包方报告中开列的工程量即视为已被确认。

因此，无特殊情况，监理工程师对工程计量不能有任何拖延。另外监理工程师在计量时必须按约定时间通知承包方参加，否则计量结果按合同视为无效。经监理工程师确认签字后的合同工程月计量申报表，可作为工程价款支付的依据。

2. 工程计量的注意事项

(1) 严格确定计量内容。

监理工程师进行计量必须根据具体的设计图纸以及材料和设备明细表中计算的各项工程的数量进行，并按照合同中所规定的计量方法、单位。监理工程师对承包方超出设计图纸要求增加的工程量和自身原因造成返工的工程量，不予计量。

(2) 加强隐蔽工程的计量。

为了切实做好工程计量与复核工作，避免建设单位与承建单位之间的扯皮，监理工程师必须对隐蔽工程作预先测量。测量结果必须经甲、乙方认可，并以签字为凭。

3. 合同价款的复核与支付

承包方根据协议所规定的时间、方式和经监理工程师签字的计量表，按照构成合同价款相应项目的单价和取费标准提出付款申请（表 5-5），申请由监理工程师审核后，签署"工程款支付证书"（表 5-6），再由建设单位予以支付。在确认计量结果后 14 天内，发包人应向承包人支付工程款（进度款）。根据国家工商行政管理总局、住房和城乡建设部的文件规定，合同价款在协议条款约定后，任何一方不得擅自改变，协议条件另有约定或发生下列情况之一的可作调整：

(1) 法律、行政法规和国家有关政策变化影响合同价款；
(2) 监理工程师确认可调价的工程量增减、设计变更或工程洽商；
(3) 工程造价管理部门公布的价格调整；
(4) 一周内非承包方费用原因造成停水、停电、停气造成停工累计超过 8h；
(5) 合同约定的其他因素。

工程款支付申请表　　　　　　　　　　　　　　　　　　　　　表 5-5

工程名称：　　　　　　　　　编号：

致：　　　　　　　　　　　　（监理单位）
　　我方已完成了_____
_____工作，按施工合同的规定，建设单位应在_____年_____月_____日前支付该项工程款共（大写）_____（小写：_____）现报上_____工程付款申请表，请予以审查并开具工程款支付证书。

附件：
1. 工程量清单；
2. 计算方法。

　　　　　　　　　　　　　　　　　　　　　　承包单位（章）_____
　　　　　　　　　　　　　　　　　　　　　　项目经理_____
　　　　　　　　　　　　　　　　　　　　　　日　　期_____

五、审定竣工结算文件和最终工程款支付证书

工程竣工后，项目监理机构应及时按施工合同的有关规定进行竣工结算，并应对竣工结算的价款总额与建设单位和承包单位进行协商。当无法协商一致时，可由双方提请监理机构进行合同争议调解，或提请仲裁机构进行仲裁。

工程款支付证书	表 5-6

工程名称：　　　　　　　　　　　　　　　编号：

致：＿＿＿＿＿＿＿＿＿＿＿＿＿＿＿＿（建设单位）

根据施工合同的规定，经审核承包单位的付款申请和报表，并扣除有关款项，同意本期支付工程款共（大写）＿＿＿＿＿＿＿＿＿＿（小写：＿＿＿＿＿＿＿＿＿＿）。请按合同规定及时付款。

其中：
1. 承包单位申报款为：
2. 经审核承包单位应得款为：
3. 本期应扣款为：
4. 本期应付款为：

附件：
1. 承包单位的工程付款申请表及附件；
2. 项目监理机构审查记录。

项目监理机构＿＿＿＿＿＿
总监理工程师＿＿＿＿＿＿
日　　　　期＿＿＿＿＿＿

项目监理机构应按下列程序进行竣工结算：

（1）承包单位按施工合同规定填报竣工结算报表；

（2）专业监理工程师审核承包单位报送的竣工结算报表；

（3）总监理工程师审定竣工结算报表，与建设单位、承包单位协商一致后，签发竣工结算文件和最终的工程款支付证书报建设单位。

六、工程变更价款审查

由于多方面的原因，工程施工中发生工程变更是难免的。发生工程变更，无论是由设计单位或建设单位或承包单位提出的，均应经过建设单位、设计单位、承包单位和监理单位的代表签认，并通过项目总监理工程师下达变更指令后，承包单位方可进行施工。

任何工程变更都必然会对工程的造价、质量、工期及项目的功能要求带来或多或少的变化，总监理工程师应注意综合审核，并加强工程变更程序管理，应协助建设单位与承包单位签订工程变更的补充协议。

工 程 变 更 单	表 5-7

工程名称：　　　　　　　　　　　　　　　编号：

致：＿＿＿＿＿＿＿＿＿＿＿＿＿＿＿＿（监理单位）

由于＿＿＿＿＿＿＿＿＿＿＿＿＿＿＿＿＿＿＿＿＿＿＿＿＿＿原因，兹提出工程变更（内容见附件），请予以审批。

附件：

提出单位＿＿＿＿＿＿
代　表　人＿＿＿＿＿＿
日　　　期＿＿＿＿＿＿

一致意见：

建设单位代表	设计单位代表	项目监理机构
签字：	签字：	签字：
日期＿＿＿＿＿	日期＿＿＿＿＿	日期＿＿＿＿＿

项目监理机构应按下列程序处理工程变更：

（1）设计单位对原设计存在的缺陷提出的工程变更，应编制设计变更文件；建设单位或承包单位提出的工程变更，应提交总监理工程师，由总监理工程师组织专业监理工程师审查。审查同意后，应由建设单位转交原设计单位编制设计变更文件。当工程变更涉及安全、环保等内容时，应按规定经有关部门审定。

（2）项目监理机构应了解实际情况和收集与工程变更有关的资料。

（3）总监理工程师必须根据实际情况、设计变更文件和其他有关资料，按照施工合同的有关条款，在指定专业监理工程师完成下列工作后，对工程变更的费用和工期作出评估：

①确定工程变更项目与原工程项目之间的类似程度和难易程度；

②确定工程变更项目的工程量；

③确定工程变更的单价或总价。

（4）总监理工程师应就工程变更费用及工期的评估情况与承包单位和建设单位进行协调。

（5）总监理工程师签发工程变更单。

工程变更单应符合表 5-7 的格式，并应包括工程变更要求、工程变更说明、工程变更费用和工期、必要的附件等内容，有设计变更文件的工程变更应附设计变更文件。

（6）项目监理机构应根据工程变更单监督承包单位实施。

七、工程费用索赔处理

工程费用索赔在工程中是难以避免的，包括承包单位向业主的索赔和业主向承包单位的索赔。无论是哪方面的费用索赔处理，都应由总监理工程师对费用索赔进行审查，并公正地与建设单位和承包单位进行协商，签署施工承包方提出的费用索赔审批表，见表 5-8。对业主提出的费用索赔要及时作出答复。

工程费用索赔处理的详细内容参见第九章，本处不赘述。

费用索赔审批表　　　　　　　　　　　　　　表 5-8

工程名称：　　　　　　　　　　编号：

致：　　　　　　　　　　　　（承包单位）
　　根据施工合同条款_____条的规定，你方提出的_____费用索赔申请（第_____号），索赔（大写）_____，经我方审核评估：
　　□ 不同意此项索赔。
　　□ 同意此项索赔，金额为（大写）_____。
同意/不同意索赔的理由：
索赔金额的计算：

　　　　　　　　　　　　　　　　　　　　　　项目监理机构_____
　　　　　　　　　　　　　　　　　　　　　　总监理工程师_____
　　　　　　　　　　　　　　　　　　　　　　日　　　　期_____

八、工程投资与工程进度综合控制

在工程项目建设过程，投资与工期是密切相关的，两者在各自一定限额的范围内都是变量,并且互为因变量,同时投资的支出与工程进度是同步的,只有综合对二者实时控制,才可能取得相对满意的效果。

投资与工期综合控制通常采用S形图表,如图5-6所示,主要内容及步骤如下:

①绘制按网络计划早开工(ES)时间的工程费用累计支出曲线 A 和最迟必须(LS)开工时间费用累计支出曲线B。

②由于综合考虑多种因素影响,实际选择的工程进度可能不是最早开工(ES),也不是最迟必须开工(LS)曲线,而是介于二者之间的计划曲线C,或者进度计划是仅用横道

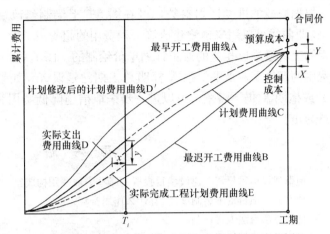

图5-6 工程进度与费用控制曲线

图表示的,则直接按横道图形成计划进度与费用曲线C。曲线C也就是目标控制曲线。

③施工过程中进行监测、收集信息、绘制累计实际完成工程分项计划费用曲线E,它是实际完成的工程分项与原计划(预算)综合单价的乘积累计之和。同时绘制实际完成的工程分项累计实际支出费用曲线D,这是因为物价变化工程变更引起工程分项实际支出费用的变化,使之与原计划费用曲线E不重合。

④对C、D、E三条曲线进行分析比较,查找偏离计划的原因,并预测其对工程总工期与总费用的影响。

从图5-6上可以看出,随着工程的开展,D、E曲线不断延伸。如果C、D、E三条曲线彼此接近或重合,则说明工程按计划进行。实际上,这三条曲线通常是会发生偏离的。当工程进展到 T_i 时,D、E两曲线发生了纵向偏离,其差值为 y,说明该项工程实际已超支 y 元。C、E两曲线的横向偏离说明实际完成计划工作量的时间比计划推迟了 x 天。应指出的是,这种推迟并不一定说明工程总工期延误。如果是横道图,要查出这种推迟是否会影响总工期是比较麻烦的。而采用网络计划技术,只要检查关键作业是按计划进行,或者非关键作业是否未超越允许的浮动时间。如果答案都是肯定的,则说明这种推迟不会影响总工期,只是破坏了原优化计划。非关键作业往后推迟,有可能转化为关键作业。这种情况还不能任其发展下去,应加强管理,予以纠正。如果其中之一的答案是否定的,则说明这种推迟已经影响了总工期,而且会有非关键线路转化为关键线路。

由于检查结果说明工程进度与费用已偏离计划,就应分析并找出产生费用超支和工程拖期的原因。

查清了造成工程拖期和费用超支的原因,就要对已开工的未完作业和未开工的作业重新研究降低费用和加速进度的措施。例如采取提高工效或加大施工力量或改变施工方法等措施来压缩后续作业的工期,改顺序作业为平行作业,重新安排网络,提高工效与机械效率,减少材料损耗,节约管理费及其间接费开支,确定新的计划参数,修改网络,进行优化计算,制定未完工程的进度计划。

调整网络计划的目的就是根据上述分析和拟定的改进措施,对作业项目的逻辑关系和作业延续时间作必要的修改,并重新进行网络计算,安排未完成作业的进度。

根据修改的进度计划参数,可在图 5-6 上绘制修改后未完工程的计划费用曲线 D',C、D' 两曲线可以用来预测建成该工程费用的超支或节余,工期提前或拖期,D' 以未完工程的工程量乘以相应的修正计划单价绘制的。图上 C、D' 两曲线终点的垂直差距 Y 标明总费用的超支 Y,水平差距 X 标明总工期已延误 X。如果计划人或项目负责人对工程超支 Y 或拖期 X 仍不满意,可以进一步采取措施降低费用和加速进度,再修改计划,直到满意为止。

思 考 题

1. 何谓建设项目投资?建设项目投资由哪些方面费用构成?
2. 什么是"项目资本金制度"?有什么作用?
3. 什么是项目法人责任制?
4. 对因勘察设计错误造成工程重大质量事故者,经济上应承担什么责任?
5. 何谓限额设计?设计部门在这方面应承担什么责任?哪些原因导致的设计超限额而设计可不承担责任?
6. 施工阶段监理工程师控制投资的主要工作有哪些?
7. 我国现行建安工程价款的主要结算方式有哪几种?
8. 工程预付备料款如何扣回?
9. 工程变更对工程项目监理目标会带来什么影响?

第六章 建设工程项目质量控制

第一节 建设工程项目质量控制概述

一、建设工程项目质量的概念

国际标准化组织 ISO 9000 族标准对产品质量的定义是：一组固有特性满足要求的程度。其"特性"含义是指产品所应具有的功能和使用价值，满足要求的客体是指"顾客"。

对于工程项目这样一种大而复杂的产品而言，其质量的含义应更为广泛，通常应从系统的角度来看待其功能和使用价值所构成的项目质量特性。参见图 6-1 所示系统。

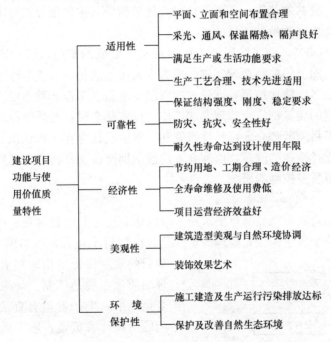

图 6-1 建设项目功能与使用价值质量特性系统

另一方面，从对项目设计和施工质量管理的角度来看，项目的功能和使用价值质量特性必须用一系列的技术标准来衡量，以便对项目质量进行检验、认证。因此，从这个意义上项目质量是指与国家的技术标准、规范或合同约定要求相符合的程度。例如，工程项目质量是按照工程质量验收标准来评定的，符合验收标准即为合格产品，才是满足要求的。

此外，随着科学技术的发展，对产品质量的要求越来越高，市场竞争的激烈也更使企业视产品质量为企业的生命，全面质量管理思想的形成，使人们对质量的认识深化和提高了一大步。认识到产品质量、工序质量和企业工作质量的内在联系，即必须以抓工序质量来保证产品质量，而工序质量好坏与整个企业工作质量密切相关。建设项目工程的质量要靠建设企业的质量体系来保证。

二、工程建设项目质量形成过程

从系统理论的观点来看，建设项目功能和使用价值的最终质量是整个建设过程各环节质量的综合质量，也就是与项目基本建设程序的各个环节的质量密切相关。

建设项目质量形成过程包括如下几个方面：

1. 建设项目可行性研究质量。一般工业建设项目的生产能力、产品类型、生产条件、工艺流程、建设地点、条件等都需要通过可行性研究分析比较，并提出报告供决策部门决策。因此，可行性研究的可靠性、充分性对一旦决策通过付诸建设的项目影响至关重大。

2. 建设项目方案决策的质量。决策所选择的项目方案直接成为项目设计的依据，也就是从大方向上确定了项目的功能和使用价值内涵、建设规模、项目的经济效益等基本格局。

3. 项目设计的质量。设计是影响建设项目质量的重要环节，在可行性研究、决策基本正确的前提下，项目应具备的功能使用价值质量就取决于设计的精心构思。特别是对于一般的民用建筑、公共建筑等，其可行性研究比较简单，主要依靠设计出方案。没有高质量的设计是不可能出高质量的项目的。

4. 项目施工的质量。施工阶段是工程项目实体形成的阶段，设计质量再好，如果没有好的施工质量，图上的精品在现实则会成为令人惋惜的粗制滥造之作。同时施工阶段也是影响质量因素最多，质量控制难度最大的阶段，是监理工作的重点阶段。

以上四个阶段的质量都应有监理参加工作，以实施全过程的质量控制，使建设项目质量尽可能完美。但目前监理介入可行性研究和决策阶段还存在一些认识上的问题，随着投资体制的改变，现代企业的改革，监理介入建设前期阶段工作将成为必然。

三、建设项目质量控制的概念

1. 质量控制

质量控制是指为满足产品质量要求所采取的作业技术和监督管理活动。

质量控制不等于质量保证，监理的责任是督促项目承包者采取措施去达到质量目标，项目的质量保证应由承包者去实现，因此监理对质量主要是控制。如果产品质量达不到合格标准，生产者负有直接责任。设计质量问题由设计者负责，施工质量问题由施工方负责，监理则要承担对质量监督失控的责任。

从控制论的理论来看，质量的控制应是一个动态的负反馈过程，如图6-2所示。受着影响质量的因素干扰，质量总会有波动，因此要及时收集生产质量信息，与质量目标进行比较，当质量偏差超控时，要采取纠偏措施，即给予一个负反馈作用，使工程质量向质量标准趋近。在实施过程中，这一负反馈循环的时间间隔可以是定期的或不定期的，如每周的质量情况通报例会，每月的质量大

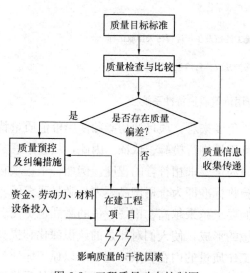

图6-2 工程质量动态控制图

检查，或出现质量问题时应急处理等。

2. 工程项目质量控制的分类

（1）建设单位对项目的质量控制。在传统的方式下，一般是建设单位自行成立基建管理部门实施对项目质量的监控，由于建设单位不一定拥有齐备的专业人员，对质量的监控往往难以奏效。推行监理制度以来，已开始逐步过渡到业主委托监理单位实施质量控制为主，建设单位则只对工程的关键部位工程质量及项目竣工质量进行把关验收，这也是建设项目管理向社会化、专业化的必然趋势。

（2）设计、施工单位对项目质量的控制。这是属于生产者自检方式的质量控制工作，是工程项目质量控制的基础工作。因为项目的质量是生产出来的，而不是检查出来的。只有设计者、施工者各自控制了自身工作的质量，项目的质量才真正有了保证。所以监理工程师必须十分重视协助业主选择设计单位和施工单位。一旦选定之后，监理工程师则要了解、督促设计和施工单位建立起相应的质量保证体系。

（3）政府机构部门对建设项目的质量控制。这是体现政府对工程项目管理的职能，目的在于维护社会公共利益，保证技术性法规和标准的贯彻执行，例如设计规划的审查、设计的审查、工程质量的监督等。

3. 工程质量监督机构对质量的监督

1983年以来，各地相继成立了以控制工程质量为核心任务的工程质量监督机构（质量监督站），为保证工程项目的质量起到了很好的监督和促进作用。

工程质量监督机构是经省级以上建设行政主管部门或有关专业部门认定，具有独立法人资格单位。它受建设行政主管部门或有关专业部门的委托，依法对工程质量进行强制性监督，并对委托部门负责。其主要任务如下：

（1）受理建设工程项目的质量监督。

（2）制定质量监督工作方案，在方案中对地基基础、主体结构和其他涉及结构安全的重要部位和关键过程，作出实施监督的计划安排。

（3）检查施工现场工程建设各方主体的质量行为，如企业资质及执业人员的资格，单位的质量管理体系、质量责任制落实的情况，有关质量文件、技术资料等。

（4）检查建设工程实体质量。对基础、主体结构等进行现场质量抽查和质量验收监督，对用于工程的主要材料构配件进行质量抽查。

（5）对工程竣工验收进行监督，并向主管委托部门报送工程质量监督报告。

第二节 建设工程项目设计阶段质量控制

建设项目的质量目标和水平，是通过设计使其具体化，并据此作为施工的依据。所以，设计质量的优劣，直接影响工程项目的功能和使用价值质量，关系着国家财产和人民生命的安全，必须严格加以控制。

一、设计阶段监理质量控制的主要工作内容

业主委托设计阶段监理时，监理的具体工作内容应在监理合同中明确规定并逐项列出。一般可委托的设计监理中质量控制的主要工作可包括以下内容：

1. 协助委托方进一步确定项目质量的要求和标准，满足有关部门质量评定标准要求，

并作为质量控制目标值,参与分析和评估建筑物使用功能、面积分配、建筑设计标准等,根据委托方的要求,编制详细的设计要求大纲文件,作为方案设计优化任务书的一部分。如一般公共建筑、民用建筑设计要求大纲内容主要是:

(1) 编制的依据。如可行性研究报告,批准的设计任务书、选址报告、工程地质报告等。

(2) 技术经济指标。总投资控制数及分配、建筑物总面积及分配、单位面积造价控制等。

(3) 城市规划要求。如红线范围,建筑高度、层数、建筑体形、景观、占地系数、绿化系数、容积率、防火间距、消防通道、出入口与城市道路关系,环保要求,对市政、燃气、给水排水、电力、电信等管线布置要求等。

(4) 建筑造型及立面构图要求。如建筑的风格、个性与共性,与群体的组合,立面构图、比例、尺度,外装修材料质感与色彩等。

(5) 使用空间设计要求。平剖面形状,组成,使用空间尺度、导向、围透等。

(6) 平面布局的要求。各组成部分面积比例及使用功能要求,各使用部分的联系与分隔,水平与垂直交通布置,出入口,防火防烟安全疏散通道,辅助用房要求等。

(7) 建筑剖面要求。标准层高,特殊层层高,建筑地上、地下高度满足规划与防火要求。

(8) 室内装修设计要求。如一般用房、重点公共用房、有特殊要求用房的装修等。

(9) 结构设计要求。主体结构体系选择,基础设计要求,抗震结构设计要求,人防和特种结构设计要求,结构设计主要参数的确定。

(10) 设备设计要求。包括燃气设置、调压站及管网要求,给水系统(饮用水、生活热水、设备用水、消防用水)水量及系统设备,生活污水系统、化粪池等。还有空调系统、电气系统、电信系统(电话、电传、有线广播、闭路电视、电视监视、对讲电话等)。

(11) 消防设计要求。包括消防等级、消防指挥中心、自动报警系统、防火及防烟分区、安全疏散口数量、位置、距离、时间、防火材料、设备、器材要求等。

设计大纲一般应由总监理工程师组织各专业监理工程师在调查、收集资料的基础上讨论制定,然后提交给委托方,请委托方审定认可。然后再据此制定设计方案竞赛有关文件。

2. 研究设计图纸、技术说明和计算书等设计文件,发现问题,及时向设计单位提出。对设计变更进行技术经济合理性分析,并按照规定的程序办理设计变更手续,凡对投资及进度带来影响的变更,须会同委托方核签。

3. 审核各设计阶段的图纸、技术说明和计算书等设计文件是否符合国家有关设计规范、有关设计质量要求和标准,并根据需要提出修改意见,争取设计质量获得市有关部门审查通过。

4. 在设计进展过程中,协助审核设计是否符合委托方对设计质量的特殊要求,并根据需要提出修改意见。

5. 若有必要,组织有关专家对结构方案进行分析、论证,以确定施工的可行性、结构的可靠性,进一步降低建造成本。

6. 协助智能化设计和供货单位进行大楼智能化总体设计方案的技术经济分析。

7. 对常规设备系统的技术经济进行分析，并提出改进意见。对项目所采用的主要设备、材料充分了解其用途，并作出市场调查分析；对设备、材料的选用提出咨询报告，在满足功能要求的条件下，尽可能降低工程成本。

8. 审核有关水、电、气等系统设计与有关市政工程规范、建设地块市政条件是否相符合，争取获得市有关部门审查通过。

9. 审核施工图设计是否有足够的深度，是否满足可施工性的要求，以确保施工进度计划的顺利进行。

施工图是关于建筑物、设备、管线等工程对象物的尺寸、布置、选用材料、构造、相互关系、施工及安装质量要求的详细图纸和说明，是指导施工的直接依据，从而也是设计阶段质量控制的一个重点，对施工图的审核，应注重项目的使用功能及质量要求是否得到满足，以下各点可供审图参考：

（1）建筑施工图。主要应审核房间、车间尺寸及布置情况；门窗、内外装修做法，材料选用以及要求的建筑功能是否能得到满足。

（2）结构施工图。主要应审核承重结构布置情况、结构材料的选用、施工质量的要求等。

（3）给水排水施工图。主要应审核水处理工艺设备及管道布置和走向；加工安装的质量要求等。

（4）电气施工图。主要应审核供配电设备、灯具及电气设备的布置；电气线路的走向及安装质量要求等。

（5）供热、采暖施工图。主要应审核供热、采暖设备的布置、管网的走向及安装质量要求等。

在审核施工图时还须考察各专业间的协调问题，避免遗漏和大的矛盾、冲突。

10. 审核施工图预算，控制不要超设计投资控制额或批准的设计概算。

11. 会同有关部门对设计文件进行审核，必要时组织会议或专家论证。

二、协助业主组织设计交底和图纸会审

为了使施工单位熟悉设计图纸，了解工程特点和设计表图，以及对关键工程部分的质量要求，同时也是为了减少图纸的差错，将图纸中的质量隐患消灭于萌芽状态，监理工程师还应协助业主组织设计单位向施工单位进行设计交底和请施工单位参加图纸会审。

图纸会审的内容包括：

1. 图纸的合法性。是否无证设计、越级设计、是否正式签章等。

2. 图纸资料的齐全性。包括地质勘测资料、各专业图纸的齐全性、剖面、详图、设计说明是否足以说明问题等。

3. 与国家技术标准、规范、规程的符合性。

4. 设计图纸的正确性。各专业图纸本身是否正确，是否有遗漏，各施工图构造、尺寸、标高位置是否正确，钢筋图中表示方法是否清楚等。

5. 各类专业图纸之间的吻合性。如建筑图与结构图尺寸是否一致，总平面图与各施工图是否尺寸、标高、位置一致；工业管道、电气线路、设备装置、运输道路与建筑物之间是否有矛盾等。

6. 施工的可行性。如地基处理的方法是否可行，深基坑施工护壁支护方法是否可靠，

所采用的材料有无保证，能否代换，图中要求的条件能否满足；新材料、新技术应用有无问题；图中是否存在容易导致质量、安全、工程费用增加的技术问题等。

7. 消防、环保安全可靠性。主要审查是否满足现行有关标准的规定。

三、设计质量控制与价值分析法

建设项目的功能使用价值是项目本身内在的质量特性，也是用户所需求的质量特性。但有时产品所具有的功能使用价值却不一定是用户所需求的功能，或具有超越用户需求的过剩功能而导致费用增加。这样的情形在工程项目建设中并不少见，特别是设计中更要引起注意。从监理的角度控制设计质量就要在这方面下功夫，要对项目设计运用价值分析方法分析。

例如，美国某一检查大型铸件内部损伤的实验室，内部需安装强大功率的X光探伤机，最初设计2m厚、5m高的马蹄形钢筋混凝土建筑物，造价约5万美元。经价值分析专家分析，2m厚的混凝土墙是防护X光向外穿透所需，而不是承受荷载所需，决定改用厚土墙代替混凝土墙，费用仅需5000美元，但具有同样的防护功能。

又如，20世纪80年代初，我国首个世界银行贷款的水电项目云南鲁布革水电站工程，引水隧洞原设计混凝土衬砌厚度80cm，目的是"杜绝裂缝"做到"滴水不漏"，世界银行咨询团专家在审查设计时提出，隧洞功能主要是引水发电，要求"滴水不漏"是过剩功能，只需"限制裂缝"开展就行，衬砌厚度减为40cm，全隧洞长约9km，减少石方开挖、出渣运输、混凝土衬砌费用上千万元。

由上可见对项目所设计的"功能"这一质量特性的认识正确与否关系重大，非必要功能的增加必然导致投资的浪费。特别是建筑美学上的功能认识更难一致，因建筑师的偏好而导致投资增大又得不到好评的建筑也不少见。作为监理工程师在这方面往往有旁观者清的作用。

价值分析方法最早于二次世界大战时期出现在美国，它定义：

$$价值(V) = \frac{用户所需功能(F)}{产品全寿命费用成本(C)}$$

价格分析的目的是通过对用户所需功能的认真分析，消除非必要功能引起的成本增加。它有一整套分析方法，限于篇幅，本处不作详细介绍，读者可自行参考有关书籍。

四、设计阶段监理质量控制点选择

监理工程师对设计质量实施控制，除应非常熟悉设计的规范、标准和设计中易于出现的一些通病外，还应着重考虑设置质量上的控制点，下面提供几点作参考：

1. 对项目上量大面广的部位、构件等要正确制定质量要求，往往会有较大的节约潜力，例如武汉汉口火车站站前广场下的地下商场顶板，原设计厚45cm，经监理组提出后复核，减为40cm，总面积5.5万m²，节约53.28万元。

2. 对结构安全影响大的关键部位，应列为监理的重点，最好是及早介入方案设计和初步设计，与设计方进行充分磋商。例如底层为钢筋混凝土框架大空间商店，上部为小开间砖房的居住建筑，这里存在上刚下柔、刚柔突变的问题，如需作抗震设计则要特别注意，国内外多次地震中都出现这类房屋底层柱墙因抗侧移刚度不足被剪断，上部整体塌落情况。监理工程师应按抗震规范要求审查底层抗震墙的设置、底层柱的配筋率、柱的剪压比、柱的上下端箍筋加密措施以及上部纵横砖墙是否尽可能均匀布置等。

3. 目前设计方法上，甚至规范上认识尚有待深化、统一的地方应设置质量控制点。例如某火车站主站房桩基础配筋长度问题，原设计桩长 45m，通长配筋。设计依据的是我国桥梁设计桩基础规范，上部按弯矩配筋，下部配构造筋，属通长配筋。监理组提出是否有必要通长配筋，按照当时使用的《工业与民用建筑灌注桩基础设计与施工规程》(JGJ 4—80) 规定配筋长度为 $L = \dfrac{4.0}{\alpha}, \alpha = \sqrt[5]{\dfrac{mb_0}{EI}}$（其中：$m$—地基土水平抗力沿深度变化的比例系数；$b_0$—桩的计算宽度，$EI$—桩身水平抗弯刚度）。因此经监理组织专家进行论证后，将原通长配置的钢筋一半减到 20m，一半减到 13.3m。加上原桩长由 45m 减到 40m，以中粗砂层作持力层，两项一共节约投资 85.44 万元。

4. 质量通病，设计上易忽视的地方。例如现浇主次梁梁板结构，主梁附近易出现上板面裂缝，主要是设计往往按构造配负筋不足，加之施工影响，负筋位置易受踩踏下移，有效高度减小，加剧板面裂缝出现。这种情况下监理可适当要求设计增加负筋数量。

第三节 建设工程项目施工阶段的质量控制

按照《建设工程监理规范》中对监理工程师应履行的职责，将施工阶段监理对工程质量的控制工作，依照项目实施的进展阶段分述如下。

一、施工准备阶段的质量控制工作

这一阶段是指监理合同签订后，项目施工开始前。监理的质量控制工作包括：

1. 组织监理人员熟悉设计文件，参加设计交底，并对会议纪要进行签认

设计文件是项目质量控制的最主要的依据之一，它体现了业主对项目的功能和使用价值的要求，亦即质量要求的真正内涵。监理人员熟悉设计文件是对项目质量要求的学习和理解，只有对设计图纸及质量要求非常熟悉才能在施工过程中把握住质量目标。在熟悉图纸时，还有可能发现图纸中存在的问题或有更好的建议，也可以通过业主向设计单位提出，更体现出监理是竭诚为业主服务的智能组织。

因此，监理规范中规定，在设计交底前，总监理工程师应组织监理人员熟悉设计文件，并对图纸中存在的问题通过建设单位向设计单位提出书面意见和建议。总监理工程师还应组织监理人员参加由建设单位组织的设计技术交底会。对设计人员交底及施工承包单位提出的涉及工程质量的问题应认真记录，参与讨论。对三方协商达成一致的会议纪要总监理工程师要进行签认。

2. 主编监理规划，建立监理机构的技术管理体系和质量控制体系

监理规划是全面开展项目监理工作的指导性文件，是由总监理工程师主持编制的，并经监理单位技术负责人批准，报经业主确认的监理工作文件。监理规划中的工作内容、工作目标、组织结构、人员配备、岗位职责、工作程序、工作方法及措施、工作制度等内容均必不可少的应包括质量控制方面内容。

从质量控制的角度，总监理工程师在主持监理规划编制中要注重监理机构的技术管理体系和质量控制体系的建立，要从组织机构岗位设置，岗位职责，专业监理工程师、监理人员的配置，技术管理制度，质量控制的工作程序、制度方面精心考虑，精心安排。监理机构自身完善的质量控制体系是项目达到质量控制目标的保障体系，而技术管理体系则是

质量目标的支持体系。

3. 审查承包单位的施工组织设计，侧重质量保证措施

工程施工开始前，总监理工程师要组织专业监理工程师审查和批准承包单位报审的施工组织设计。施工组织设计的审查包括对施工方案、施工进度计划、施工现场平面布置图、劳动力安排、机械设备的配备、质量保证技术措施等的审核。从监理的角度更侧重施工组织设计对工程质量的保障程度，核实施工必须遵循的设计要求、采用的技术标准、技术规程规范等质量文件。

4. 审查承包单位现场机构的质量管理体系、技术管理体系、质量保证体系

工程开工前，总监理工程师应审查承包单位的质量管理体系、技术管理体系、质量保证体系。审核主要是从其组织机构设置、岗位设置、管理的工作制度、专职管理人员的配备、特种作业人员的资格证、上岗证等方面审查。审查中总监要特别结合项目的技术、质量特点来进行，针对性要强。即使通过 ISO 9000 系列质量体系认证的承包单位，也应要求其针对项目特点进一步完善质量、技术管理体系建设。

总监理工程师在审查中对质管体系、质保体系中的关键部门、环节要特别注意，例如对承包单位自建的试验室，总监理工程师应要求专业监理工程师认真进行考核，对其资质等级、试验范围、计量检定证明、管理制度、试验人员资格证书、试验项目及要求等要查验审核。审查批准承包人按合同规定进行的材料、工艺试验及确定各项施工参数的试验。

5. 对分包单位资质的审核及签认

分包工程开工前，承包单位应将分包单位资格报审表和分包单位有关资质资料，报专业监理工程师审查，审核的内容有：

(1) 分包单位营业执照、企业资质证书、特殊专业施工许可证等；

(2) 分包单位的业绩；

(3) 拟分包工程的内容和范围；

(4) 专职管理人员和特种作业人员的资格证、上岗证。

审核符合规定后，由总监理工程师签认。

二、施工阶段监理的质量控制工作

这一阶段是指施工开工后，竣工验收前。监理的质量控制工作包括：

1. 审批工程项目单位工程、分部、分项工程和检验批的划分，并依据监理规划分析、调整和确定质量控制重点、质量控制工作流程和监理措施。

2. 组织制定和审批质量控制的监理实施细则、规定及相关管理制度。

对中型及以上或专业性较强的工程项目，仅有监理规划尚不足以指导监理工作的实施，为了更深入地做好质量控制，必须以监理规划为依据，编制监理实施细则。监理实施细则应在相应的专业工程施工开始前编制完成，并必须经总监理工程师审核批准。监理实施细则包括下列主要内容：

(1) 专业工程的特点；

(2) 监理工作的流程；

(3) 监理工作控制点及目标值；

(4) 监理工作的方法及措施。

总监理工程师应明示专业监理工程师监理实施细则编写，要充分结合工程项目的专业

特点，做到详细具体、具有可操作性。

3. 对工程材料、构配件和设备的进场验收。

专业监理工程师对承包单位报送人的拟进场工程材料、构配件、设备报审表及其质量证明文件进行审核，对承包人按有关规定进行的试验检测结果也要审核，必要时可采用平行检验或是取样的方式进行抽检。

4. 组织定期或不定期的质量检查分析会。

施工过程中，总监理工程师应定期主持召开定期或不定期的质量检查会和分析会，分析、通报施工质量情况，以便针对存在的问题提出改进措施。对现场不同单位间的施工活动进行协调以消除影响质量的各种外部干扰因素。

5. 对施工质量进行全过程的监督管理。

总监理工程师应安排监理人员对施工全过程进行巡视和检查，对隐蔽工程总监理工程师应明确指定分工负责的专业监理工程师，专业监理工程师应安排监理人员旁站监理。对施工质量情况及时做好记录和统计工作，对发现质量问题的施工现场及时进行拍照或录像。

6. 必要时签发工程暂停令。

按照监理规范规定，出现下列情况之一时，总监理工程师可签发工程暂停令：

（1）建设单位要求暂停施工，并且工程需要暂停施工；

（2）为了保证工程质量而需要进行停工处理；

（3）施工出现了安全隐患，总监理工程师认为有必要停工消除隐患；

（4）发生了必需暂时停止施工的紧急事件；

（5）承包单位未经许可擅自施工，或拒绝项目的监理机构管理。

上述各条中，更为经常发生的是第（2）、（3）条，即因工程质量和安全隐患而导致总监理工程师不得不签发暂停工程施工令。停工的范围应视停工原因的影响范围和程度确定。

7. 审核和签发工程变更单。

由于多方面的原因，工程施工中难免会出现需要进行工程变更的情况。设计单位对原设计存在的缺陷提出的工程变更，应编制设计变更文件；建设单位或施工单位提出的工程变更，应提交总监理工程师，总监理工程师组织专业监理工程师审查。审查同意后，应由建设单位转交原设计单位编制设计变更文件。

专业监理工程师和总监理工程师必须根据实际情况和变更的工程量、变更前后施工难易程度变化、工程相应单价等对工程变更的费用工期作出评估。审查时要特别注重该变更对工程质量、安全、耐久性等的影响。工程变更总监理工程师应向建设单位报商，取得建设单位授权后，方能同意变更，并签发工程变更单。

在建设单位和承包单位未能就变更的工期、质量、费用协商达成一致时，总监理工程师应尽量做好协调工作。

8. 对分项、分部、单位工程验收签认。

专业监理工程师应对承包单位报送的分项工程质量验评资料进行审核，符合要求后予以签认。总监理工程师应组织对分部工程和单位工程质量验评资料审查和现场检查，符合要求后签认。这是总监理工程师对施工质量控制的权力，也是重大的责任，特别是工程质量监督机构职能转变，实行工程质量备案制后，施工质量监督的重任更多的转移到了监理机构方面。

9. 总监理工程师应主持或参与工程质量事故调查处理。

总监理工程师应主持或参与工程质量事故调查处理，监理规范中总监理工程师职责规定赋予了总监理工程师这项职责。这里的"主持"是指工程质量一般事故，总监理工程师可以"主持"进行调查，而对重大的工程事故，一般是上级主管部门组织调查，总监理工程师应"参与"。

对于需要返工处理或加固补强的质量事故，总监理工程师应责令承包单位报送质量事故调查报告和经设计单位等相关单位认可的处理方案及审批事故处理方案。对质量事故的处理过程和处理结果总监理工程师应安排专业监理工程师进行跟踪检查和验收。事故处理完毕后，总监理工程师应向建设单位及本监理单位提交有关质量事故的书面报告。并应将完整的质量事故整理归档。

三、施工竣工阶段监理的质量控制工作

竣工阶段对质量的控制是最后一道关口，验收通过后，工程将移交建设单位，因此监理更要重视验收过程中的质量控制工作。

1. 总监理工程师应组织对工程质量的竣工预验收

工程竣工后，承包单位在自验达到要求后，将向监理报送竣工申请和相关资料。总监理工程师应组织专业监理工程师，依据有关法律、法规、工程建设强制性标准，设计文件及施工合同，对报送的竣工资料进行审查，并对工程质量进行竣工预验收。对存在的问题，应及时要求承包单位整改。整改完毕由总监理工程师签署工程竣工报验单，并应在此基础上提出工程质量评估报告，总监理工程师签字后再报监理单位技术负责人审核签字。

2. 总监理工程师应参加竣工验收

监理规范明确了项目监理机构应参加由建设单位组织的竣工验收，并提供相关的监理资料。对验收中提出的整改问题，监理应要求承包单位进行整改。工程质量符合要求，由总监理工程师会同参加验收的各方签署竣工验收报告。

四、监理对施工承包单位质量管理责任制度的检查

工程的质量既是承包单位"做"出来的，也是"管"出来的，施工承包单位建立了较完善的质量管理责任制，是工程质量最大的保障，相应监理对质量控制也更有保障，工作量也会减少很多。对一个质量管理很差的承包单位，监理即使费了九牛二虎之力，也往往是质量问题不断。因此除了帮助业主首先选好一个承包队伍外，还要帮助承包单位建立完善的质量管理责任制度。因此总监理工程师要组织专业监理工程师认真检查承包单位质量管理制度，必要时提出指导性意见，协助承包单位完善质量管责任制度。

应该建立哪些质量管理责任制度呢？我们参照住房和城乡建设部有关规定，承包单位在工程项目上一般应建立如下质量管理责任制：

1. 工程项目质量总承包负责制度

总承包单位对单位工程的全部分部分项工程质量向建设单位负责。按有关规定进行工程分包的，总包单位对分包工程进行全面质量控制，分包单位应对其分包工程施工质量向总包单位负责。单位工程严禁层层转包。因总包单位对分包工程不履行管理职责，以包代管，造成工程质量不合格或出现质量事故的，除要追究直接责任者外，还要严厉追究总包

单位的责任。

2. 施工技术交底制度

施工企业应坚持以技术进步来保证施工质量的原则。技术部门应编制有针对性的施工组织设计，积极采用新工艺、新技术；针对特殊工序要编制有针对性的作业指导书。每个工种、每道工序施工前要组织进行各级技术交底，包括项目工程师对工长的技术交底，工长对班组长的技术交底，班组长对作业工人的技术交底。各级交底以口头进行，并且文字记录。因技术措施不当或交底不清而造成质量事故的要追究有关部门和人员的责任。

3. 材料进场检验制度

施工企业应建立合格材料供应商的档案，并从列入档案的供应商中采购材料。施工企业对其采购的建筑材料、构配件和设备的质量承包相应的责任，材料进场必须进行材质复核检验，不合格的不得使用在工程上。因使用不合格材料而造成质量事故的要追究材料采购部门的责任。

4. 样板引路制度

施工操作要注重工序的优化、工艺的改进和工序的标准化操作，通过不断探索，积累必要的管理和操作经验，提高工序的操作水平，确保操作质量。每个分项工程或工种（特别是量大面广的分项工程）都要在开始大面积操作前做出示范样板，包括样板墙、样板间、样板件等，统一操作要求，明确质量目标。

5. 施工挂牌制度

主要工种如钢筋、混凝土、模板、砌砖、抹灰等，施工过程中要在现场实行挂牌制，注明管理者、操作者、施工日期，并做相应的图文记录，作为重要的施工档案保存。因现场不按规范、规程施工而造成质量事故的要追究有关人员的责任。

6. 过程三检制度

实行并坚持自检、互检、交接检制度，自检要作文字记录。隐蔽工程要由工长组织项目技术负责人、质量检查员、班组长作检查，并做出较详细的文字记录。

7. 质量否决制度

对不合格分项、分部和单位工程必须进行整改或返工。不合格分项工程流入下道工序，要追究班组长的责任；不合格分部工程流入下道工序要追究工长和项目经理的责任；不合格工程流入社会要追究公司经理和项目经理的责任。有关责任人员要针对出现不合格品的原因采取必要的纠正和预防措施。

8. 成品保护制度

应当像重视工序的操作一样重视成品的保护。项目管理人员应合理安排施工工序，减少工序的交叉作业。上下工序之间应做好交接工作，并做好记录。如下道工序的施工可能对上道工序的成品造成影响时，应征得上道工序操作人员及管理人员的同意，并避免破坏和污染，否则，造成的损失由下道工序操作者及管理人员负责。

9. 质量文件记录制度

质量记录是质量责任追溯的依据，应力求真实和详尽。各类现场操作记录及材料试验记录、质量检验记录等要妥善保管，特别是各类工序接口的处理，应详细记录当时的情况，理清各方责任。

10. 工程质量验收评定制度

竣工工程首先由施工企业按国家有关标准、规范进行质量评定，评定为不合格的工程，施工企业不得交工，监理单位不得验收。

11. 竣工服务承诺制度

工程竣工后应在建筑物醒目位置镶嵌标牌，注明建设单位、设计单位、施工单位、监理单位以及开竣工的日期，这是一种纪念，更是一种承诺。施工单位要主动做好用户回访工作，按有关规定实行工程保修制度。

12. 培训上岗制度

工程项目所有管理及操作人员应经过业务知识技能培训，并持证上岗。因无证指挥、无证操作造成工程质量不合格或出现质量事故的，除要追究直接责任者外，还要追究企业主管领导的责任。

13. 工程质量事故报告及调查制度

工程发生质量事故，施工单位要马上向当地质量监督机构和建设行政主管部门报告，并做好事故现场抢险及保护工作，建设行政主管部门要根据事故等级逐级上报，同时按照"三不放过"的原则，负责事故的调查及处理工作。对事故上报不及时或隐瞒不报的人追究有关人员的责任。

五、监理对施工新技术方案审查

随着科学技术的进步和国家经济实力的不断提高，工程建设行业近十多年来取得了很大的发展。超高、大跨建筑、复杂结构不断出现，新的技术、新的工艺、新的设备不断采用。这些都对我们监理工程师提出了新的要求。特别是对项目的总监理工程师的专业技术水平，对工程施工新技术方案的审查能力提出了更高的要求。本章想就这方面的基本知识作一些介绍。

（一）审查要求

《监理规范》中总监工程师职责规定总监理工程师要"审定承包单位提交的开工报告、施工组织设计、技术方案、进度计划"。因此对技术方案的审查是总监理工程师应履行的职责之一。

条款中把施工组织设计和技术方案的审定并列，但二者又是不同的。施工组织设计一般应包括：施工方案、施工进度计划、施工现场平面布置图、劳动力、材料、设备等组织与供应计划安排，工程质量保证措施，现场施工安全、文明生产等措施，是整个工程项目施工总的布署和统筹安排。技术方案也不同于施工组织设计中的施工方案，施工方案侧重的是施工阶段的划分、施工程序、流水施工的组织，主要分部分项工程的施工方法。技术方案则是侧重于对施工中某些分部、分项工程所采用的有关技术的说明、论证与评价。技术方案是施工方法的核心，是施工质量保证的关键。所以总监理工程师不仅要重视对施工组织的审定，更要重视对技术方案的审定，特别是对非传统的、非熟练的新的技术方案的审定。

对新技术方案的审定，概括说来应满足如下各条要求：

1. 技术方案的适用、合理性

新技术方案应具有先进性，先进的技术一般能更好地保证质量，但针对某一具体工程项目并非是越先进越好，要注意其适用性和合理性，先进的技术往往同时对施工的环境条件、人员素质具有更高的要求，如不具备一定的条件，先进的技术不一定会在工程上取得好的效果。

2. 技术方案编制的科学严密性

新的技术方案涉及众多相关方面，总监理工程师审查时应注意其严密性，是否经过周密的思考、科学地考虑了技术各方面的因素、风险等。

3. 技术方案与工程施工及周边环境条件等的适应性

新的技术方案要在工程上实施，必须考虑到施工的条件，如水电供应条件、气候条件、工程场地地质、水文条件、周边建筑物、构筑物远近环境条件等，在其他工程上能应用的新技术不一定就能在本工程中适用。

4. 技术方案与承包单位技术力量、施工机械设备配置的相称性

先进的施工新技术对技术人员、管理人员，特别是第一线上的操作人员，配套的施工机械设备、检测设备都会有新的要求，要注意其相称性，否则其他承包单位能适用的技术，本工程承包单位不一定能实施。因此总监理工程师审查时要注意承包单位在这些方面有什么措施。

5. 新技术方案中采用新材料、新工艺的可靠性

对所采用的新材料、新工艺应要求承包单位报送试验鉴定证明资料及相应的工艺操作措施要求、检验标准等，总监理工程师应组织专业监理工程师及有关专业人员进行专题论证，以验明其可靠性。

6. 新技术方案实施的安全性

总监理工程师还应对新技术方案实施过程中的安全性进行审查，这里既包含了新技术本身由于未经过更多的实践检验而隐含的安全隐患，也应包含由于是新技术新工艺，操作人员对其特性认识不足可能带来的安全隐患。因此总监理工程师应组织专业监理工程师对方案中的安全措施认真进行审核。

（二）审查方法及程序

总监理工程师对新技术方案的审查不应是单纯就承包单位提供的技术方案就事论事的审查，给出一个通过与否的结论，而应扩大思路，就方案的技术水平高度，对工程质量、工期、造价的综合影响，包含的风险，寻求改进的方案的可能性等进行全面的审查。一般可以依次按如下的方法和步骤来进行审查：

（1）该技术方案主要是解决什么问题？期望实现什么样的功能目标？

（2）实现所期望的功能目标，在工程上一般可以通过哪些途径和采用哪些方法来实现？

（3）承包单位采用的技术方案属哪一种途径和方法？

（4）承包单位采用的途径和方法利弊是什么？存在的风险影响的范围和程度如何？

（5）该方案与前面所列审查要求的符合性如何？

（6）该技术方案实施后对工程质量、工期、造价的综合影响如何？

（7）是否存在质量更有保证，工期、费用变化不大或更经济的其他方案可以取代现方案或部分修改该方案的可能性？

六、工程案例：混凝土结构裂缝控制技术方案审查

混凝土是当今使用最多、最广泛的建筑材料，随着高层建筑、公共建筑、大跨建筑规模日益扩大，长度和宽度超过现行设计规范温度缝设置间距规定的结构增多，此外高强混

凝土、大体积混凝土、混凝土外加剂等使用也增多，但工程人员对其特性尚了解不够或控制不力，致使在混凝土结构中出现非荷载性裂缝的情况十分普遍。这种非荷载性裂缝主要是混凝土的收缩裂缝，其形成原因有设计、材料、施工工艺、施工质量等方面，或单一原因所致，或两个以上原因综合所致。裂缝控制是当前工程中的前沿新技术，必须综合采取措施才能奏效。作为监理工程师必须对此高度重视，加强对裂缝控制技术方案的审查。

1. 混凝土裂缝形成机理

混凝土结构裂缝可以分成两大类。一类是在外荷载作用下由于结构设计上的原因或施工质量原因，构件达不到承载能力的要求而产生裂缝，这类裂缝危害很大，但原因显而易见，工程技术人员较为重视，防治也相对较易。另一类是由于混凝土凝缩、干缩、温度收缩受到各种约束，致使收缩应力超过混凝土抗拉强度产生裂缝，这类裂缝或在混凝土表面，或在内部，未贯穿的多，严重的也有贯穿构件内外的。这类裂缝相对于承载力不足引起的裂缝危害要小得多，修复也容易得多，但这种裂缝出现频繁，原因多样化，防不胜防，同样引起结构耐久性下降，贯穿性裂缝也会影响结构安全。本例主要是研究这类裂缝。

混凝土是脆性材料，抗压强度高，但抗拉强度一般只有抗压强度的十分之一。因此结构混凝土的收缩在受到约束不能自由变形时，便会产生拉应力，当收缩拉应力超过混凝土抗拉强度便出现裂缝。

混凝土的收缩主要有如下几种：

（1）凝缩。混凝土拌制后一段时间（3～12h），水化反应较快，分子链逐渐形成，出现泌水和体积缩小，称为凝缩。凝缩的大小约为水泥体积的1%。凝缩随混凝土水灰比的降低而减小，随浇筑温度增高而增大。

（2）自生收缩。混凝土在恒温绝湿的条件下，由胶凝材料水化作用引起的体积变形称为自生体积变形。自生收缩值一般在$(40\sim100)\times10^{-6}$范围内。

（3）温度收缩。混凝土温度相对于浇筑硬化成型时的温度下降会发生收缩变形。混凝土线膨胀系数一般为$10\times10^{-6}/℃$，石灰岩骨料混凝土为$(6\sim7)\times10^{-6}/℃$，砂岩骨料混凝土为$11\times10^{-6}/℃$，而纯水泥浆体为$13\times10^{-6}/℃$左右。

（4）干燥失水收缩。置于未饱和空气湿度中的混凝土因水分散失而引起体积缩小变形称为干燥收缩，干缩的量值较大，一般在$(200\sim1000)\times10^{-6}/℃$。对薄壁结构，干缩影响相对较大。

在工程中引起危害的主要是温降收缩和干燥失水收缩，但如若措施得当，其危害同样是可以避免或减小的。

2. 大体积混凝土裂缝形成机理及控制措施

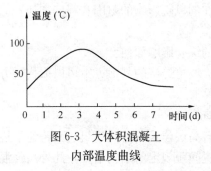

图6-3 大体积混凝土内部温度曲线

（1）大体积混凝土裂缝形成机理

大体积混凝土是指体积大到一定程度，混凝土内部由于水化产生的热量无法向外传播散热，致使内部温度升高，而外层的混凝土由于散热较快与环境温度相差不大，形成内高外低的温度场，当内外温差大于等于25℃时，混凝土表面会形成冷缩裂缝。随着时间的推移，混凝土内部温度也会逐渐降到与环境温度一致。如图6-3所示，在内部降温的过程中也可能形成内部温度收缩裂缝。如武汉有几幢高层建筑大体积混凝土基础底板，有的实测最高温度曾达80～90℃，而外部环境气温仅30℃左右，如不采取措施，内外温差可能达50～60℃。

(2) 大体积混凝土裂缝控制施工措施

大体积混凝土裂缝控制施工措施主要有两个方面：一方面是尽量减少内部水化热温升的积聚过高，另一方面则是采取表面蓄热升温以减少内外温差，并控制在25℃之内。主要的施工措施有如下几方面：

1) 原材料措施

①水泥品种。可能时尽量选用初期水化热低的水泥品种，如普通硅酸盐水泥水化热比矿渣水泥大，可优选矿渣水泥。

②水泥用量。在采用外加剂减水、早强时，通常可节省水泥用量，降低水化热。

③掺用外掺料。如掺用粉煤灰，不仅可取代部分水泥，减少水泥用量，还可改善混凝土的可泵性等。

2) 降低混凝土入模温度

采用低温水（如加冰屑水，夏季的地下井水）作拌合水，可降低混凝土入模温度，从而降低内部温度积累值，减少内外温差。如三峡工程、葛洲坝工程的大坝混凝土通过加冰屑水使入模温度夏季也能控制在7℃左右。

3) 内部设置循环水管降温

在混凝土内部预埋水管，通入冷却循环水，以降低内部温度。水流速度、流量参照实际测温结果调整。这种方法在大体积的混凝土设备基础中用得较多，在高层大体积基础混凝土中也有应用，如上海金茂大厦也采用其作为降温措施之一。

4) 混凝土表层蓄热养护

通常采用塑料薄膜覆盖混凝土表面，并加盖草席、草袋等，达到保温、保湿养护的效果。这一措施同时还要配以混凝土内外测温监控。当内外温差还有可能超出25℃时，可采用二膜二袋覆盖，必要时还可外浇80℃以下的热水养护，以提高表面温度。

以上措施应视工程具体情况单一选用或综合选用。监理工程师应要求施工单位进行充分论证和必要的试验，以保证不出现裂缝。

3. 混凝土建筑结构收缩裂缝控制

建筑结构中混凝土收缩裂缝的表现形式多种多样，主要是收缩量的大小和所受到的约束部位和约束程度不同而异。如基础底板收缩可能受到底板下岩土的约束而出现底部裂缝；地下室墙板收缩可能受到刚度较大的附壁柱的约束而出现裂缝，次梁的收缩可能受到刚度大的主梁约束而出现裂缝。

如图6-4所示为某工程地下室墙面裂缝分布展开图。

图6-4中裂缝有如下特征：较长的混凝土墙体在中段裂缝分布较多，在连墙柱两侧和墙与墙交会相连部位两侧墙体，门洞角部位常有裂缝。墙面的裂缝、梁侧面的裂缝呈中间宽、两头尖灭的形状，墙的下部裂缝常呈底宽上窄尖灭形状。而且许多裂缝是在混凝土早龄期即发生了。这些裂缝大部分都是由于温度收缩和干缩所致。裂缝出现的部位往往是拉应力集中最大的部位，如墙梁沿长度方向的中部、刚度突变处（如墙柱两侧）、门洞角部应力集中处等。

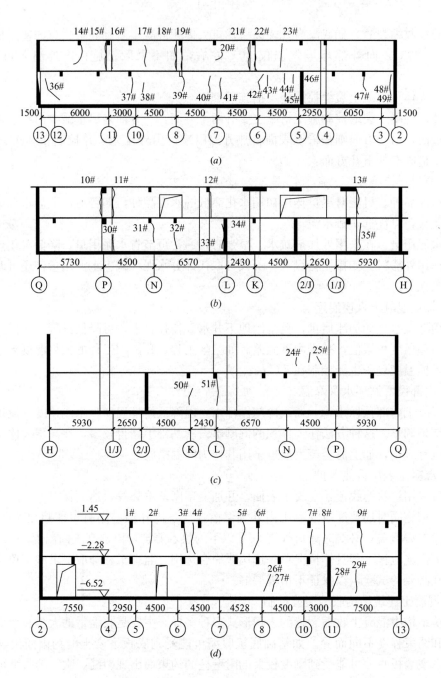

图 6-4 某工程地下室墙面裂缝示意图

(a) 南墙裂缝展开图；(b) 东墙裂缝展开图；(c) 西墙裂缝展开图；(d) 北墙裂缝展开图

4. 影响混凝土收缩主要因素控制

收缩裂缝影响因素是多种多样的，下述从理论和实际工程中总结的影响因素对于工程上裂缝控制具有很好的参考价值：

（1）混凝土在水中永远呈微膨胀变形，在空气中永远呈收缩变形。

（2）水泥用量越大，含水量越高，表现为水泥浆量越大，坍落度大，收缩越大，避免雨中浇灌混凝土。

(3) 水灰比越大，收缩越大，一般高强混凝土比中低强度收缩大。
(4) 暴露面越大，一次浇筑成型的混凝土面积越大，收缩越大。
(5) 矿渣水泥收缩比普通水泥收缩大，粉煤灰水泥及矾土水泥收缩较小，快硬水泥收缩较大，矿渣水泥及粉煤灰水泥的水化热比普通水泥低，故应根据混凝土结构体积选择水泥品种。
(6) 矿岩作骨料收缩大幅度增加。粗细骨料中含泥量越大收缩越大。
(7) 早期养护时间越长，收缩越小。保湿养护避免剧烈干燥技术能有效地降低收缩应力。
(8) 环境湿度越大，收缩越小，越干燥收缩越大。
(9) 骨料粒径越粗，收缩越小，骨料粒径越细，砂率越高，收缩越大。
(10) 水泥活性越高，颗粒越细，比表面积越大，收缩越大。
(11) 配筋率越大，收缩越小，但配筋过大则会增加混凝土拉应力。
(12) 风速越大，收缩越大，注意高空现浇混凝土。
(13) 外加剂及掺合料选择不当，严重增加收缩。选择适宜可减少收缩。
(14) 环境及混凝土温度越高，收缩越大。停工暴露时间越长收缩越大。
(15) 收缩和环境降温同时发生，对工程更为不利。
(16) 尽早回填土，尽早封闭房屋和装修对减少收缩有利。
(17) 泌水量大，表面含水量高，表面早期收缩大。
(18) 水泥用量较多的中低强度及水灰比较低的混凝土，大部分收缩完成时间约一年，水泥用量较多的高强度混凝土约为2~3年或更长。

混凝土裂缝的控制是工程措施为主，理论计算为辅，作为监理工程师，首先是要加深认识，认真分析可能出现裂缝的部位，影响因素，加强对施工单位技术方案的审查，制订有效适用措施。

第四节 工程质量事故分析与处理

由于影响工程质量的因素众多而且复杂多变，常难免会出现某种质量事故或不同程度的质量缺陷。因此，处理好工程的质量事故，认真分析原因、总结经验教训、改进质量管理与质量保证体系，使工程质量问题和事故减少到最低程度，是质量监理的一个重要内容与任务。监理工程师应当重视工程质量不良可能带来的严重后果，重视对质量事故的防范和处理，避免已发事故的进一步恶化和扩大。

一、工程质量事故特点

工程质量事故具有复杂性、严重性、可变性和多发性的特点。

1. 复杂性

建筑生产与一般工业相比具有产品固定，生产流动；产品多样，结构类型不一；露天作业多，自然条件复杂多变；材料品种、规格多，材质性能各异；多工种、多专业交叉施工，相互干扰大；工艺要求不同，施工方法各异、技术标准不一等特点。因此，影响工程质量的因素繁多，造成质量事故的原因错综复杂，即使是同一类质量事故，而原因却可能多种多样或截然不同。例如，就墙体开裂质量事故而言，其产生的原因就可能是：设计计算有误，承载力不足引起开裂；结构构造不良引起开裂；地基不均匀沉降引起开裂；冷缩及干缩应力引起开裂；冻胀力引起开裂；也可能是施工质量低劣、偷工减料或材质不良等。所以对质量事故的性质、原因进行分析，必须对质量事故发生的背景情况认真调查分析，结合具体情况仔细判断。

2. 严重性

工程项目一旦出现质量事故，其影响较大。轻者影响施工顺利进行、拖延工期增加工程费用，重者则会留下隐患成为危险的建筑，影响使用功能或不能使用，更严重的还会引起建筑物的失稳、倒塌，造成人身伤亡及财产的巨大损失。所以对于建设工程质量事故问题不能掉以轻心，必须高度重视，加强对工程建设的监督管理，防患于未然，力争将事故消灭于萌芽之中，以确保建筑物的安全使用。

3. 可变性

许多建筑工程的质量问题出现后，其质量状态并非稳定于发现时的初始状态，而是有可能随着时间进程而不断地发展、变化。例如，地基基础或桥墩的沉降量可能随上部荷载的持续作用而继续发展；混凝土结构出现的裂缝可能随环境温度的变化而变化，或随荷载的变化及持荷时间而变化等。因此，有些在初始阶段并不严重的质量问题，如不能及时进行处理，有可能发展成严重的质量事故，如开始时微细的裂缝有可能发展导致结构断裂或倒塌事故；土坝的涓涓渗漏可能发展为溃坝。所以，在分析、处理工程质量事故时，一定要注意质量事故的可变性，加强观测与检验，及时采取可靠的措施防止事故进一步恶化。

4. 多发性

建筑工程中有些质量事故，在各项工程中经常发生，而成为多发性的质量通病，例如屋面漏水、卫生间漏水；抹灰层开裂、脱落；预制构件裂缝；悬挑梁板断裂、雨篷坍覆等。因此，要及时分析原因，总结经验，采取有效的预防措施。

二、工程质量事故分类

建筑工程的质量事故一般有下述不同的分类方法：

1. 按事故造成的后果分类

（1）未遂事故。发现的质量问题，经及时采取措施，未造成经济损失、延误工期或其他不良后果者，均属未遂事故。

（2）已遂事故。凡出现不符合质量标准或设计要求，造成经济损失、工期延误或其他不良后果者，均构成已遂事故。

2. 按事故的责任分类

（1）指导责任事故。指由于在工程实施指导或管理失误而造成的质量事故。例如由于追求进度赶工，放松或不按质量标准进行作业控制和检验，降低施工质量标准等。

（2）操作责任事故。指在施工过程中，由于实施操作者不按规程或标准实施操作，而造成的质量事故。例如，浇筑混凝土时随意加水调整混凝土坍落度；混凝土拌合料产生了离析现象仍浇筑入模；土方填压施工未按要求控制土料含水量及压实遍数等。

3. 按事故产生的原因分类

（1）技术原因引发的质量事故。是指在工程项目实施中由于设计、施工在技术上失误而造成的质量事故。例如，结构设计计算错误；地质情况估计错误；盲目采用技术上不成熟、实际应用中未得到充分验证其可靠性的新技术；采用了不适宜的施工方法或工艺等。

(2) 管理原因引发的质量事故。主要是指由于管理上的不完善或失误而引发的质量事故。例如，施工单位的质量体系不完善，质量管理措施落实不力；检测仪器设备管理不善而失准，导致进料检验不准等原因引起质量问题。

(3) 社会、经济原因引发的质量事故。主要是指由于社会存在的不正之风、经济犯罪等因素干扰建设的错误行为而导致出现质量事故。例如，盲目追求利润而置工程质量于不顾，在建筑市场上杀价投标，中标后则依靠违法手段或修改方案追加工程款，或偷工减料，或层层转包、违法分包。凡此种种，都是导致工程质量事故不可忽视的原因，应当给以充分的重视。因此，监理工程师进行质量控制，不但要在技术方面、管理方面入手严把质量关，而且还要遵纪守法和维法。

4. 按事故造成损失的程度分类

是指按照生产经营活动中发生的造成人身伤亡或者直接经济损失的程度进行分类。根据 2007 年 4 月 9 日颁布的国务院令第 493 号《生产安全事故报告和调查处理条例》（以下简称《事故条例》）第三条的规定，事故一般分为以下等级：

(1) 特别重大事故，是指造成 30 人以上死亡，或者 100 人以上重伤（包括急性工业中毒，下同），或者 1 亿元以上直接经济损失的事故；

(2) 重大事故，是指造成 10 人以上 30 人以下死亡，或者 50 人以上 100 人以下重伤，或者 5000 万元以上 1 亿元以下直接经济损失的事故；

(3) 较大事故，是指造成 3 人以上 10 人以下死亡，或者 10 人以上 50 人以下重伤，或者 1000 万元以上 5000 万元以下直接经济损失的事故；

(4) 一般事故，是指造成 3 人以下死亡，或者 10 人以下重伤，或者 1000 万元以下直接经济损失的事故。

（该条规定所称的伤亡数及经济损失中的"以上"包括本数额，所称的"以下"不包括本数额）

三、工程事故报告制度

1. 按照《事故条例》的规定，事故发生后，事故现场有关人员应当立即向本单位负责人报告；单位负责人接到报告后，应当于 1 小时内向事故发生地县级以上人民政府安全生产监督管理部门报告。情况紧急时，事故现场有关人员可以越级上报。

事故发生单位负责人接到事故报告后，应当立即启动事故相应应急预案，或者采取有效措施，组织抢救，防止事故扩大，减少人员伤亡和财产损失。

2. 安全生产监督管理部门和负有安全生产监督管理职责的有关部门接到事故报告后，应当依照下列规定上报事故情况，并通知公安机关、劳动保障行政部门、工会和人民检察院：

(1) 特别重大事故、重大事故逐级上报至国务院安全生产监督管理部门，该部门应立即报告国务院；

(2) 较大事故逐级上报至省、自治区、直辖市人民政府安全生产监督管理部门；

(3) 一般事故上报至设区的市级人民政府安全生产监督管理部门。

安全生产监督管理部门每级上报的时间不得超过 2 小时。

3. 上报的事故报告应当包括下列内容：

(1) 事故发生单位概况；

(2) 事故发生的时间、地点以及事故现场情况；
(3) 事故的简要经过；
(4) 事故已经造成或者可能造成的伤亡人数（包括下落不明的人数）和初步估计的直接经济损失；
(5) 已经采取的措施；
(6) 其他应当报告的情况。

事故报告后出现新情况的，应当及时补报。

四、工程质量事故调查与处理的依据和程序

工程质量事故发生后，事故处理主要应解决：查清原因，落实措施，妥善处理，消除隐患，界定责任。其中关键是查清原因。

（一）事故调查

1. 事故调查权限与职责

按照《事故条例》的规定，特别重大事故由国务院或者国务院授权有关部门组织事故调查组进行调查。重大事故、较大事故、一般事故分别由事故发生地省级人民政府、设区的市级人民政府、县级人民政府直接或授权有关部门组织调查。未造成人员伤亡的一般事故，县级人民政府也可以委托事故发生单位组织事故调查组进行调查。上级人民政府认为必要时，可以调查由下级人民政府负责调查的事故。

根据事故的具体情况，事故调查组由有关人民政府、安全生产监督管理部门、监察机关、公安机关以及工会派人组成，并应当邀请人民检察院派人参加。事故调查组可以聘请有关专家参与调查。

事故调查组履行下列职责：
(1) 查明事故发生的经过、原因、人员伤亡情况及直接经济损失；
(2) 认定事故的性质和事故责任；
(3) 提出对事故责任者的处理建议；
(4) 总结事故教训，提出防范和整改措施；
(5) 提交事故调查报告。

事故调查中需要进行技术鉴定的，事故调查组应当委托具有国家规定资质的单位进行技术鉴定。必要时，事故调查组可以直接组织专家进行技术鉴定。技术鉴定所需时间不计入事故调查期限。

事故调查组应当自事故发生之日起 60 日内提交事故调查报告；特殊情况下，经负责事故调查的人民政府批准，提交事故调查报告的期限可以适当延长，但延长的期限最长不超过 60 日。

2. 事故调查报告

事故调查报告应当包括下列内容：
(1) 事故发生单位概况；
(2) 事故发生经过和事故救援情况；
(3) 事故造成的人员伤亡和直接经济损失；
(4) 事故发生的原因和事故性质；
(5) 事故责任的认定以及对事故责任者的处理建议；

(6) 事故防范和整改措施。

事故调查报告应当附具有关证据材料。事故调查组成员应当在事故调查报告上签名。事故调查报告报送负责事故调查的人民政府后，事故调查工作即告结束。事故调查的有关资料应当归档保存。

(二) 工程质量事故处理

1. 工程质量事故处理的依据

工程质量事故发生的原因是多方面的，有技术上的失误等原因，也有的是由于违反建设程序或法律法规；有些是设计、施工的原因，也有些是由于管理方面或材料方面的原因。引发事故的原因不同，事故责任的界定与承担也不同，事故的处理措施也不同。总之，对于所发生的质量事故。无论是分析原因、界定责任以及做出处理决定，都需要以切实可靠的客观依据为基础。概括起来，进行工程质量事故处理的主要依据有以下四个方面：

(1) 质量事故调查报告等实况资料。

(2) 具有法律效力的，得到有关当事各方认可的工程承包合同、设计委托合同、材料或设备购销合同以及监理合同或分包合同等合同文件。

(3) 有关的工程技术文件和档案。

(4) 有关的建设法规。

在这四方面依据中，前三种是与特定的工程项目密切相关的具有特定性质的依据，第四种法规性依据，是具有很高权威性、约束性、通用性和普遍性的依据。

2. 工程质量事故处理程序

工程质量事故发生后，一般可按照图 6-5 所示程序进行调查和处理。

(1) 暂停质量事故部位和其有关联部位施工

当发现工程出现质量事故后，监理工程师首先就以"质量通知单"的形式通知施工单位。并要求停止质量事故部位和其有关联部位施工，需要时，还应要求施工单位采取防护措施。同时，要及时按规定时限上报主管部门。

(2) 监理应配合事故调查组进行调查

事故情况调查是事故原因分析的基础，有些质量事故原因复杂，常涉及勘察、设计、施工、材料、维护管理、工程环境条件等方面情况，监理对有关情况比较熟悉，理应配合事故调查组全面、客观、准确的进行调查。

(3) 在事故调查的基础上进行事故原因分析，正确判断事故原因

事故原因分析是确定事故处理措施方案的基础。正确的处理来源于对事故原因的正确判断。只有对调查提供的充分的调查资料、数据进行详细、深入的分析后，才能由表及里、去伪存真，找出造成事故的真正原因。为此，监理应参加事故原因分析，提出自己的意见。

(4) 在事故原因分析的基础上，研究制订事故处理方案

事故处理方案的制订应以事故原因分析为基础。如果某些事故一时认识不清，而且事故一时不致产生严重的恶化，可以继续进行观测，以便掌握更充分的资料数据，做进一步分析，找准原因，以利制定处理方案。切忌急于求成，不能对症下药，采取的处理措施不能达到预期效果，造成反复处理的不良后果。

事故责任单位应根据事故调查报告中提出的事故防范及整改措施意见制定事故处理方

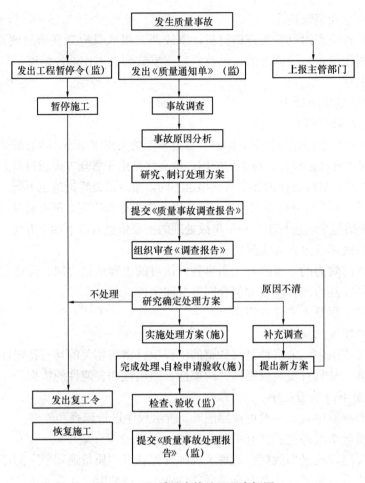

图 6-5 工程质量事故处理程序框图

案。事故处理方案应体现安全可靠，不留隐患，满足建筑物的功能和使用要求，技术可行，经济合理等原则。事故处理方案应经监理审查同意并报业主和相关主管单位核查批准。

(5) 施工单位按批复的处理方案实施处理

确定处理方案后，由监理工程师指令施工单位按批复的处理方案实施处理。

发生的质量事故不论是否由于施工承包单位方面的责任原因造成的，质量事故的处理通常都是由施工承包单位负责实施。如果发生的质量事故不是由于施工单位方面的责任原因造成的，则处理质量事故所需的费用或延误的工期，应给予施工单位补偿。

(6) 对质量事故处理完工部位重新检查、鉴定和验收

在质量事故处理完毕后，监理工程师应组织有关人员对处理的结果进行严格的检查、鉴定和验收，写出"质量事故处理报告"，提交业主或建设单位，并上报有关主管部门。

"质量事故处理报告"的内容大体上与"事故调查报告"的内容相近，主要包括：

①工程质量事故的情况；

②质量事故的调查情况及事故原因分析；

③事故调查报告中提出的事故防范及整改措施意见；

④质量事故处理方案及技术措施；
⑤质量事故处理中的有关原始数据、记录、资料；
⑥事故处理后检查验收情况；
⑦结论意见。

五、工程质量事故原因分析

1. 常见的工程质量事故发生的原因

工程质量事故的表现形式千差万别，类型多种多样，例如结构倒塌、倾斜、错位、不均匀或超量沉陷、变形、开裂、渗漏、破坏、强度不足、尺寸偏差过大等，但究其原因，归纳起来主要有以下几方面。

（1）违背基本建设法规

①违反基本建设程序。

基本建设程序是工程项目建设过程及其客观规律的反映，但有些工程不按基建程序办事，例如未做好调查分析就拍板定案；未搞清地质情况就仓促开工；边设计、边施工；无图施工，不经竣工验收就交付使用等，这常是导致重大工程质量事故的重要原因。

②违反有关法规和工程合同的规定。

例如，无证设计；无证施工；越级设计；越级施工；工程招、投标中的不公平竞争；超常的低价中标；擅自转包或分包；多次转包；擅自修改设计等。

（2）地质勘察原因

诸如未认真进行地质勘察或勘探时钻孔深度、间距、范围不符合规定要求，地质勘察报告不详细、不准确、不能全面反映实际的地基情况等，从而使得地下情况不清，或对基岩起伏、土层分布误判，或未查清地下软土层、墓穴、孔洞等，它们均会导致采用不恰当或错误的基础方案，造成地基不均匀沉降、失稳使上部结构或墙体开裂、破坏，或引发建筑物倾斜、倒塌等质量事故。

（3）对不均匀地基处理不当

对软弱土、杂填土、冲填土、大孔性土或湿陷性黄土、膨胀土、红黏土、熔岩、土洞、岩层出露等不均匀地基未进行处理或处理不当也是导致重大事故的原因。必须根据不同地基的特点，从地基处理、结构措施、防水措施、施工措施等方面综合考虑，加以治理。

（4）设计计算问题

诸如盲目套用图纸，采用不正确的结构方案，计算简图与实际受力情况不符，荷载取值过小，内力分析有误，沉降缝或变形缝设置不当，悬挑结构未进行抗倾覆验算，以及计算错误等，都是引发质量事故的隐患。

（5）建筑材料及制品不合格

诸如钢筋物理力学性能不良会导致钢筋混凝土结构产生裂缝或脆性破坏；骨料中活性氧化硅会导致碱骨料反应使混凝土产生裂缝；水泥安定性不良会造成混凝土爆裂；水泥受潮、过期、结块、砂石含泥量及有害物含量、外加剂掺量等不符合要求时，会影响混凝土强度、和易性、密实性、抗渗性，从而导致混凝结构强度不足、裂缝、渗漏、蜂窝等质量事故。此外，预制构件断面尺寸不足，支承锚固长度不足，未可靠地建立预应力值，漏放或少放钢筋，板面开裂等均可能出现断裂、坍塌事故。

(6) 施工与管理问题

①未经设计部门同意，擅自修改设计或不按图施工。例如将铰接做成刚接，将简支梁做成连续梁；用光圆钢筋代替异形钢筋等，导致结构破坏。挡土墙不按图设滤水层、排水孔，导致墙后地下水压力增大，墙体破坏或倾覆。

②图纸未经会审即仓促施工；或不熟悉图纸要求，盲目施工。

③不按有关的施工规范和操作规程施工。例如浇筑混凝土时振捣不良；造成薄弱部位；砖体包心砌筑，上下通缝，灰浆不均匀饱满等均能导致墙、柱破坏。

④不懂装懂，蛮干施工，例如将钢筋混凝土预制梁倒置反向吊装；将悬挑结构钢筋放在受压区等均将导致结构破坏，造成严重后果。

⑤管理紊乱，施工方案考虑不周，施工顺序错误，技术交底不清，违章作业，疏于检查、验收等，均可能导致质量事故。

(7) 自然条件影响。

空气温度、温度、暴雨、风、浪、洪水、雷电、日晒等均可能成为质量事故的诱因，施工中应特别注意并采取有效的措施预防。

(8) 建筑结构或设施的使用不当

对建筑物或设施使用不当也易造成质量事故。例如未经校核验算就任意对建筑物加层；任意拆除承重结构部位；任意在结构物上开槽、打洞、削弱承重结构截面等也会引起质量事故。

2. 质量事故原因分析方法

由于影响工程质量的因素众多，所以引起质量事故的原因也错综复杂，常常一项质量事故是由于多种原因引起的。究竟是哪类中的何种原因所引起，则应对事故的特征表现以及其在施工中和使用的所处的实际情况和条件进行具体分析。对工程质量事故原因进行分析可概括为如下的方法和步骤：

(1) 对事故情况进行细致的现场调查研究，充分了解与掌握质量事故的现象和特征。

(2) 收集资料（如施工记录等），调查研究，摸清质量事故对象在整个施工过程中所处的环境及面临的各种情况：

①所使用的设计图纸。例如，设计图纸中的结构是否合理；是否设置了必要的沉降缝或伸缩缝；是否完全按图纸施工等。

②施工情况。例如，当时采用的施工方法或工艺是否合理，如混凝土运输采用皮带机是否使混凝土产生离析、拌合料的水灰比是否过稠易使卸料管堵塞；混凝土养护时间是否足够，拆模时间是否过早；施工操作是否符合规程要求等。

③使用的材料情况。例如，使用的材料与设计图纸要求是否一致，其性能、规格以及内在质量是否符合标准，是否采用了替代料，它能否满足原设计材料的要求；在使用前该批材料的质量是否经过检查与确认（例如水泥是否受潮、结块），有无合格的凭证等。

④施工期间的环境条件。在自然条件方面，诸如施工时的气温、湿度、风力、降雨等，它们的实际情况和对施工质量可能产生的不利影响。

⑤施工过程中结构受力情况。如结构在施工过程中是否过早承受荷载；所承受的荷载是否超过设计极限荷载；是否产生不应有的应力集中现象等。

(3) 分析造成质量事故的原因，根据对质量事故的现象及特征的了解，结合当时在施工过程中所面临的各种条件和情况，进行综合分析、比较和判断，找出最可能造成质量事故的原因。

对于某些工程质量事故。除要作如上述的调查、分析外，还需要结合专门的计算进行验证，才能作出综合判断，找出其真正的原因。

六、工程质量事故分析案例

【案例 6-1】 某现浇框架与砖混结构裂缝事故

1. 工程与事故概况

重庆市某幢现浇框架与砖混结构组合成的车间，其平面与剖面如图 6-6 所示。

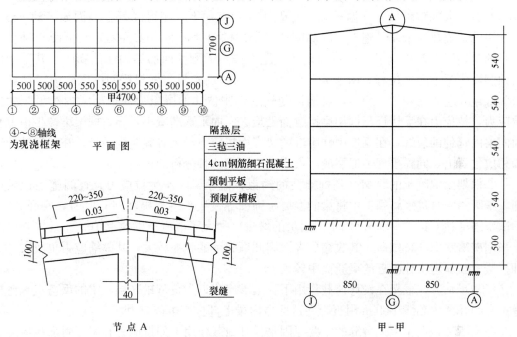

图 6-6 某车间平面与剖面示意图

该车间某年初挖土石方，至同年 12 月 14 日完成现浇框架，接着就开始砌砖。第二年 3 月完成砌砖工程，4 月在进行室内装饰工程时，发现砖墙裂缝，因而对框架进行全面检查，发现顶层的每个框架横梁上都出现不同程度的裂缝。

这些裂缝具有以下共同特点：
①裂缝位置大多靠近中柱两侧；
②裂缝都出现在梁的上半部，裂缝长为 50～60cm（梁高 100cm）；
③裂缝上宽下窄，最大宽度为 0.25mm；
④梁的两侧面在同一位置都有裂缝，表明裂缝已贯穿；
⑤裂缝宽度与长度随气温而变化，气温升高裂缝变宽而长，反之亦然。

砖混结构部分的⑨、⑩、①、②轴线砖墙上，在靠近中轴线⑥附近，从屋面下的墙顶开始也有上宽下窄的裂缝，最大裂缝宽度为 4mm。砖墙裂缝的宽度与长度也随气温而变化，其规律与梁上裂缝相同。

框架梁与砖墙的裂缝只出现在顶层，框架柱上无可见的裂缝。

2. 原因分析

经复查，结构计算无误。整个车间坐落在完整的、微风化的砂岩地基上，因此不可能产生明显的不均匀沉陷。所有原材料、半成品均合格，混凝土实际强度等级超过设计要求，施工质量优良。从上述裂缝特征分析，其主要原因是温度变化和混凝土受到收缩所引起的变形，在超静定框架结构中产生附加应力，它和荷载作用下的应力叠加而造成裂缝。附加应力主要由下面两个因素造成：

①从工程检查中发现屋面结构预制板上现浇的 4cm 厚钢筋混凝土刚性面层宽达 17m，未设伸缩缝。而且屋面构造是由钢筋和混凝土将反槽板、小平板及细石混凝土面层连成整体，屋面整体性好，刚度大。细石混凝土刚性面层浇筑时气温较低，混凝土内部温度约为 10℃左右，天气转暖后，气温升高，夏天在太阳直射下，测得混凝土表面温度达 65℃。由于原设计隔热层未及时施工，因此刚性面层内的温度可达 60℃左右，与混凝土硬化成型时的起始温度差约 50℃。这种温差造成屋面浇筑的刚性面层结构受热膨胀，其下铺设的预制反槽板也随之位移。由于屋面结构自重大，反槽板与框架梁间的摩阻力经计算达 3120kgf/m 左右（30600N/m），反槽板受热后膨胀位移的摩阻力使框架梁内产生较大的拉应力，拉应力在反槽板与框架梁接触面处最大，向下逐渐减小，导致框架梁产生由上表面向梁内延伸的裂缝，在靠近中柱附近的梁表面拉应力最大，裂缝也最多。在砖混结构砖墙相应位置上，同样出现类似裂缝，可进一步证实这种分析的正确。

②框架梁混凝土的收缩受到框架柱的约束，而在梁中产生拉应力。查阅施工记录可知，冬天为了赶进度，施工中将梁的混凝土强度等级从 C20 号提高到 C30 号，实际 28 天的试块强度达 C44.2～C46.3，水泥用量的增量，加大了混凝土的收缩值。而且拌制混凝土采用矿渣水泥和特细砂，其收缩更大。因此框架梁的收缩较大，其收缩应力也较大，这种拉应力在靠近中柱附近的梁断面中较大。

经初步估算，框架在设计荷载作用下，梁支座附近为负弯矩区域，梁的反弯点（弯矩零点）约在离中轴线 144cm 附近，在这区域内梁上部也产生拉应力。

综上所述，产生上述裂缝的主要原因是设计荷载作用下的拉应力和温度附加拉应力叠加，造成中柱附近的梁断面上表面拉应力较大，有 7 条裂缝出现在离中轴线 1.5m 范围内；离中轴线 1.8～3.5m 处还有 7 条裂缝，这是因为在设计荷载作用下，梁内正弯矩较小（特别在反弯点附近断面），在梁上表面产生的压应力也较小，附加拉应力抵消压应力影响后，其数值仍较大，而造成裂缝。值得注意的是裂缝位置大多出现在负弯矩钢筋切断点附近，这些断面的受拉钢筋突然减少造成薄弱断面，也是产生裂缝的原因之一。由于上述的拉应力分布是在梁上表面较大，向下逐渐减小，因而裂缝呈上宽下窄的状态。也因为这种拉应力随气温增高而加大，因而裂缝的宽度、长度随着气温升高而增大。

3. 事故处理

这种裂缝不会危及结构安全，裂缝宽度又较小（0.25mm），按照《混凝土结构设计规范》的规定，处在正常条件下的构件，最大裂缝宽度的容许值为 0.3mm，因此，可以不作任何特殊处理。处理措施是在梁抹灰前，用环氧树脂贴玻璃丝布封闭其裂缝。经处理后该工程已使用多年，未见异常问题。

4. 建议

建议在框架设计与施工中注意以下几个问题：

（1）尽量减小混凝土收缩而产生的应力。建议采取以下减小收缩的措施：首先，配置框架梁混凝土时水泥用量不宜太多，防止任意提高混凝土强度等级。根据常用的混凝土配合比分析，由 C20 提高到 C30，每立方米混凝土水泥用量增加 70～100kg 左右，收缩将增加 $(0.4～0.5)\times10^{-4}$ 左右，因而收缩应力明显增大。

（2）选用适当的原材料。矿渣水泥和特细砂配制的混凝土，与用普通水泥、中粗砂配制的混凝土相比，收缩较大。而在本例中所用的特细砂的细度已超出《特细砂混凝土配制及应用规程》的规定，由于砂太细，收缩明显增加。这种任意突破规范、规程的做法，应该制止。多层框架梁的养护条件较差，顶层的梁往往高于周围建筑，混凝土在风吹日晒下，水分蒸发很快，如果浇水养护较差，早期收缩必将加大。

（3）重视框架结构内的温度变化而产生的附加应力。如温差较大时，建议在结构设计中统一考虑构造与配筋。施工时尽可能选择适当时间浇混凝土，以减少施工和使用阶段结构内的温差。

（4）重视屋面隔热层的作用，尽早完成隔热层的施工。屋面隔热层不仅是建筑热工的需要，同时又能降低温差，减少附加应力。根据在重庆市的实测记录，目前常用的架空 12～14cm 的隔热层，夏天在阳光直射下，隔热板面上的温度比隔热板下屋面上的温度高 10～12℃，可见隔热板所起的作用颇大。

（5）屋面的刚性面层必须按规定设缝，这将减小因温度变化而在梁中产生的附加应力。

（6）框架梁内负弯矩钢筋的切断点，除了考虑结构受力的需要外，还要结合建筑构造和施工特点，适当延长负弯矩的钢筋，避免在附加应力较大区域切断钢筋。

第五节　建筑工程施工质量验收

建筑工程施工质量验收是在施工单位自行质量检查评定的基础上，参与建设活动的有关单位共同对工程施工质量进行抽样复验，根据相关标准以书面形式对工程质量达到合格与否做出确认。

工程施工质量验收包括工程过程的中间验收和工程的竣工验收两个方面。中间验收是指分项工程、分部工程施工过程产品（中间产品、半成品）的验收，竣工验收是指单位工程全部完工的成品验收。建筑工程产品体量庞大，成品建造过程持续时间长，因此加强对其形成过程产品的分项、分部验收是控制工程质量的关键。竣工验收则是在此基础上的最终检查验收，是工程交付使用前最后把住质量关的重要环节。

2000 年 12 月《建设工程监理规范》颁布后，明确了受监工程施工质量验收职责主要由项目监理机构来完成。专业监理工程师负责组织分项工程质量验收，总监理工程师负责组织分部工程验收，总监理工程师还要负责组织单位工程竣工预验收，提出工程质量评估报告。建设工程是"百年大计，质量第一"，监理当此重任，责任重于泰山。因此，监理工程师必须十分熟悉工程质量验收有关标准、方法。本节主要按照 2002 年 1 月 1 日开始实施的《建筑工程施工质量验收统一标准》（GB 50300—2001）的有关规定，介绍建筑工程施工质量验收标准和方法。

2007 年根据建筑节能工程发展需要，国家又新颁布了《建筑节能工程施工质量验收规范》（GB 50411—2007），明确建筑节能工程作为建筑工程施工质量统一验收中新增的一个独立分部，验收资料需单独归类建档，有关验收标准和方法将在后面第六节专门介绍。

一、建筑工程质量验收的划分

建筑工程质量验收应划分为单位（子单位）工程、分部（子分部）工程、分项工程和检验批。

1. 单位工程（子单位工程）划分

（1）具备独立施工条件并能形成独立使用功能的建筑物及构筑物为一个单位工程。

（2）建筑规模较大的单位工程，可将其能形成独立使用功能的部分为一个子单位工程。

2. 分部工程（子分部工程）划分

（1）分部工程的划分应按专业性质、建筑部位确定，参见表6-1，共划分为9个分部。

建筑工程分部工程、分项工程划分 表6-1

序号	分部工程	子分部工程	分 项 工 程
1	地基与基础	无支护土方	土方开挖、土方回填
		有支护土方	排桩，降水、排水，地下连续墙，锚杆，土钉墙，水泥土桩，沉井与沉箱，钢及混凝土支撑
		地基处理	灰土地基、砂和砂石地基、碎砖三合土地基，土工合成材料地基，粉煤灰地基，重锤夯实地基，强夯地基，振冲地基，砂桩地基，预压地基，高压喷射注浆地基，土和灰土挤密桩地基，注浆地基，水泥粉煤灰碎石桩地基，夯实水泥土桩地基
		桩基	锚杆静压桩及静力压桩，预应力离心管桩，钢筋混凝土预制桩，钢桩，混凝土灌注桩（成孔、钢筋笼、清孔、水下混凝土灌注）
		地下防水	防水混凝土，水泥砂浆防水层，卷材防水层，涂料防水层，金属板防水层，塑料板防水层，细部构造，喷锚支护，复合式衬砌，地下连续墙，盾构法隧道；渗排水、盲沟排水，隧道、坑道排水；预注浆、后注浆，衬砌裂缝注浆
		混凝土基础	模板、钢筋、混凝土，后浇带混凝土，混凝土结构缝处理
		砌体基础	砖砌体，混凝土砌块砌体，配筋砌体，石砌体
		劲钢（管）混凝土	劲钢（管）焊接，劲钢（管）与钢筋的连接，混凝土
		钢结构	焊接钢结构、拴接钢结构，钢结构制作，钢结构安装，钢结构涂装
2	主体结构	混凝土结构	模板，钢筋，混凝土，预应力，现浇结构，装配式结构
		劲钢（管）混凝土	劲钢（管）焊接，螺栓连接，劲钢（管）与钢筋的连接，劲钢（管）制作、安装，混凝土
		砌体结构	砖砌体，混凝土小型空心砌块砌体，石砌体，填充墙砌体，配筋砖砌体
		钢结构	钢结构焊接，紧固件连接，钢零部件加工，单层钢结构安装，多层及高层钢结构安装，钢结构涂装，钢构件组装，钢构件预拼装，钢网架结构安装，压型金属板
		木结构	方木和原木结构，胶合木结构，轻型木结构，木构件防护
		网架和索膜结构	网架制作，网架安装，索膜安装，网架防火，防腐涂料

续表

序号	分部工程	子分部工程	分项工程
3	建筑装饰装修	地面	整体面层：基层，水泥混凝土面层，水泥砂浆面层，水磨石面层，防油渗面层，水泥钢（铁）屑面层，不发火（防爆的）面层；板块面层：基层，砖面层（陶瓷锦砖、缸砖、陶瓷地砖和水泥花砖面层），大理石面层和花岗石面层，预制板块面层（预制水泥混凝土、水磨石板块面层），料石面层（条石、块石面层），塑料板面层，活动地板面层，地毯面层；木竹面层：基层、实木地板面层（条材、块材面层），实木复合地板面层（条材、块材面层），中密度（强化）复合地板面层（条材面层），竹地板面层
		抹灰	一般抹灰，装饰抹灰，清水砌体勾缝
		门窗	木门窗制作与安装，金属门窗安装，塑料门窗安装，特种门安装，门窗玻璃安装
		吊顶	暗龙骨吊顶，明龙骨吊顶
		轻质隔墙	板材隔墙，骨架隔墙，活动隔墙，玻璃隔墙
		饰面板（砖）	饰面板安装，饰面砖粘贴
		幕墙	玻璃幕墙，金属幕墙，石材幕墙
		涂饰	水性涂料涂饰，溶剂型涂料涂饰，美术涂饰
		裱糊与软包	裱糊、软包
		细部	橱柜制作与安装，窗帘盒、窗台板和暖气罩制作与安装，门窗套制作与安装，护栏和扶手制作与安装，花饰制作与安装
4	建筑屋面	卷材防水屋面	保温层，找平层，卷材防水层，细部构造
		涂膜防水屋面	保温层，找平层，涂膜防水层，细部构造
		刚性防水屋面	细石混凝土防水层，密封材料嵌缝，细部构造
		瓦屋面	平瓦屋面，油毡瓦屋面，金属板屋面，细部构造
		隔热屋面	架空屋面，蓄水屋面，种植屋面
5	建筑给水、排水及采暖	室内给水系统	给水管道及配件安装，室内消火栓系统安装，给水设备安装，管道防腐，绝热
		室内排水系统	排水管道及配件安装，雨水管道及配件安装
		室内热水供应系统	管道及配件安装，辅助设备安装，防腐，绝热
		卫生器具安装	卫生器具安装，卫生器具给水配件安装，卫生器具排水管道安装
		室内采暖系统	管道及配件安装，辅助设备及散热器安装，金属辐射板安装，低温热水地板辐射采暖系统安装，系统水压试验及调试，防腐，绝热
		室外给水管网	给水管道安装，消防水泵接合器及室外消火栓安装，管沟及井室
		室外排水管网	排水管道安装，排水管沟与井池
		室外供热管网	管道及配件安装，系统水压试验及调试、防腐、绝热
		建筑中水系统及游泳池系统	建筑中水系统管道及辅助设备安装，游泳池水系统安装
		供热锅炉及辅助设备安装	锅炉安装，辅助设备及管道安装，安全附件安装，烘炉、煮炉和试运行，换热站安装，防腐，绝热

119

续表

序号	分部工程	子分部工程	分项工程
6	建筑电气	室外电气	架空线路及杆上电气设备安装，变压器、箱式变电所安装，成套配电柜、控制柜（屏、台）和动力、照明配电箱（盘）及控制柜安装，电线、电缆导管和线槽敷设，电线、电缆穿管和线槽敷设，电缆头制作、导线连接和线路电气试验，建筑物外部装饰灯具、航空障碍标志灯和庭院路灯安装，建筑照明通电试运行，接地装置安装
		变配电室	变压器、箱式变电所安装，成套配电柜、控制柜（屏、台）和动力、照明配电箱（盘）安装，裸母线、封闭母线、插接式母线安装，电缆沟内和电缆竖井内电缆敷设，电缆头制作、导线连接和线路电气试验，接地装置安装，避雷引下线和变配电室接地干线敷设
		供电干线	裸母线、封闭母线、插接式母线安装，桥架安装和桥架内电缆敷设，电缆沟内和电缆竖井内电缆敷设，电线、电缆导管和线槽敷设，电线、电缆穿管和线槽敷线，电缆头制作、导线连接和线路电气试验
		电气动力	成套配电柜、控制柜（屏、台）和动力、照明配电箱（盘）及控制柜安装，低压电动机、电加热器及电动执行机构检查、接线，低压电气设备检测、试验和空载试运行，桥架安装和桥架内电缆敷设，电线、电缆穿管和线槽敷线，电缆头制作、导线连接和线路电气试验，插座、开关、风扇安装
		电气照明安装	成套配电柜、控制柜（屏、台）和动力、照明配电箱（盘）安装，电线、电缆导管和线槽敷设，电线、电缆穿管和线槽敷线，槽板配线，钢索配线，电缆头制作、导线连接和线路电气试验，普通灯具安装，专用灯具安装，插座、开关、风扇安装，建筑照明通电试运行
		备用和不间断电源安装	成套配电柜、控制柜（屏、台）和动力、照明配电箱（盘）安装，柴油发电机组安装，不间断电源的其他功能单元安装，裸母线、封闭母线、插接式母线安装，电线、电缆导管和线槽敷设，电线、电缆导管和线槽敷线，电缆头制作、导线连接和线路电气试验，接地装置安装
		防雷及接地安装	接地装置安装，避雷引下线和变配电室接地干线敷设，建筑物等电位连接，接闪器安装
7	智能建筑	通信网络系统	通信系统，卫星及有线电视系统，公共广播系统
		办公自动化系统	计算机网络系统，信息平台及办公自动化应用软件，网络安全系统
		建筑设备监控系统	空调与通风系统，变配电系统，照明系统，给水排水系统，热源和热交换系统，冷冻和冷却系统，电梯和自动扶梯系统，中央管理工作站与操作分站，子系统通信接口
		火灾报警及消防联动系统	火灾和可燃气体探测系统，火灾报警控制系统，消防联动系统
		安全防范系统	电视监控系统，入侵报警系统，巡更系统，出入口控制（门禁）系统，停车管理系统
		综合布线系统	缆线敷设和终接，机柜、机架、配线架的安装，信息插座和光缆芯线终端的安装
		智能化集成系统	集成系统网络，实时数据库，信息安全，功能接口
		电源与接地	智能建筑电源，防雷及接地
		环境	空间环境，室内空调环境，视觉照明环境，电磁环境
		住宅（小区）智能化系统	火灾自动报警及消防联动系统，安全防范系统（含电视监控系统、入侵报警系统、巡更系统、门禁系统、楼宇对讲系统、住户对讲呼救系统、停车管理系统），物业管理系统（多表现场计量及与远程传输系统、建设设备监控系统、公共广播系统、小区网络及信息服务系统、物业办公自动化系统），智能家庭信息平台

续表

序号	分部工程	子分部工程	分项工程
8	通风与空调	送排风系统	风管与配件制作，部件制作，风管系统安装，空气处理设备安装，消声设备制作与安装，风管与设备防腐，风机安装，系统调试
		防排烟系统	风管与配件制作，部件制作，风管系统安装，防排烟风口、常闭正压风口与设备安装，风管与设备防腐，风机安装，系统调试
		除尘系统	风管与配件制作，部件制作，风管系统安装，除尘器与排污设备安装，风管与设备防腐，风机安装，系统调试
		空调风系统	风管与配件制作，部件制作，风管系统安装，空气处理设备安装，消声设备制作与安装，风管与设备防腐，风机安装，风管与设备绝热，系统调试
		净化空调系统	风管与配件制作，部件制作，风管系统安装，空气处理设备安装，消声设备制作与安装，风管与设备防腐，风机安装，风管与设备绝热，高效过滤器安装，系统调试
		制冷设备系统	制冷机组安装，制冷剂管道及配件安装，制冷附属设备安装，管道及设备的防腐与绝热，系统调试
		空调水系统	管道冷热（媒）水系统安装，冷却水系统安装，冷凝水系统安装，阀门及部件安装，冷却塔安装，水泵及附属设备安装，管道与设备的防腐与绝热，系统调试
9	电梯	电力驱动的曳引式或强制式电梯安装	设备进场验收，土建交接检验，驱动主机，导轨，门系统，轿厢，对重（平衡重），安全部件，悬挂装置，随行电缆，补偿装置，电气装置，整机安装验收
		液压电梯安装	设备进场验收，土建交接检验，液压系统，导轨，门系统，轿厢，对重（平衡重），安全部件，悬挂装置，随行电缆，电气装置，整机安装验收
		自动扶梯、自动人行道安装	设备进场验收，土建交接检验，整机安装验收

（2）当分部工程较大或较复杂时，可按材料种类、施工特点，施工程序、专业系统及类别等划分为若干子分部工程，参见表6-1。

3. 分项工程划分

分项工程应按主要工种、材料、施工工艺、设备类别等进行划分，参见表6-1。

4. 检验批划分

检验批是按同一的生产条件或按规定的方式汇总起来供检验用的，由一定数量样本组成的检验体。

检验批可根据施工及质量控制和专业验收需要按楼层、施工段、变形缝等进行划分。检验批是工程验收最小单位，是分项工程乃至整个建筑工程质量验收基础。分项工程可由一个或若干个检验批组成。

检验批划分时注意以下要点：

（1）多层、高层建筑中主体分部的分项工程可按楼层或施工流水作业段来划分检验批；

（2）单层工业厂房建筑中分项工程可按变形缝来划分检验批；

（3）有地下层的基础工程可按不同地下层划分检验批；

（4）屋面工程中不同楼层的屋面可划分成不同的检验批；

(5)安装工程各分部中一般按一个设计系统或设备组别划分一个验收检验批；

(6)室外工程各分部（子分部）统一划分成一个检验批。

5. 室外工程划分

室外工程可根据专业类别和工程规模划分单位工程（子单位工程）、分部工程（子分部工程），参见表6-2。

室外工程划分　　　　　　　　　　　　　表6-2

单位工程	子单位工程	分部（子部分）工程
室外建筑环境	附属建筑	车栅，围墙，大门，挡土墙，垃圾收集站
	室外环境	建筑小品，道路，亭台，连廊，花坛，场坪绿化
室外安装	给水排水与采暖	室外给水系统，室外排水系统，室外供热系统
	电气	室外供电系统，室外照明系统

二、建筑工程施工质量验收基本规定及要求

1. 基本规定

(1)施工现场质量管理应有相应的施工技术标准，健全的质量管理体系、施工质量检验制度和综合施工质量水平评定考核制度。

施工现场质量管理应按表6-3要求进行检查记录，总监理工程师应进行检查，并做出检查结论。

施工现场质量管理检查记录　　开工日期：　　　　表6-3

工程名称		施工许可证（开工证）	
建设单位		项目负责人	
设计单位		项目负责人	
监理单位		总监理工程师	
施工单位		项目经理	项目技术负责人

序号	项　　目	内　　容
1	现场质量管理制度	
2	质量责任制	
3	主要专业工种操作上岗证书	
4	分包方资质与对分包单位的管理制度	
5	施工图审查情况	
6	地质勘察资料	
7	施工组织设计、施工方案及审批	
8	施工技术标准	
9	工程质量检验制度	
10	搅拌站及计量设置	
11	现场材料、设备存放与管理	
12		

检查结论：

总监理工程师
（建设单位项目负责人）

年　月　日

(2) 建筑工程采用的主要材料、半成品、成品、建筑构配件、器具和设备应进行现场验收。凡涉及安全、功能的有关产品，应按各专业工程质量验收规范规定进行复验，并应经监理工程师检查认可。

(3) 各工序应按施工技术标准进行质量控制，每道工序完成后，应进行检查。相关各专业工种之间应进行交接检验，并形成记录。未经监理工程师检查认可，不得进行下道工序施工。

2. 验收要求

建筑工程施工质量应按下列要求进行验收：

(1) 建筑工程施工质量应符合"验收统一标准"和相关专业验收规范的规定。

(2) 建筑工程施工应符合工程勘察、设计文件的要求。

(3) 参加工程施工质量验收的各方人员应具备规定的资格。

(4) 工程质量验收均应在施工单位自行检查评定的基础上进行。

(5) 隐蔽工程在隐蔽前应由施工单位通知有关单位进行验收，并应形成验收文件。

(6) 涉及结构安全的试块、试件以及有关材料，应按规定进行见证取样检测。

(7) 检验批的质量应按主控项目和一般项目验收。

(8) 对涉及结构安全和使用功能的重要分部工程应进行抽样检测。

(9) 承担见证取样检测及有关结构安全检测的单位应具有相应的资质。

(10) 工程的观感质量应由验收人员通过现场检查，并应共同确认。

三、建筑工程施工质量验收体系

建筑工程施工质量验收按照检验批、分项工程、分部（子分部）工程、单位（子单位）工程四级划分，逐级递进验收体系如图6-7所示。

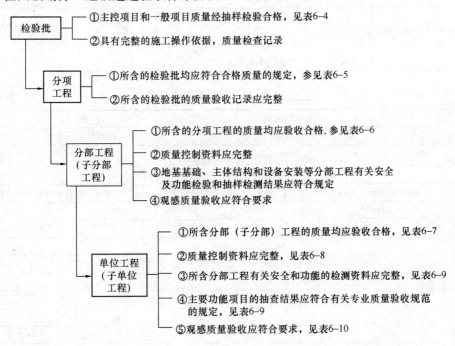

图6-7 建筑工程施工质量验收体系图

检验批质量验收记录　　　　　　　　表6-4

工程名称				分项工程名称						验收部位		
施工单位							专业工长			项目经理		
施工执行标准名称及编号												
分包单位				分包项目经理						施工班组长		
		质量验收规范的规定			施工单位检查评定记录							监理（建设）单位验收记录
主控项目		1										
		2										
		3										
		4										
		5										
		6										
		7										
		8										
		9										
一般项目		1										
		2										
		3										
		4										
施工单位检查评定结果		项目专业质量检查员：　　　　　　　　　　　　　年　月　日										
监理（建设）单位验收结论		监理工程师 （建设单位项目专业技术负责人）　　　　　　　年　月　日										

　　　　　分项工程质量验收记录　　　　　　　　表6-5

工程名称		结构类型		检验批数	
施工单位		项目经理		项目技术负责人	
分包单位		分包单位负责人		分包项目经理	
序号	检验批部位、区段		施工单位检查评定结果		监理（建设）单位验收结论
1					
2					
3					
4					
5					
6					
7					
8					
9					
10					

续表

工程名称		结构类型		检验批数	
施工单位		项目经理		项目技术负责人	
分包单位		分包单位负责人		分包项目经理	
序号	检验批部位、区段		施工单位检查评定结果	监理（建设）单位验收结论	
11					
12					
13					
14					
15					
16					
17					
检查结论	项目专业技术负责人： 　　　　年　月　日			验收结论	监理工程师 （建设单位项目专业技术负责人） 　　　　年　月　日

_____分部（子分部）工程验收记录　　　　　　　　　　　表6-6

工程名称		结构类型		层数		
施工单位		技术部门负责人		质量部门负责人		
分包单位		分包单位负责人		分包技术负责人		
序号	分项工程名称	检验批数	施工单位检查评定	验收意见		
1						
2						
3						
4						
5						
6						
质量控制资料						
安全和功能检验（检测）报告						
观感质量验收						
验收单位	分包单位				项目经理	年　月　日
	施工单位				项目经理	年　月　日
	勘察单位				项目负责人	年　月　日
	设计单位				项目负责人	年　月　日
	监理（建设）单位	总监理工程师 （建设单位项目专业负责人）　　年　月　日				

单位（子单位）工程质量竣工验收记录　　　　　表 6-7

工程名称			结构类型		层数/建筑面积	
施工单位			技术负责人		开工日期	
项目经理			项目技术负责人		竣工日期	
序号	项　目		验 收 记 录		验 收 结 论	
1	分部工程		共　　分部，经查　　分部 符合标准及设计要求　　分部			
2	质量控制资料核查		共　　项，经审查符合要求　　项， 经核定符合规范要求　　项			
3	安全和主要使用功能核查及抽查结果		共核查　　项，符合要求　　项， 共抽查　　项，符合要求　　项， 经返工处理符合要求　　项			
4	观感质量验收		共抽查　　项，符合要求　　项， 不符合要求　　项			
5	综合验收结论					
参加验收单位	建设单位 （公章） 单位（项目）负责人 　　年　月　日		监理单位 （公章） 总监理工程师 　　年　月　日	施工单位 （公章） 单位负责人 　　年　月　日	设计单位 （公章） 单位（项目）负责人 　　年　月　日	

单位（子单位）工程质量控制资料核查记录　　　　　表 6-8

工程名称			施工单位		
序号	项目	资　料　名　称	份　数	核查意见	核查人
1	建筑与结构	图纸会审、设计变更、洽商记录			
2		工程定位测量、放线记录			
3		原材料出厂合格证书及进场检（试）验报告			
4		施工试验报告及见证检测报告			
5		隐蔽工程验收记录			
6		施工记录			
7		预制构件、预拌混凝土合格证			
8		地基基础、主体结构检验及抽样检测资料			
9		分项、分部工程质量验收记录			
10		工程质量事故及事故调查处理资料			
11		新材料、新工艺施工记录			
12					

续表

工程名称			施工单位			
序号	项目	资料名称		份数	核查意见	核查人
1	给排水与采暖	图纸会审、设计变更、洽商记录				
2		材料、配件出厂合格证书及进场检（试）验报告				
3		管道、设备强度试验、严密性试验记录				
4		隐蔽工程验收记录				
5		系统清洗、灌水、通水、通球试验记录				
6		施工记录				
7		分项、分部工程质量验收记录				
8						
1	建筑电气	图纸会审、设计变更、洽商记录				
2		材料、设备出厂合格证书及进场检（试）验报告				
3		设备调试记录				
4		接地、绝缘电阻测试记录				
5		隐蔽工程验收记录				
6		施工记录				
7		分项、分部工程质量验收记录				
8						
1	通风与空调	图纸会审、设计变更、洽商记录				
2		材料、设备出厂合格证书及进场检（试）验报告				
3		制冷、空调、水管道强度试验、严密性试验记录				
4		隐蔽工程验收记录				
5		制冷设备运行调试记录				
6		通风、空调系统调试记录				
7		施工记录				
8		分项、分部工程质量验收记录				
9						
1	电梯	土建布置图纸会审、设计变更、洽商记录				
2		设备出厂合格证书及开箱检验记录				
3		隐蔽工程验收记录				
4		施工记录				
5		接地、绝缘电阻测试记录				
6		负荷试验、安全装置检查记录				
7		分项、分部工程质量验收记录				
8						

续表

工程名称			施工单位			
序号	项目	资　料　名　称	份数	核查意见	核查人	
1	建筑智能化	图纸会审、设计变更、洽商记录、竣工图及设计说明				
2		材料、设备出厂合格证及技术文件及进场检（试）验报告				
3		隐蔽工程验收记录				
4		系统功能测定及设备调试记录				
5		系统技术、操作和维护手册				
6		系统管理、操作人员培训记录				
7		系统检测报告				
8		分项、分部工程质量验收报告				

结论：

施工单位项目经理　　　　　　　　　　　总监理工程师
　　　　　　　　　　　　　　　　　　（建设单位项目负责人）
　　年　月　日　　　　　　　　　　　　　　年　月　日

单位（子单位）工程安全和功能检验资料核查及主要功能抽查记录　　表6-9

工程名称			施工单位			
序号	项目	安全和功能检查项目	份数	核查意见	抽查结果	核查（抽查）人
1	建筑与结构	屋面淋水试验记录				
2		地下室防水效果检查记录				
3		有防水要求的地面蓄水试验记录				
4		建筑物垂直度、标高、全高测量记录				
5		抽气（风）道检查记录				
6		幕墙及外窗气密性、水密性、耐风压检测报告				
7		建筑物沉降观测测量记录				
8		节能、保温测试记录				
9		室内环境检测报告				
10						
1	给排水与采暖	给水管道通水试验记录				
2		暖气管道、散热器压力试验记录				
3		卫生器具满水试验记录				
4		消防管道、燃气管道压力试验记录				
5		排水干管通球试验记录				
6						

续表

工程名称			施工单位				
序号	项目	安全和功能检查项目	份数	核查意见	抽查结果	核查（抽查）人	
1	电气	照明全负荷试验记录					
2		大型灯具牢固性试验记录					
3		避雷接地电阻测试记录					
4		线路、插座、开关接地检测记录					
5							
1	通风与空调	通风、空调系统试运行记录					
2		风量、温度测试记录					
3		洁净室洁净度测试记录					
4		制冷机组试运行调试记录					
5							
1	电梯	电梯运行记录					
2		电梯安全装置检测报告					
1	智能建筑	系统试运行记录					
2		系统电源及接地检测报告					
3							

结论：

施工单位项目经理　　年　月　日　　总监理工程师（建设单位项目负责人）　年　月　日

注：抽查项目由验收组协商确定。

单位（子单位）工程观感质量检查记录　　表6-10

工程名称		施工单位				
序号	项　目	抽查质量状况		质量评价		
				好	一般	差
1	建筑与结构	室外墙面				
2		变形缝				
3		水落管、屋面				
4		室内墙面				
5		室内顶棚				
6		室内地面				
7		楼梯、踏步、护栏				
8		门窗				

续表

工程名称			施工单位						
序号	项	目	抽查质量状况				质量评价		
							好	一般	差
1	给水排水与采暖	管道接口、坡度、支架							
2		卫生器具、支架、阀门							
3		检查口、扫除口、地漏							
4		散热器、支架							
1	建筑电气	配电箱、盘、板、接线盒							
2		设备器具、开关、插座							
3		防雷、接地							
1	通风与空调	风管、支架							
2		风口、风阀							
3		风机、空调设备							
4		阀门、支架							
5		水泵、冷却塔							
6		绝热							
1	电梯	运行、平层、开关门							
2		层门、信号系统							
3		机房							
1	智能建筑	机房设备安装及布局							
2		现场设备安装							
3									
		观感质量综合评价							
检查结论									
		施工单位项目经理　年　月　日	总监理工程师(建设单位项目负责人)　年　月　日						

注：质量评价为差的项目，应进行返修。

四、检验批的质量验收

1. 验收规范

检验批的验收是每个分项工程验收的基础工作。对检验批质量是否合格的判定标准主要是国家颁布的各项专业工程验收规范。各专业的验收规范具体包括：

①《建筑地基基础工程施工质量验收规范》(GB 50202—2002)；

②《砌体工程施工质量验收规范》(GB 50203—2002)；

③《混凝土结构工程施工质量验收规范》(GB 50204—2002)；

④《钢结构工程施工质量验收规范》(GB 50205—2001)；

⑤《本结构工程施工质量验收规范》(GB 50206—2002);
⑥《屋面工程质量验收规范》(GB 50207—2002);
⑦《地下防水工程质量验收规范》(GB 50208—2002);
⑧《建筑地面工程施工质量验收规范》(GB 50209—2002);
⑨《建筑装饰装修工程质量验收规范》(GB 50210—2001);
⑩《建筑给水排水及采暖工程施工质量验收规范》(GB 50242—2002);
⑪《通风与空调工程施工质量验收规范》(GB 50243—2002);
⑫《建筑电气工程施工质量验收规范》(GB 50303—2002);
⑬《电梯工程施工质量验收规范》(GB 50310—2002);
⑭《智能建筑工程质量验收规范》(GB 50339—2003)。

2. 验收方法

检验批的质量按主控项目和一般项目验收。主控项目是指对安全、卫生、环境保护和公众利益起决定性作用的检验项目。一般项目是指除主控项目以外的检验项目。在各专业验收规范中对不同分项工程的主控项目和一般项目都有明确规定,下面通过实例说明。

【案例 6-2】 某五层钢筋混凝土现浇梁板及框架结构工业厂房主体结构混凝土分项验收。该厂房因较长,中部设有后浇带。施工组织以后浇带两侧各为一个施工段,组织流水作业施工,每段、每层的混凝土柱和梁板混凝土分两次分别浇筑。第1~3层框架柱的混凝土强度等级为C40,第4~5层为C30,全部框架梁及现浇楼板的混凝土强度等级均为C25。

由上综合可知,该厂房主体结构混凝土分项每层按分开浇筑的柱和梁板应划分成两个检验批。同时每层又按两个流水施工段作业,每段混凝土是先后错开几天分别浇筑的,又应划分成两个检验批,则每层楼有4个检验批,五层共计混凝土分项的检验批为20个。此例中混凝土的强度等级不同没有影响到检验批的划分。如果每层每段中梁的强度等级与板的强度等级不同,则又要划分成两个检验批。柱的强度等级1~3层和4~5层虽不同,但已按楼层划分了检验批。

按照专业验收规范《混凝土结构工程施工质量验收规范》(GB 50204—2002)中混凝土分项验收要求:

(1) 原材料

1) 主控项目

①水泥进场时应对其品种、级别、包装或散装仓号、出厂日期等进行检查,并应对其强度、安定性及其他必要的性能指标进行复验,其质量必须符合现行国家标准规定。

检查方法:检查产品合格证、出厂检验报告和进场复验报告。

②混凝土中掺用外加剂的质量及应用技术应符合国家标准和有关环境保护的规定。

检查方法:检查产品合格证、出厂检验报告和进场复验报告。

③混凝土中氯化物和碱的总含量应符合国家标准《混凝土结构设计规范》要求。

检验方法:检查原材料试验报告和氯化物、碱的总含量计算书。

2) 一般项目

①混凝土中掺用矿物掺合料的质量应符合现行国家标准《用于水泥和混凝土中的粉煤灰》(GB 1596)等的规定。

检查方法:检查出厂合格证和进场复验报告。

②普通混凝土所用的粗、细骨料的质量应符合国家现行标准。

检查方法：检查进场复验报告。

③拌制混凝土宜采用饮用水；当采用其他水源时，水质应符合国家现行标准规定。

检查方法：检查水质试验报告。

(2) 配合比设计

1) 主控项目

混凝土应按国家现行标准《普通混凝土配合比设计规程》，根据混凝土强度等级、耐久性和工作性等要求进行配合比设计。

检验方法：检查配合比设计资料。

2) 一般项目

①首次使用的混凝土配合比应进行开盘鉴定，其工作性应满足设计配合比要求。开始生产时应至少留置一组标准养护试件，作为验证配合比的依据。

检验方法：检查开盘鉴定资料和试件强度试验报告。

②混凝土拌制前，应测定砂、石含水率，提出施工配合比。

检验方法：检查含水率测试结果和施工配合比通知单。

(3) 混凝土施工

1) 主控项目

①结构混凝土的强度等级必须符合设计要求。用于检查结构构件混凝土强度的试件，应在混凝土的浇筑地点随机抽取，并符合有关取样规定。

检验方法：检查施工记录及试件强度试验报告。

②对有抗渗要求的混凝土结构，其混凝土试件应在浇筑地点随机取样。同一工程，同一配比的混凝土取样不应少于一次，留置组数视需要确定。

检验方法：检查试件抗渗试验报告。

③混凝土原材料每盘称量偏差符合以下规定：

水泥、掺合料：±2%，粗、细骨料：±3%；水、外加剂：±2%。

检验方法：复称。

④混凝土运输、浇筑及间歇的全部时间不应超过混凝土的初凝时间。同一施工段的混凝土应迅速浇筑，并应在底层初凝之前将上一层浇筑完毕。

检验方法：观察、检查施工记录。

2) 一般项目

①施工缝的位置及处理方法应在混凝土浇筑前按设计要求和施工技术方案确定。

检验方法：观察、检查施工记录。

②后浇带的留置位置及处理方法应按设计要求和施工技术方案确定。

检验方法：观察、检查施工记录。

③混凝土浇筑完毕后，应按施工技术方案及时采取有效的养护措施。

检验方法：观察、检查施工记录。

五、工程质量验收不符合要求的处理

验收中对达不到规范要求的应按下列规定处理：

(1) 经返工重做或更换器具、设备的检验批，应重新进行验收。

(2) 经有资质的检测单位检测鉴定能够达到设计要求的检验批，应予以验收。

(3) 经有资质的检测单位检测鉴定达不到设计要求，但经原设计单位核算认可能够满足结构安全和使用功能的检验批，可予以验收。

(4) 经返修或加固处理的分项、分部工程，虽然改变外形尺寸但仍能满足安全使用要求，可按技术处理方案和协商文件进行验收。

通过返修或加固处理仍然不能满足安全使用的严禁验收。

六、验收程序和组织

工程施工质量验收分别按以下程序和组织进行：

(1) 检验批及分项工程由专业监理工程师组织施工单位项目专业质量（技术）负责人等进行验收。

(2) 分部工程由总监理工程师组织施工单位项目负责人和技术、质量负责人等进行验收；地基与基础、主体结构分部工程的勘察、设计单位工程项目负责人和施工单位技术、质量部门负责人也应参加相关分部工程验收。

(3) 单位工程完工后，施工单位应自行组织有关人员进行检查评定，并向建设单位提交工程验收报告。

(4) 建设单位收到工程验收报告后，应由建设单位（项目）负责人组织施工（含分包单位）、设计、监理等单位负责人进行单位（子单位）工程验收。

(5) 单位工程有分包单位施工时，分包单位对所承包的工程项目按规定程序检查评定，总包单位应派人参加。分包工程完成后，应将工程资料交总包单位。

(6) 当参加验收各方对工程质量验收意见不一致时，可请当地建设行政主管部门或工程质量监督机构协调处理。

(7) 单位工程质量验收合格后，建设单位应在15日内将工程竣工验收报告和有关文件，报建设行政管理部门备案。工程质量监督机构应当在工程竣工验收之日起5日内，向备案机关提交工程质量监督报告。

第六节 建筑节能分部工程施工质量验收

本节主要按照2007年10月1日开始实施的《建筑节能工程施工质量验收规范》（GB 50411—2007）的有关规定，介绍建筑节能工程施工质量验收标准和方法。规范规定，建筑节能工程作为建筑工程施工质量统一验收中新增的一个独立分部，验收资料需单独归类建档。

一、建筑节能概述

节约能源是我国一项长远的战略方针，国家对节能工作十分重视，到2020年，我国要以能源翻一番实现经济翻两番。节约能源几乎涉及国民经济和社会生活的各个领域，建筑能耗系指建筑在使用过程中的能耗，主要包括采暖、通风、空调、照明、炊事燃料、家用电器和热水供应等能耗，其中以采暖和空调为主。

建筑能耗是全国能耗消费的大户，约占全国能耗消费总量的30%左右。建筑能耗高的主要原因有三个：

(1) 围护结构保温不良；

(2) 供热系统效率不高,各输配环节热量损失严重;

(3) 热源效率不高,大量小型燃煤锅炉效率低下。

面对能耗巨大的严峻事实,加强建筑节能管理刻不容缓。我国的建筑节能目标,从2005年起新建采暖居住建筑应在1980~1981年当地通用设计标准能耗水平的基础上节能65%。

建筑节能一方面是严格控制新建建筑按照节能标准设计和施工,另一方面是加强对既有建筑进行建筑节能改造。

建筑节能是一项系统性综合工程,包括:

(1) 合理规划、精心设计

优化建筑平面布局、合理选择朝向、适当降低窗墙面积比、适当降低建筑物体形系数、增强屋顶遮阳、外墙遮阳、窗户外遮阳,以减少太阳辐射;加强自然通风等措施。

(2) 增强建筑围护结构的保温隔热能力

围护结构是指建筑物及房间各面的围挡物,如墙体、屋顶、门窗、楼板和地面等。建筑物35%热量从墙体散发,如采用隔热材料,增加保温层,节能效果就很明显。建筑物30%的热量从窗户散失。如果选用双层玻璃,中间再充上惰性气体,就可在一定程度上阻断热量散发。

(3) 加强太阳能、风能、地热等可再生能源开发利用

当前在建筑上可利用的再生能源主要是太阳能,一是太阳能热水器;二是太阳能光伏发电。少数建筑已开始利用风力发电和地源热工程等。

我国具有丰富的太阳能资源,太阳能热水系统与建筑一体化是今后的必然趋势。必须与建筑同步设计,同步施工,同步竣工。设计与施工,应妥善解决太阳能集热器的摆放和安装问题,确保建筑物的承重、防水等功能不受影响,并充分考虑太阳能集热器承重、抗风雪冰雹等的能力。

(4) 选用节能型用能系统,包括供热、供冷的热源、输送管道节能等

建筑节能工程发展很快,不少工艺技术还不太成熟,特别是建筑围护结构保温隔热施工质量难以控制,对围护结构的耐久性质量影响很大。因此,加强对建筑节能工程施工质量监理十分重要。

二、《建筑节能工程施工质量验收规范》(GB 50411—2007)

国家标准《建筑节能工程施工质量验收规范》(以下简称《规范》)是依据国家现行法律法规和相关标准,总结了近年来我国建筑工程中节能工程的设计、施工、验收和运行管理方面的实践经验和研究成果,借鉴了国际先进经验和做法,充分考虑了我国现阶段建筑节能工程的实际情况,突出了验收中的基本要求和重点,是第一部涉及多专业、以达到建筑节能设计要求为目标的施工验收规范。

1. 《规范》的主要内容

《规范》共15章,3个附录,共244条。其中强制性条文20条,涉及结构、人身安全、环保、节能功能方面。《规范》每章分为一般规定、主控项目、一般项目。一般规定共100条,主控项目共101条,一般项目共43条。

《规范》15章分别为:(1)总则;(2)术语;(3)基本规定;(4)墙体节能工程;(5)幕墙节能工程;(6)门窗节能工程;(7)屋面节能工程;(8)地面节能工程;(9)采暖节能

工程；(10)通风与空调节能工程；(11)空调与采暖系统冷热源及管网节能工程；(12)配电与照明节能工程；(13)监测与控制节能工程；(14)建筑节能工程现场检验；(15)建筑节能分部工程质量验收。

《规范》还包括三个附录：

附录 A：建筑节能工程进场材料和设备的复验项目；

附录 B：建筑节能分部、分项工程和检验批的质量验收表；

附录 C：外墙节能构造钻芯检验方法。

2.《规范》的主要特点

(1) 将建筑节能工程作为一个完整的分部工程纳入建筑工程验收体系，使涉及建筑工程中节能的设计、施工、验收和管理等多个方面的技术要求有法可依，形成从设计到施工和验收的闭合循环，使建筑节能工程质量得到控制。

(2) 规定对进场材料和设备的质量证明文件进行核查，并对各专业主要节能材料和设备在施工现场抽样复验，复验为见证取样送检。

(3) 推出工程验收前对外墙节能构造现场实体检验，严寒、寒冷和夏热冬冷地区的外窗气密性现场实体检验和建筑设备工程系统节能性能检测。

(4) 突出了以工程施工过程控制为基础，以现场检验为辅助，以实现节能功能和性能要求为目标的验收，起到了对建筑节能工程质量控制和验收的作用。

(5)《规范》有20条强制性条文。作为工程建设标准的强制性条文，必须严格执行，这些强制性条文既涉及过程控制，又有建筑设备专业的调试和检测，是建筑节能工程验收的重点。

三、建筑节能分部工程质量验收

建筑节能分部工程质量验收除应执行《规范》外，尚应执行《建筑工程施工质量验收统一标准》、各专业工程施工质量验收规范和国家现行有关标准的规定。

(一) 建筑节能分项工程和检验批的划分

分项工程和检验批的划分，应符合下列规定：

(1) 建筑节能分项工程应按照表6-11划分。

建筑节能分项工程划分 表6-11

序号	分项工程	主 要 验 收 内 容
1	墙体节能工程	主体结构基层；保温材料；饰面层等
2	幕墙节能工程	主体结构基层；隔热材料；保温材料；隔汽层；幕墙玻璃；单元式幕墙板块，通风换气系统；遮阳设施；冷凝水收集排放系统等
3	门窗节能工程	门；窗；玻璃；遮阳设施等
4	屋面节能工程	基层；保温隔热层；保护层；防水层；面层等
5	地面节能工程	基层；保温层；保护层；面层等
6	采暖节能工程	系统制式；散热器；阀门与仪表；热力入口装置；保温材料；调试等
7	通风与空气调节节能工程	系统制式；通风与空调设备；阀门与仪表；绝热材料；调试等
8	空调与采暖系统的冷热源及管网节能工程	系统制式；冷热源设备；辅助设备；管网；阀门与仪表；绝热、保温材料；调试等

(2)建筑节能工程应按照分项工程进行验收。当建筑节能分项工程的工程量较大时，可以将分项工程划分为若干个检验批进行验收。

检验批如何划分，《规范》有相应规定。以门窗节能工程分项为例，《规范》6.1.4条规定，建筑外门窗工程的检验批应按下列规定划分：

①同一厂家的同一品种、类型和规格的门窗及门窗玻璃每100樘划分为一个检验批，不足100樘也为一个检验批。

②同一厂家的同一品种、类型和规格的特种门每50樘划分为一个检验批，不足50樘也为一个检验批。

③对于异形或有特殊要求的门窗，检验批的划分应根据其特点和数量，由监理（建设）单位和施工单位协商确定。

(3)当建筑节能工程验收无法按照上述要求划分分项工程或检验批时，可由建设、监理、施工等各方协商进行划分。但验收项目、验收内容、验收标准和验收记录均应遵守本《规范》的规定。

(4)建筑节能分项工程和检验批的验收应单独填写验收记录，节能验收资料应单独组卷。

每个检验批检查数量，以门窗节能工程分项为例，《规范》6.1.5条规定，建筑外门窗工程的检查数量应符合下列规定：

①建筑门窗每个检验批应抽查5%，并不少于3樘，不足3樘时应全数检查；高层建筑的外窗，每个检验批应抽查10%，并不少于6樘，不足6樘时应全数检查。

②特种门每个检验批应抽查50%，并不少于10樘，不足10樘时应全数检查。

（二）建筑节能工程验收的程序和组织

应遵守《建筑工程施工质量验收统一标准》(GB 50300—2001)的要求，并应符合下列规定：

(1)节能工程的检验批验收和隐蔽工程验收应由监理工程师主持，施工单位相关专业的质量检查员与施工员参加；

(2)节能分项工程验收应由监理工程师主持，施工单位项目技术负责人和相关专业的质量检查员、施工员参加；必要时可邀请设计单位相关专业的人员参加；

(3)节能分部工程验收应由总监理工程师（建设单位项目负责人）主持，施工单位项目经理、项目技术负责人和相关专业的质量检查员、施工员参加；施工单位的质量或技术负责人应参加；设计单位节能设计人员应参加。

（三）建筑节能分部工程的质量验收

建筑节能分部工程的质量验收，应在检验批、分项工程全部验收合格的基础上，进行外墙节能构造实体检验，严寒、寒冷和夏热冬冷地区的外窗气密性现场检测，以及系统节能性能检测和系统联合试运转与调试，确认建筑节能工程质量达到验收条件后方可进行。质量验收贯穿于节能分部包含的每个分项工程以及每个分项工程包含的检验批。

1. 建筑节能工程的检验批质量验收

检验批质量验收合格，应符合下列规定：

(1)检验批应按主控项目和一般项目验收；

(2)主控项目应全部合格；

（3）一般项目应合格，当采用计数检验时，至少应有 90 ％以上的检查点合格，且其余检查点不得有严重缺陷；

（4）应具有完整的施工操作依据和质量验收记录。

检验批质量验收具体要求，以门窗节能工程分项为例，《规范》6.2～6.3 相应条款及规定如下：

6.2 主控项目

6.2.1 建筑外门窗的品种、规格应符合设计要求和相关标准的规定。

检验方法：观察、尺量检查；核查质量证明文件。

检查数量：按本规范第 6.1.5 条执行；质量证明文件应按照其出厂检验批进行核查。

6.2.2 建筑外窗的气密性、保温性能、中空玻璃露点、玻璃遮阳系数和可见光透射比应符合设计要求。

检验方法：核查质量证明文件和复验报告。

检查数量：全数核查。

6.2.3 建筑外窗进入施工现场时，应按地区类别对其下列性能进行复验，复验应为见证取样送检：

（1）严寒、寒冷地区：气密性、传热系数和中空玻璃露点；

（2）夏热冬冷地区：气密性、传热系数、玻璃遮阳系数、可见光透射比、中空玻璃露点；

（3）夏热冬暖地区：气密性、玻璃遮阳系数、可见光透射比、中空玻璃露点。

检验方法：随机抽样送检；核查复验报告。

检查数量：同一厂家同一品种同一类型的产品各抽查不少于3樘（件）。

6.2.4 建筑门窗采用的玻璃品种应符合设计要求。中空玻璃应采用双道密封。

检验方法：观察检查；核查质量证明文件。

检查数量：按本规范第 6.1.5 条执行。

6.2.5 金属外门窗隔断热桥措施应符合设计要求和产品标准的规定，金属副框的隔断热桥措施应与门窗框的隔断热桥措施相当。

检验方法：随机抽样，对照产品设计图纸，剖开或拆开检查。

检查数量：同一厂家同一品种、类型的产品各抽查不少于1樘。金属副框的隔断热桥措施按检验批抽查 30％。

6.2.6 严寒、寒冷、夏热冬冷地区的建筑外窗，应对其气密性做现场实体检验，检测结果应满足设计要求。

检验方法：随机抽样现场检验。

检查数量：同一厂家同一品种、类型的产品各抽查不少于3樘。

6.2.7 外门窗框或副框与洞口之间的间隙应采用弹性闭孔材料填充饱满，并使用密封胶密封；外门窗框与副框之间的缝隙应使用密封胶密封。

检验方法：观察检查；核查隐蔽工程验收记录。

检查数量：全数检查。

6.2.8 严寒、寒冷地区的外门安装，应按照设计要求采取保温、密封等节能措施。

检验方法：观察检查。

检查数量：全数检查。

6.2.9 外窗遮阳设施的性能、尺寸应符合设计和产品标准要求；遮阳设施的安装应位置正确、牢固，满足安全和使用功能的要求。

检验方法：核查质量证明文件；观察、尺量、手扳检查。

检查数量：按本规范第 6.1.5 条执行；安装牢固程度全数检查。

6.2.10 特种门的性能应符合设计和产品标准要求；特种门安装中的节能措施，应符合设计要求。

检验方法：核查质量证明文件；观察、尺量检查。

检查数量：全数检查。

6.2.11 天窗安装的位置、坡度应正确，封闭严密，嵌缝处不得渗漏。

检验方法：观察、尺量检查；淋水检查。

检查数量：按本规范第6.1.5条执行。

6.3 一般项目

6.3.1 门窗扇密封条和玻璃镶嵌的密封条，其物理性能应符合相关标准的规定。密封条安装位置应正确，镶嵌牢固，不得脱槽，接头处不得开裂。关闭门窗时密封条应接触严密。

检验方法：观察检查。

检查数量：全数检查。

6.3.2 门窗镀（贴）膜玻璃的安装方向应正确，中空玻璃的均压管应密封处理。

检验方法：观察检查。

检查数量：全数检查。

6.3.3 外门窗遮阳设施调节应灵活，能调节到位。

检验方法：现场调节试验检查。

检查数量：全数检查。

2. 建筑节能分项工程质量验收

分项工程质量验收合格，应符合下列规定：

（1）分项工程所含的检验批均应合格；

（2）分项工程所含检验批的质量验收记录应完整。

3. 建筑节能分部工程质量验收

分部工程质量验收合格，应符合下列规定：

（1）分项工程应全部合格；

（2）质量控制资料应完整；

（3）外墙节能构造现场实体检验结果应符合设计要求；

（4）严寒、寒冷和夏热冬冷地区的外窗气密性现场实体检测结果应合格；

（5）建筑设备工程系统节能性能检测结果应合格。

4. 建筑节能工程验收资料核查

验收时应对下列资料核查，并纳入竣工技术档案：

（1）设计文件、图纸会审记录、设计变更和洽商；

（2）主要材料、设备和构件的质量证明文件、进场检验记录、进场核查记录、进场复验报告、见证试验报告；

（3）隐蔽工程验收记录和相关图像资料；

（4）分项工程质量验收记录；必要时应核查检验批验收记录；

（5）建筑围护结构节能构造现场实体检验记录；

（6）严寒、寒冷和夏热冬冷地区外窗气密性现场检测报告；

（7）风管及系统严密性检验记录；

（8）现场组装的组合式空调机组的漏风量测试记录；

（9）设备单机试运转及调试记录；

(10) 系统联合试运转及调试记录；

(11) 系统节能性能检验报告；

(12) 其他对工程质量有影响的重要技术资料。

按照《规范》要求，建筑节能分部工程质量验收用表见表6-12。

建筑节能分部工程质量验收表　　　　表6-12

工程名称			结构类型		层数	
施工单位			技术部门负责人		质量部门负责人	
分包单位			分包单位负责人		分包技术负责人	
序号		分项工程名称	验收结论		监理工程师签字	备注
1		墙体节能工程				
2		幕墙节能工程				
3		门窗节能工程				
4		屋面节能工程				
5		地面节能工程				
6		采暖节能工程				
7		通风与空调节能工程				
8		空调与采暖系统冷热源及管网节能工程				
9		配电与照明节能工程				
10		监测与控制节能工程				
质量控制资料						
外墙节能构造现场实体检验						
外窗气密性现场实体检测						
系统节能性能检测						
验收结论						
其他参加验收人员：						
验收单位	分包单位		项目经理		年 月 日	
	施工单位		项目经理		年 月 日	
	设计单位		项目负责人		年 月 日	
	监理（建设）单位：		总监理工程师 （建设单位项目负责人）		年 月 日	

思 考 题

1. 何谓建设工程项目的质量？从业主（用户）的角度、工程质量验收的角度、企业管理的角度对质量的含义有什么侧重？

2. 工程质量的控制涉及哪些部门或单位？其作用有什么不同？

3. 工程质量监督站对工程质量的监督与监理对质量的控制二者有什么不同？

4. 设计质量对工程项目质量的影响主要体现在哪些方面？

5. 施工准备阶段监理对质量控制的主要工作有哪些？

6. 施工阶段总监理工程师在哪些情况下可以签发工程暂停令？
7. 竣工阶段总监理工程师对质量控制的主要工作有哪些？
8. 监理对施工新技术方案的审查要求有哪些？
9. 什么是质量缺陷？什么是质量问题和质量事故？
10. 什么是工程一般事故？什么是工程重大事故？重大事故分几级？标准是什么？
11. 工程质量事故处理程序包含哪些基本环节？
12. 建筑工程施工质量验收如何划分？
13. 什么是检验批？检验批的划分应注意什么？检验批验收依据是什么？
14. 什么是分项工程的主控项目和一般项目？
15. 工程质量验收不符合要求的应如何处理？有哪些应遵守的规定？
16. 施工质量验收应按什么程序和组织进行？
17. 建筑能耗包括哪些能耗？建筑能耗高的主要原因有哪些方面？
18. 当前建筑节能从哪些方面进行？
19. 建筑节能工程验收规范要求进行哪些现场实体检验和系统节能性能检测？为什么？
20. 建筑节能工程为什么要作为一个独立分部验收？分部验收主要包括哪些要求？

第七章 建设工程安全监理

自 2004 年 2 月 1 日起施行的《建设工程安全生产管理条例》第四条规定："建设单位、勘察单位、设计单位、施工单位、工程监理单位及其他与建设工程安全生产有关的单位，必须遵守安全生产法律、法规的规定，保证建设工程安全生产，依法承担建设工程安全生产责任。"以及第十四条："工程监理单位和监理工程师应当按照法律、法规和工程建设强制性标准实施监理，并对建设工程安全生产承担监理责任。"明确了工程监理单位和监理工程师的安全监理责任。

第一节 安全监理的方针与责任

一、安全监理的定义

安全监理是指工程监理企业接受建设单位的委托和授权，依据国家现行有关法律、法规和工程建设强制性标准文件以及委托监理合同，在所监理的工程中落实安全生产监理责任所开展的活动。

安全监理要求工程监理企业对工程建设中的人、机、物、环境及施工全过程的安全生产进行监督管理，并采取组织措施、技术措施、经济措施和合同措施，监督管理施工单位的建设行为符合国家安全生产、劳动保护法律、法规和有关政策，将建设工程安全风险有效地控制在允许的范围内，以确保施工安全。

建设单位对安全监理工作有特殊要求的，应在委托监理合同中约定。

施工单位应对建设工程项目施工现场安全生产负责，工程监理单位和监理工程师的安全监理不得代替施工单位的安全生产管理。

二、安全监理的方针

《建设工程安全生产管理条例》第三条规定："建设工程安全生产管理，坚持安全第一、预防为主的方针。"

三、安全监理的责任

《建设工程安全生产管理条例》第十四条规定："工程监理单位应当审查施工组织设计中的安全技术措施或者专项施工方案是否符合工程建设强制性标准。工程监理单位在实施监理过程中，发现存在安全事故隐患的，应当要求施工单位整改；情况严重的，应当要求施工单位暂时停止施工，并及时报告建设单位。施工单位拒不整改或者不停止施工的，工程监理单位应当及时向有关主管部门报告。"

《建设工程安全生产管理条例》第五十七条规定：违反本条例的规定，工程监理单位有下列行为之一的，责令限期改正；逾期未改正的，责令停业整顿，并处 10 万元以上 30 万元以下的罚款；情节严重的，降低资质等级，直至吊销资质证书；造成重大安全事故，构成犯罪的，对直接责任人员，依照刑法有关规定追究刑事责任；造成损失的，依法承担赔偿责任：
（1）未对施工组织设计中的安全技术措施或者专项施工方案进行审查的；
（2）发现安全事故隐患未及时要求施工单位整改或者暂时停止施工的；
（3）施工单位拒不整改或者不停止施工，未及时向有关主管部门报告的；
（4）未依照法律、法规和工程建设强制性标准实施监理的。

《关于落实建设工程安全生产监理责任的若干意见》（建市［2006］248号）规定："施工组织设计中的安全技术措施或专项施工方案未经监理单位审查签字认可，施工单位擅自施工的，监理单位应及时下达工程暂停令，并将情况及时书面报告建设单位。监理单位未及时下达工程暂停令并报告的，应承担《建设工程安全生产条例》第五十七条规定的法律责任。"以及"监理单位履行了上述规定的职责，施工单位未执行监理指令继续施工或发生安全事故的，应依法追究监理单位以外的其他相关单位和人员的法律责任。"

工程监理单位法定代表人应对本企业监理的工程项目落实安全生产监理责任全面负责。工程监理单位技术负责人应负责审批项目监理机构的安全监理方案，指导总监理工程师审查施工工艺复杂、技术难度大的专项施工方案。

项目监理机构应负责工程项目现场安全监理工作的实施。

项目监理机构应配置专职安全监理人员。安全监理人员是指经安全监理业务知识教育培训合格，持证上岗，负责项目监理机构日常安全监理工作实施的专业监理工程师或监理员。

项目监理机构应配备必要的安全生产法规、标准及安全技术文件、工作防护设备、设施和常用检测工具。

第二节 安全监理工作程序与内容

一、安全监理工作程序

（一）安全监理准备阶段

项目监理机构应进行安全监理策划，即编制安全监理规划和安全监理细则。

项目监理机构应调查了解和熟悉施工现场及周边环境情况。

项目监理机构宜将《建设工程安全生产管理条例》中建设单位的安全责任和有关事宜告知建设单位。

（二）施工准备阶段

项目监理机构审查核验施工单位提交的有关安全技术文件及资料，并由总监理工程师在有关安全技术文件报审表上签署意见；审查未通过的，安全技术措施及专项施工方案不得实施。

（三）施工阶段

项目监理机构应按安全监理规划和安全监理细则的要求，进行巡视检查，必要时下达整改令或工程暂停令并同时报告建设单位，组织或协助建设单位开展安全检查，安全监理情况记载，核查安全设施等验收记录等。

（四）竣工验收阶段

项目监理机构应将有关安全生产的技术文件、验收记录、监理规划、监理实施细则、监理月报、监理会议纪要及相关书面通知等按规定立卷归档。

安全监理工作流程示意图见图7-1。

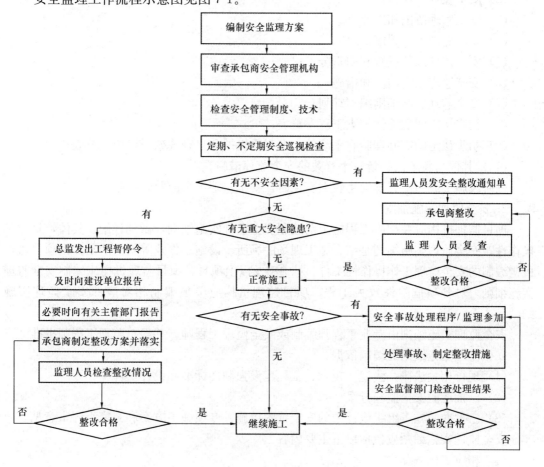

图7-1 安全监理工作流程图

二、安全监理工作内容

（一）安全监理策划

1. 安全监理方案

项目监理机构应根据《建设工程安全生产管理条例》的规定，按照工程建设强制性标准、《建设工程监理规范》和相关行业监理规范的要求，编制包括安全监理内容的项目监理规划（以下称为安全监理方案），以指导项目监理机构开展安全监理工作。

安全监理方案应具有针对性和指导性，应根据现行法律、法规、规章、委托监理合同、设计文件、工程项目特点等编制。此外，项目监理机构应调查了解和熟悉施工现场及周边环境情况，结合施工现场实际情况编制安全监理方案。

安全监理方案由总监理工程师主持、安全监理人员和专业工程师参与编制，并经工程监理单位技术负责人批准。

安全监理方案是监理规划的重要组成部分，应与监理规划同步编制完成，必要时可以单独编制。监理规划的内容构成详见第十章，以下仅介绍单独编写的安全监理方案的主要内容：

(1) 安全监理工作依据；

(2) 安全监理工作目标；

(3) 安全监理范围和内容；

(4) 安全监理工作程序；

(5) 安全监理岗位设置和职责分工；

(6) 安全监理工作制度和措施；

(7) 安全监理实施细则编写计划；

(8) 初步认定的危险性较大工程一览表；

(9) 初步认定的需办理验收手续的大型起重机械和自升式架设设施一览表；

(10) 其他与新工艺、新技术有关的安全监理措施。

分阶段施工或施工方案发生较大变化时，安全监理方案应及时调整。

2. 安全监理实施细则

项目监理机构应在相应工程施工前编制安全监理实施细则，做到详细、具体，且有可操作性。安全监理实施细则是结合施工现场的场所、设施、作业等安全活动，由项目监理机构编制的安全监理工作操作性文件。对中型及以上项目，项目监理机构应编制安全监理实施细则。对各项危险性较大工程，项目监理机构应单独编制相对应的安全监理实施细则。

安全监理实施细则由专业工程师编制或安全监理工程师，并经总监理工程师批准。

安全监理实施细则的编制依据：

(1) 现行相关法律、法规、规章、工程建设强制性标准和设计文件；

(2) 已批准的安全监理方案；

(3) 已批准的施工组织设计中的安全技术措施、专项施工方案和专家组评审意见。

安全监理实施细则应包括以下主要内容：

(1) 相应工程概况；

(2) 相关的强制性标准要求；

(3) 安全监理控制要点、检查方法、频率和措施；

(4) 监理人员工作安排及分工；

(5) 检查记录表；

(6) 对施工单位相应安全技术措施（或专项施工方案）的检查方案。

安全监理实施细则的编制人应对相关监理人员进行交底，并根据工程项目实际情况及时进行修订、补充和完善。

3. 安全监理工作制度

工程监理单位应建立以下安全监理工作制度，并督促检查项目监理机构落实情况：

(1) 审查核验制度；

(2) 检查验收制度；

(3) 督促整改制度；

(4) 工地例会制度；

(5) 报告制度；

(6) 教育培训制度；

(7) 资料管理与归档制度；

(8) 其他为落实安全监理责任，做好安全监理工作必需的制度。

4. 安全监理岗位职责

(1) 总监理工程师应履行以下安全监理工作职责：

1) 全面负责项目监理机构的安全监理工作；

2) 确立项目监理机构安全监理岗位设置，明确各岗位监理人员的安全监理职责；

3) 检查项目监理机构安全监理工作制度落实情况；

4) 主持编制安全监理方案，审批安全监理实施细则；

5) 主持编写安全监理工作月报，安全监理专题报告和安全监理工作总结；

6) 主持审查施工单位的资质证书、安全生产许可证；

7) 主持审查施工组织设计中的安全技术措施、专项施工方案和应急救援措施；

8) 组织审核施工单位安全防护、文明施工措施费用的使用情况；

9) 组织核查大型起重机械和自升式架设设施的验收手续；

10) 组织核准施工单位安全质量标准化达标工地考核评分；

11) 签发工程暂停令，并同时报告建设单位；

12) 负责向本单位负责人报告施工现场安全事故。

(2) 总监理工程师代表应履行以下安全监理工作职责：

1) 总监理工程师可将部分安全监理工作向总监理工程师代表授权；

2) 总监理工程师安全监理工作职责中的第1)～5)款、第7)款及第11)款不得委托总监理工程师代表。

(3) 安全监理人员应履行以下主要安全监理工作职责：

1) 在总监理工程师领导下，负责项目监理机构日常安全监理工作的实施；

2) 参与编制安全监理方案和安全监理实施细则；

3) 负责审查施工单位的资质证书、安全生产许可证、两类人员证书、特种作业人员操作证，检查施工单位工程项目安全生产规章制度、安全管理机构的建立情况，参与审查施工组织设计中的安全技术措施、专项施工方案和应急救援预案；

4) 负责审查施工单位上报的危险性较大的工程清单和需经项目监理机构核查的大型起重机械和自升式架设设施清单，核查大型起重机械和自升式架设设施的验收手续；

5) 核准施工单位安全质量标准化达标工地考核评分；

6) 协助审核施工单位安全防护、文明施工措施费用的使用情况；

7) 负责抽查施工单位安全生产自查情况，参加建设单位组织的安全生产专项检查；

8) 巡视检查施工现场安全状况，参与专项施工方案实施情况的定期巡视检查，发现安全事故隐患及时报告总监理工程师并参与处理；

9) 填写监理日记中的安全监理工作记录，参与编写安全监理工作月报；

10) 管理安全监理资料、台账；

11) 协助总监理工程师处理施工现场安全事故中涉及监理的工作。

(4) 专业监理工程师应履行以下主要安全监理工作职责：

1) 在总监理工程师领导下，参与项目监理机构的安全监理工作；

2) 负责编制安全监理实施细则，参与编制安全监理方案；

3）负责审查施工组织设计中的安全技术措施、专项施工方案和应急救援预案；

4）负责就安全监理实施细则向相关监理人员交底，负责专项施工方案实施情况的定期巡视检查，发现安全事故隐患及时报告总监理工程师并参与处理；

5）提供与本职责有关的安全监理资料。

（5）监理员应履行以下主要安全监理工作职责：

1）根据项目监理机构岗位职责安排，在分管业务范围内，检查施工现场安全状况，发现问题及时报告专业工程师或安全监理人员；

2）做好检查记录。

（二）施工准备阶段

项目监理机构施工准备阶段的安全监理工作主要有：

1. 审查施工单位编制的施工组织设计中的安全技术措施和危险性较大的分部分项工程安全专项施工方案是否符合工程建设强制性标准要求，并由总监理工程师在有关报审表上签署意见；审查未通过的，安全技术措施及安全专项施工方案不得实施。审查的主要内容应当包括：

（1）施工单位编制的地下管线保护措施方案是否符合强制性标准要求；

（2）基坑支护与降水、土方开挖与边坡防护、模板、起重吊装、脚手架、拆除、爆破等分部分项工程的安全专项施工方案是否符合强制性标准要求（对安全专项施工方案的审查详见本章第四节）；

（3）施工现场临时用电施工组织设计或者安全用电技术措施和电气防火措施是否符合强制性标准要求；

（4）冬期、雨期等季节性施工方案的制订是否符合强制性标准要求；

（5）施工总平面布置图是否符合安全生产的要求，办公室、宿舍、食堂、道路等临时设施设置以及排水、防火措施是否符合强制性标准要求。

2. 检查施工单位在工程项目上的安全生产规章制度和安全监管机构的建立、健全及专职安全生产管理人员配备情况，督促施工单位检查各分包单位的安全生产规章制度的建立情况。

项目监理机构应督促施工单位并将以下安全生产管理制度报送监理机构备案：

（1）安全生产责任制；

（2）安全生产教育培训制度；

（3）操作规程；

（4）安全生产检查制度；

（5）机械设备（包括租赁设备）管理制度；

（6）安全施工技术交底制度；

（7）消防安全管理制度；

（8）安全生产事故报告处理制度。

3. 审查施工单位资质和安全生产许可证是否合法有效。

4. 审查项目经理和专职安全生产管理人员的安全生产考核合格证书及专职安全生产管理人员配备与到位数量是否符合相关规定。

5. 审核特种作业人员的特种作业操作资格证书是否合法有效。

6. 审核施工单位应急救援预案和安全防护、文明施工措施费用使用计划。

7. 督促施工单位在工程开工前确认大型起重机械和自升式架设设施清单并填报大型起重机械和自升式架设设施确认报审表（表7-1）报送项目监理机构。

大型起重机械和自升式架设设施确认报审表　　　　　表 7-1

工程名称＿＿＿＿＿＿＿＿＿＿＿＿＿＿　　编号＿＿＿＿＿＿＿

致＿＿＿＿＿＿＿＿＿＿（监理单位）

根据施工组织设计（方案），现将我单位确认的下列大型起重机械和自升式架设设施上报，请予以审查。如实际情况或条件发生变化，另将补报调整的大型起重机械和自升式架设设施清单

大型起重机械和自升式架设设施名称/型号	工程规模/数量	使用号房/部位	计划施工日期	自管或租赁

施工单位＿＿＿＿＿＿＿＿＿＿

项目经理＿＿＿＿＿＿＿＿＿＿

日期＿＿＿＿＿＿＿＿＿＿＿＿

审查意见：

项目监理机构＿＿＿＿＿＿＿＿＿＿

安全监理人员＿＿＿＿＿＿＿＿＿＿

总监理工程师＿＿＿＿＿＿＿＿＿＿

日期＿＿＿＿＿＿＿＿＿＿＿＿＿＿

（三）施工阶段

项目监理机构施工阶段的安全监理工作主要有：

1. 监督施工单位按照施工组织设计中的安全技术措施和专项施工方案组织施工，及时制止违规施工作业。

对发现的各类安全事故隐患，项目监理机构应书面通知施工单位，并督促其立即整改。情况严重的，总监理工程师应及时下达工程暂停令，要求施工单位停工整改，并同时报告建设单位。安全事故隐患消除后，项目监理机构应检查整改结果，总监理工程师签署复查或复工意见。施工单位拒不整改或不停工的，监理单位应当及时向工程所在地建设主管部门或工程项目的行业主管部门报告，以电话形式报告的，应当有通话记录，并及时补

充书面报告。有关检查、整改、复查、报告等情况应记载在监理日志、监理月报中。

2. 定期巡视检查施工过程中的危险性较大工程的作业情况。

项目监理机构对危险性较大工程的作业情况应加强巡视检查，根据作业进展情况，安排巡视次数，但每日不得少于一次，并填写危险性较大工程巡视检查记录表（表 7-2）。

危险性较大工程巡视检查记录表 表 7-2

工程名称	编号

危险性较大工程名称及巡视检查项目：
巡视检查情况：   ① 执行工程建设强制性标准条文　　　□   ② 按专项施工方案实施施工　　　　　□   ③ 施工单位专职安全生产管理人员到岗工作　□   　其他：
存在问题：
处理意见：
项目监理机构_____   　　　　　　　　　　　　　　　　　　　　　监理人员_____   　　　　　　　　　　　　　　　　　　　　　日期_____

说明：本表仅用于危险性较大工程巡视检查。

3. 对需经项目监理机构核验的大型起重机械和自升式架设设施清单进行审查，并核查施工单位对大型起重机械、整体提升脚手架、模板等自升式架设设施和安全设施的验收手续，并由安全监理人员签收备案。

《建设工程安全生产管理条例》第十七条规定："在施工现场安装、拆卸施工起重机械和整体提升脚手架、模板等自升式架设设施，必须由具有相应资质的单位承担。安装、拆卸施工起重机械和整体提升脚手架、模板等自升式架设设施，应当编制拆装方案、制定安全施工措施，并由专业技术人员现场监督。施工起重机械和整体提升脚手架、模板等自升式架设设施安装完毕后，安装单位应当自检，出具自检合格证明，并向施工单位进行安全使用说明，办理验收手续并签字。"

《建设工程安全生产管理条例》第三十五条规定："施工单位在使用施工起重机械和整体提升脚手架、模板等自升式架设设施前，应当组织有关单位进行验收，也可以委托具有相应资质的检验检测机构进行验收；使用承租的机械设备和施工机具及配件的，由施工总承包单位、分包单位、出租单位和安装单位共同进行验收。验收合格的方可使用。"

项目监理机构应重点核查以下大型起重机械和自升式架设设施的验收手续：

（1）塔式起重机；

（2）施工升降机；

（3）附着升降式脚手架；

（4）吊篮；

（5）自升式模板架体。

大型起重机械和自升式架设设施在装拆、加节、升降前，项目监理机构应会同施工单位对设备基础和对建筑物的机械附着部位共同检查验收。装拆、加节、升降过程中，项目监理机构应对施工单位专职安全生产管理工作人员现场管理、警戒线设置、专人监护和作业人员安全防护进行巡视检查。

4. 检查施工现场各种安全标志和安全防护措施是否符合强制性标准要求，并检查安全生产费用的使用情况。

项目监理机构应重点检查施工单位以下两个方面的安全防护、文明施工措施费用使用情况：

（1）施工现场易发生伤亡事故处或危险场所应设置明显的、符合标准要求的安全警示标志牌；

（2）施工现场的材料堆放、防火、急救器材、临时用电、临边洞口、高处交叉作业防护应与安全防护、文明施工措施费用使用计划相一致，应符合工程建设强制性标准要求。

经项目监理机构检查已落实安全防护、文明施工措施的，由总监理工程师签认施工单位的安全防护、文明施工措施费用支付申请。

项目监理机构认为有必要时，可检查施工总包单位向施工分包单位支付安全防护、文明施工措施费用情况。

5. 督促施工单位进行安全自查工作，并对施工单位自查情况进行抽查，参加建设单位组织的安全生产专项检查。

6. 审查并核准施工单位现场安全质量标准化达标工地的考核评分。

项目监理机构应督促施工总包单位每周进行自检，每月填报月度自查评分。督促施工总包单位对施工分包单位进行月度评价，督促施工总包单位填报危险性较大工程上报记录。

项目监理机构应动态考核施工现场安全质量标准化达标工地实施情况，每月的考核情况应填写施工现场安全质量标准化达标工地考核评分表（参阅表7-3、表7-4），并以此为依据，对施工总包单位的每次自查评分和施工总包单位对施工分包单位的月度评价进行审查并核准，由安全监理人员汇总后填报月度核准结果。

工程竣工后，项目监理机构应核准施工总包单位对施工分包单位的考核评定。

7. 编制安全监理工作月报。

项目监理机构应按月编制安全监理工作月报。安全监理工作月报应包括以下内容：

（1）当月危险性较大的工程作业和施工现场安全现状及分析（必要时附影像资料）；

（2）当月安全监理的主要工作、措施和效果；

（3）当月签发的安全监理文件和指令；

(4）下月安全监理工作计划。

8.总监理工程师应指定专人负责安全监理资料管理。

安全监理资料应及时收集、整理，分类有序、真实完整、妥善保管。

项目监理机构应配合有关主管部门的安全检查和安全事故调查处理，如实提供安全监理资料。

上海市建筑施工现场安全质量标准化考核评分表　　表7-3

工程名称＿＿＿＿＿　　　施工单位＿＿＿＿＿　　　年　月

序号	项目	考核内容	应得分	施工单位自评分	监理审核扣减分	扣减分记录
1	《建筑施工安全检查标准》	① 安全管理 ② 文明施工 ③ 脚手架 ④ 基坑、模板 ⑤ "三宝"、"四口" ⑥ 施工用电 ⑦ 物料提升机与施工升降机 ⑧ 塔吊 ⑨ 起重吊装 ⑩ 施工机具	40			
2	《施工现场安保体系》运行	① 安全目标 ② 危险源控制策划 ③ 法规、标准 ④ 安保计划 ⑤ 组织机构、权限 ⑥ 教育培训 ⑦ 文件控制 ⑧ 安全物资采购、验收 ⑨ 分包控制 ⑩ 施工过程控制 ⑪ 事故应急救援 ⑫ 安全检查 ⑬ 纠正、预防措施 ⑭ 内部审核 ⑮ 安全评估 ⑯ 安全记录	30			
3	重大危险源监控	① 监控方案、有效实施 ② 应急预案、操作性 ③ 临时建（构）筑物验收	20			
4	工人权益保护	① 工人权益保护 ② 综合保险办理 ③ 劳动用工管理 ④ 维权告示牌公示	5			
5	安全资金投入	① 安全设施、设备和安全技术的可靠性 ② 安全资金投入管理	5			
6	一票否决项					

安全监理人员＿＿＿＿＿＿　　总监理工程师＿＿＿＿＿＿　　　日期＿＿＿＿＿＿

武汉市建筑工程安全质量标准化工地考核评分表　　　　表 7-4

总承包单位		资质证编号		安全生产许可证编号和日期	
工程名称		工程地址		开工日期	竣工日期
监理单位		证书编号		总监理工程师	

序号	项目	考核内容	应得分	扣减分	实得分值
1		按照《建筑施工安全检查标准》(JGJ 59—99) 进行检查评分后，按满分 60 分折算	60 分		
2	重大危险源监控	未制定监控方案，扣 20 分	20 分		
		未根据监控方案，实施有效监控，扣 8 分			
		根据监控方案实施，但有缺陷，扣 6 分			
		未制定应急救援预案，扣 20 分			
		应急救援预案操作性不强，扣 8 分			
3	民工权益保护	工人权益未得到有效保护，扣 5 分	5 分		
		保险办理不符合规定，扣 3 分			
		劳动用工管理不规范，扣 3 分			
4	安全资金投入	使用落后的，危及安全的设施、设备和安全技术，扣 10 分	15 分		
		安全生产措施费管理不规范，扣 10 分			
	总　计		100 分		
5	一票否决项	发生一起一人因工死亡事故的			
		被责令全面停工二次及以上的			
		将工程分包给无安全生产许可证企业的			
		市以上抽巡查评定为不合格，复查仍不合格的			
		隐瞒安全事故或被新闻媒体曝光并经查实的施工现场			
施工企业自评			负责人		日期
监理单位审核意见			总监理工程师		日期
安全监督单位审核			考核负责人		日期

注：1. 70 分为合格，80 分为优良，85 分为示范；
　　2. 申报工程如存在一票否决内容，或任一评分项目得分为 0，或按《建筑施工安全检查标准》(JGJ 59—99) 标准打分为不合格，则评为不合格；
　　3. 有否决项的，在相应空格内打钩；
　　4. 企业自评的，应有监理审核意见，并盖章。

（四）竣工验收阶段

项目监理机构竣工验收阶段的安全监理工作主要有：

1. 编写安全监理工作总结。

2. 将有关安全生产的技术文件、验收记录、监理规划、监理实施细则、监理月报、监理会议纪要及相关书面通知等按规定立卷归档。

安全监理资料档案的验收、移交和管理应按委托监理合同或档案管理的有关规定执行。

第三节 危险性较大工程安全专项施工方案审查

一、安全专项施工方案编制与审查的依据

在建设工程领域，重大安全事故始终不断，其中管理及专业技术上的原因是主要的。为加强建设工程项目的安全技术管理，防止建筑施工安全事故，保障人身和财产安全，在国务院及住房和城乡建设部先后发布的《建设工程安全生产管理条例》（国务院393号令，2003年11月）、《危险性较大工程安全专项施工方案编制及专家论证审查办法》（建质[2004] 213号文）、《危险性较大的分部分项工程安全管理办法》（住房和城乡建设部87号文，2009年5月）文中对危险性较大工程的分部分项工程施工要求编制安全专项施工方案及进行专家论证审查。综合以上三个文件内容，有关安全专项施工方案编制和审查的范围及要求分述如后。

1. 编制安全专项施工方案的范围

建设部2004年发布的《危险性较大工程安全专项施工方案编制及专家论证审查办法》（以下简称《专项方案编制审查办法》）及2009年87号文《危险性较大的分部分项工程安全管理办法》中规定，需要编制安全专项施工方案的范围包括以下6项分部分项工程：

（1）深基坑工程

开挖深度超过5m（含5m）或地下室三层以上（含三层），或深度虽未超过5m（含5m），但地质条件和周围环境及地下管线极其复杂的工程。

（2）地下暗挖工程

地下暗挖及遇有溶洞、暗河、瓦斯、岩爆、涌泥、断层等地质复杂的隧道工程。

（3）高大模板工程

水平混凝土构件模板支撑系统搭设高度超过5m，或搭设跨度超过10m，施工总荷载10kN/m^2及以上，或集中线荷载15kN/m及以上；高度大于支撑水平投影宽度且相对独立无联系构件的混凝土模板支撑工程。

（4）30m及以上高空作业的工程

（5）大江、大河中深水作业的工程

（6）城市房屋拆除爆破和其他土石大爆破工程

以上是住房和城乡建设部规定必须编制安全专项施工方案的范围，并且规定建筑施工企业应当组织专家组进行方案论证审查。

除以上6个分部分项工程外，国务院393号令《建设工程安全生产管理条例》中要求编制专项施工方案的还包括其他危险性较大的分部分项工程：地质条件和周围环境复杂、地下水位在坑底以上工程；建筑幕墙的安装施工；大跨预应力结构张拉施工；隧道工程施工；桥梁工程施工（含架桥）；特种设备施工；网架和索膜结构施工；6m以上的高边坡施工；采用新技术、新工艺、新材料，可能影响建设工程质量安全，已经行政许可，尚无技术标准的施工等。

2. 安全专项施工方案编制和审核程序规定

按照《专项方案编制审查办法》，安全专项施工方案编制和审核程序规定如下：

（1）施工企业专业工程技术人员负责编制安全专项施工方案，并由施工企业技术部门的专业技术人员及监理单位专业监理工程师进行审核，报施工企业技术负责人、监理单位总监理工程师审核签字作为待专家组论证审查报告。

（2）施工企业组织专家组进行论证审查，并提出书面论证审查报告。

（3）施工企业应根据专家组论证审查报告对安全专项施工方案进行完善，施工企业技术负责人、总监理工程师签字后，形成实施的安全专项施工方案。

通过以上编制和审核程序规定可以看到，监理工程师加强对危险性较大工程安全专项施工方案的审查是法律规定的职责所在，不容有任何疏忽。

3. 项目总监理工程师审查专项施工方案的方法

（1）程序性审查。总监理工程师首先应按上述专项施工方案编制和审核程序规定进行程序性审查：专项施工方案必须由施工总包单位技术负责人审批；分包单位编制的，应经施工总包单位审批；应组织专家组进行论证的必须有专家组最终确认的论证审查报告；专家组的成员组成和人数应符合有关规定。审查后不符合要求的，应要求施工单位应按原程序重新办理报审手续。

（2）符合性审查。专项施工方案必须符合工程建设强制性标准要求，并包括安全技术措施、监控措施、安全验算结果等内容。

（3）针对性审查。专项施工方案应针对工程特点以及所处环境等实际情况，编制内容应详细具体，明确操作要求。

二、高大模板支撑体系专项施工方案审查

以下我们以高大模板支撑体系专项施工方案编制与审查为例，进一步深入了解编制与审查的技术要求。

高大模板支撑体系专项是指《专项方案编制审查办法》中第（3）项，即水平混凝土构件模板支撑系统搭设高度超过 5m，或搭设跨度超过 10m，施工总荷载 $10kN/m^2$ 及以上，或集中线荷载 $15kN/m$ 及以上；高度大于支撑水平投影宽度且相对独立无联系构件的混凝土模板支撑工程，通常称高大支模体系。

（一）高大支模体系专项施工方案编制内容

施工前应由施工单位项目技术负责人及专业工程技术人员组织编制高大支模专项施工方案，内容应包括：

1. 支撑体系基底承载力、平整度及立杆底座场地处理；

2. 模板和支撑体系的设计计算，内容包括：恒载和施工荷载，包含动力荷载，高大模板新浇混凝土侧压力计算及风荷载计算等；支架系统、模板系统、支承地面或楼面承载力计算；必须确保支架体系强度、刚度、稳定性、抗倾覆满足标准和规范的要求；

3. 模板和支撑体系材料强度及规格要求；

4. 支撑体系钢管连接方式、水平与竖向剪刀撑、扫地杆设置、支撑架体与四周建筑物的可靠连接等构造稳定措施；

5. 绘制支撑体系搭设详图，有特殊要求的应作详细说明；

6. 混凝土浇筑方案（浇筑顺序、方向、分层、混凝土浇筑垂直上升速度控制、缓凝剂使用控制等）；

7. 模板和支撑体系的拆除顺序及安全措施；

8. 对可能发生的事故将采取的应急救援措施预案。

(二) 高大支模体系搭设施工主要技术要求

1. 材料

高大模板支撑体系使用材料应符合下列要求：

(1) 选用外径 48 mm，壁厚不得小于 3.5mm 的钢管。钢管应有产品合格证、质量检验报告，钢管表面应平直光滑，弯曲、压扁、锈蚀严重及打孔的钢管不得使用。钢管必须涂防锈漆。

(2) 钢管扣件应有生产许可证、产品质量合格证、法定检测单位的测试报告和产品标识，有裂缝、变形的扣件严禁使用，出现滑丝的螺栓必须更换。扣件应进行防锈处理。

2. 支撑体系构造要求

支撑体系构造应符合《建筑施工和扣件式钢管脚手架安全技术规》(JGJ 130—2001)、《建筑施工门式钢管脚手架安全技术规范》(JGJ 128—2000) 及《建筑施工碗扣式钢管脚手架安全技术规范》(JGJ 166—2008) 的有关要求：

(1) 支设立杆的地基应平整坚实。当立杆落在地面时，须增设强度不低于 C10、厚度不少于 100mm 的混凝土垫层；当立杆落在楼面时，楼面下应采取可靠的支顶措施。

(2) 每根立杆底座宜采用规格不小于 15cm×15cm×8cm 钢板和钢管套管焊接组成。底座下应设置长度不少于 2 跨、宽度不小于 15cm、厚度不小于 5cm 的木垫板或仰铺 12～16 号槽钢。

立杆接长必须对接，严禁搭接。立杆步距不应超过 1.5m。立杆顶部应采用可调顶托受力，不得采用横杆受力，且顶托距离最上面一道水平杆不宜超过 300mm。当超过 300mm 时，应采取可靠措施固定。立杆垂直度偏差应不大于 $1H/500$（H 为架体总高度），且最大偏差应不大于 ± 50mm。

(3) 支撑体系架体必须连续设置纵、横向扫地杆和水平杆，纵向扫地杆应采用直角扣件固定在距底座上皮不大于 200mm 处的立杆上，横向扫地杆应采用直角扣件固定在紧靠纵向扫地杆下方的立杆上。

支撑体系架体四边与中间沿纵、横向全高全长从两端开始每隔四排立杆应设置一道剪刀撑，每道剪刀撑宽度不应小于 6m，剪刀撑斜杆与立杆或水平杆的每个相交处应采用旋转扣件固定。

支撑体系架体两端与中间沿水平方向全平面每隔四排立杆从顶层开始向下每隔两步应设置一道水平剪刀撑。剪刀撑的构造应符合规范要求。

当周边有建筑物或构筑物时，支撑体系架体四周应与建筑物或构筑物应形成可靠连接，以减少架体搭设高度对稳定性的不利影响。竖直方向按每层楼面或沿柱高不大于 4m 设置一道连墙件，水平方向按每三跨设置一道连墙件。

如周边无既有建筑物或构筑物时，可采用格构柱法或其他有效方法以提高整个支撑体系的稳定性。

(4) 立杆、水平杆、剪刀撑斜杆的接头应错开在不同的框格层中设置，两根相邻立杆的接头不应设置在同步内，同步内隔一根立杆的两个相隔接头在高度方向错开的距离不小于 500mm；各接头中心至主节点的距离不大于步距的 1/3；模板支撑体系杆件不得与外脚手架、卸料平台等连接。

(5) 所有的节点必须都有扣件连接，不得遗漏。扣件的拧紧扭力矩应控制在 45～60N·m 之间。

(三) 高大支模体系搭设施工监理

高大支模体系搭设施工监理首先要编制专门的高大支模体系监理实施细则，其次是要加强高大支模体系搭设施工过程的监理。

1. 编制高大支模体系监理实施细则

总监理工程师应组织专业监理工程师根据经专家组论证审查及进一步完善后的安全专项施工方案要求，编制高大支模体系监理实施细则，明确质量安全监理的方法、措施和控制要点，以及对施工单位安全技术措施的检查方案。

2. 高大支模体系搭设施工过程监理

(1) 搭设前，应要求项目技术负责人向项目管理人员和搭设人员进行安全技术交底，并做好书面交底签字手续。

(2) 搭设前，监理单位应检查立杆地基、钢管、扣件等是否符合方案要求，未经监理单位同意不得搭设。

(3) 监理人员应加强过程监控，要求搭设人员严格执行施工专项方案及有关安全技术规定，对底座及基础、立杆间距、纵横向扫地杆和水平杆、立杆对接、可调顶托及悬伸长度、纵横向水平剪刀撑、四周与建筑物是否形成可靠连接等进行监控，并做好相应的施工监理日记。

(4) 搭设过程及完毕后，应要求施工单位采用扭力扳手对扣件螺栓拧紧扭力矩进行检查并形成书面记录，监理单位应实施旁站监理。抽检的数量为扣件数量的10%，不合格率超过抽检数量10%的应全面检查，直至合格为止。

(5) 搭设完成后应进行验收并形成书面验收意见，施工单位技术负责人应到场参与验收，未经验收合格不得进入钢筋安装工序。

(6) 混凝土浇筑前监理单位应组织复验，未经复验合格和总监理工程师书面同意，不得浇筑混凝土。

(7) 监理单位在对高大模板支撑体系搭设实施监理的过程中，发现施工单位未按经审批的方案搭设的，或存在安全事故隐患的，应当要求施工单位整改；情况严重的，应当要求施工单位暂时停止施工，并及时报告建设单位。

施工单位拒不整改或者不停止施工的，监理单位应及时向建设行政主管部门委托的工程质量、安全监督机构书面报告。

三、工程安全事故典型案例

近些年来，建设工程中恶性工程事故时有发生，给人民生命财产带来巨大损失，社会影响极坏。以下介绍几个工程实例，有助于更好地理解安全施工专项方案编制与审查的本质意义。

【案例 7-1】 某桥墩混凝土浇筑过程中模板整体倾倒事故。

2008年某日，武广客运专线高速铁路武汉光谷群英村某桥墩混凝土浇筑过程中，混凝土已浇筑到桥墩上部，突然桥墩下部一侧钢模板崩开，尚未凝固的新浇混凝土倾泻而出，巨大的反冲击作用力，使10多米高的桥墩钢模体系整体倾倒，两名作业工人从10多米高摔下受伤。现场情形如图7-2所示。

该事故主要原因是混凝土浇筑速度过快，新浇混凝土竖向上升速度很快，底部混凝土尚未初凝，上部混凝土又不断增高，致使底部四侧模板受到的流态混凝土侧压力越来越大，超出底部模板某处连接紧固螺栓受力，螺栓脱落，模板崩开。

混凝土完全硬化后成为固体，对模板是没有侧压力的，新浇液化的流态混凝土的侧压力是与混凝土上升速度 $V^{1/2}$ 成正比的。混凝土在接近初凝时比完全液化的混凝土侧压力要小得多，在新浇混凝土的侧压力计算图中，底部取 F 值，见图 7-3。如混凝土浇筑速度过快，底部混凝土处于完全流态状态，其产生的侧压力按三角形分布，如图中点画线所示，此时侧压力为 $F+\Delta F$。

图 7-2 某桥墩钢模体系整体倾倒事故现场

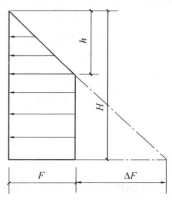
图 7-3 新浇混凝土的侧压力计算图

这一事故提醒我们，在进行高度较高的竖向混凝土结构模板体系设计时，新浇混凝土的侧压力计算要与模板受力及连接紧固螺栓受力综合考虑，设计说明中要写明混凝土上升速度 V 的控制值，在施工中则要严格控制。在当前大多使用泵送混凝土，坍落度大，初凝时间长的普遍情况下，更要注意。

【案例 7-2】 北京西西工程模板支架垮塌事故。

1. 事故概况

2005 年 9 月 5 日晚 10 时 10 分左右，北京西西工程 4 号地项目的高大厅堂顶盖模板支架在混凝土浇筑接近完成时发生整体垮塌，酿成死亡 8 人、伤 21 人的重大伤亡事故。垮塌现场如图 7-4 所示。

2. 工程概况

北京西西工程 4 号地项目 2 号组团中部 9～11 轴（宽 2m×8.4m）和 B～E 轴（总长 25.2m）是处于地上 1～5 层、总高 21.8m 的高大厅堂。顶板为支于四周框架梁上的预应力现浇空心楼板（厚 550mm，板内预埋 ϕ400mm、长 500mm 的 GBF 管），南侧边梁 KL17 截面 850mm×950mm、北侧边梁 KL22 截面 1000mm×1300mm、东西两侧边梁 K27 和 K30 均为 600mm×600mm。顶板面积为 423.36m²，混凝土总量 198.6m³（约 496.5t 重）。

3. 事故调查概况

事故发生后，建设行政主管部门组织了事故调查组。事故调查组专家检查发现如下情况：

（1）专家用扭力扳手检查扣件拧紧力矩，检查结果现场量测到的扣件拧紧力矩为

图 7-4 北京西西工程模板支架垮塌事故现场

10~40N·m，大多不到 20N·m，降低了节点的承载能力。不满足规范扣件的拧紧扭力矩应控制在 45~60N·m 之间的要求。

(2) 根据图纸进行支架荷载计算可得到恒载+活载为 16.4kN/m²，每根立杆最大轴压力达 23.6kN。

(3)《建筑施工扣件式钢管脚手架安全技术规范》(JGJ 130—2001) 第 5.6.2 条规定，模板支架立杆的计算长度取 $l_0=h+2a$，该计算式表明，必须严格控制 a 值，否则，将会出现严重降低支架（立杆）稳定承载能力的危险情况。由于项目施工方案中未规定模板支架立杆伸出顶层横向水平杆中心线至模板支撑点的长度（即 a 值），致使自由长度严重过大。

(事故前 8 月 15 日的安全隐患整改紧急通知指出 a 值为 2~2.5m；事故后 9 月 8 日的调查询问笔录记载为 1.2~1.5m。)

4. 事故调查结论

(1) 实际搭设模板支架立杆顶部伸出长度 a 值过大是造成本次事故的主要原因。

(2) 调查发现现场模板支架搭设质量很差，如：个别节点无扣件连接、扣件螺栓拧紧扭力矩普遍不足、立杆搭接或支撑于水平杆上、缺少剪刀撑、步距超长等；从周边模板支架搭设质量看，缺少扫地杆、横杆随意缺失等搭设质量问题随处可见。支架搭设质量差可能造成支撑体系局部承载力严重下降，也是事故产生的主要原因之一。

(3) 现场搭设模板支架中使用的钢管杆件、扣件、顶托等材料存在质量缺陷，也是事故产生的原因之一。

此外，支撑方案审查、现场安全监督、技术交底、隐患整改、验收等环节管理也存在严重问题。

5. 行政处罚

事故发生后，北京市安全生产监督管理局牵头组成事故调查组，通过现场勘察、调查取证，查明了事故原因。

某建设公司的施工人员在模板施工中不按有关模板施工的规定和规范编制专项施工方

案，不按有关规定履行审批手续就违章指挥施工，导致事故的发生。

北京某建设工程顾问有限公司在实施监理时，不按规定认真对模板专项施工方案进行审核查验，对在模板方案未审批就开始施工的行为不予制止。

最为严重的是在浇筑混凝土前本应有监理签字方可浇筑，但这一重要环节该监理公司也没有按规定实施。对事故的发生负有重要责任。

依据《建筑法》等相关法律法规的规定，建设部决定对上述两家单位给予降低资质等级的行政处罚：

某建设公司的房屋建筑工程总承包资质等级由一级降为二级；

北京某建设工程顾问有限公司的房屋建筑工程监理资质等级由甲级降为乙级。

6. 法律处罚

北京西城法院审理中，检方指控，李××、杨××、胡××、吕××和吴××5人的行为构成重大责任事故罪。法院一审认定，监理公司虽不直接从事生产等活动，但其委派职工参与生产作业活动，因员工违反规章制度造成人员伤亡和重大经济损失的，需要追究其刑事责任。但施工方3人和监理方2人共5名责任人因有自首行为，可从轻处罚。

2006年12月11日西城法院一审宣判：

某建设公司"西西工程"4号地工程土建总工程师李××被判有期徒刑4年；项目部总工程师杨××、项目经理胡××被判有期徒刑3年6个月；

北京××××建设工程顾问有限公司派驻工地的总监理工程师吕××和监理员吴××均被判有期徒刑3年缓刑3年。

【案例7-3】 某大厦拆除工程外檐板坍塌事故。

1. 事故发生经过

2001年6月20日，×市某大厦发生一起因拆除外檐悬挑结构的坍塌事故，造成4人死亡，5人受伤。

某大厦装修改造工程由中建某局某公司承包后，又将建筑物的局部拆除工程转包给四川省某建筑公司×分公司，该分公司又雇佣了重庆市合川某建筑工程队做劳务施工。

2001年6月19日，作业人员在拆除大厦的17层④～⑩轴外檐悬挑结构时，采用先拆除⑤～⑨轴的外檐，然后再拆除④轴和⑩轴处的局部外檐。该悬挑外檐结构由悬挑梁与外檐板组成，④～⑩轴外檐总长为21.6m，轴与轴间距为3.6m。上部结构为悬挑梁（与结构柱连接），外檐板在悬挑梁下部（板厚80mm、板高5.0m），由悬挑梁承力。但是在拆除之前，施工负责人没有讲明悬挑结构的承力部位，也没说清楚拆除程序，作业人员错误的先将⑤～⑨轴处与柱相连的悬挑梁处凿除了混凝土，由于悬挑梁钢筋尚未切断，另外尚有④轴和⑩轴两处混凝土未拆除，虽已造成隐患却没导致坍塌事故。至下午4时左右，主楼工长和监理人员进行了查看，便认为"基本完好，未发现异常现象"，因此错过了采取补救措施的机会。

次日，作业人员继续凿除④轴和⑩轴处与柱相连接的悬挑梁，并切断其连接钢筋，此时外檐板失去承力结构向外倾倒，砸坏外脚手架后坠落，造成裙房门厅支模人员4人死亡，5人受伤。

2. 事故原因分析

（1）技术方面

主要是拆除程序错误，应该先拆除非承重结构，后拆除承重结构。该工程由于先拆除了悬挑梁，使外檐板失去承力传递结构，剩余连接部分无法支承外檐墙板的自重而发生坍塌坠落，将下面（距坠落处46m）的支模人员砸伤致死。

(2) 管理方面

①拆除方案不清楚。该拆除方案只是一般规定，如"先上后下、先外后内"，"用凿子小块地凿打"，"不能分隔成大块破除"等，没有针对该工程结构特点进行指导和详细写明拆除程序，因此作业人员分不清哪些是承重部位，哪些属非承重部分，误将承重部位先拆除，导致发生事故。

②现场指挥错误。四川某建筑公司是否具备拆除资质，为什么拆除之前该单位负责人未向作业人员讲清拆除程序及注意事项，为什么主楼工长和监理人员6月19日查看之后，还认为"基本完好"。说明作业人员和管理人员不懂建筑结构，不认真查看图纸，导致了违章指挥和违章操作，已经发生隐患，却未及时采取补救措施，最终导致事故。

③总包放弃管理。总包单位将拆除工程包给分包单位后，既不认真审查资质，又不对方案的可操作性进行认真研究，再加上雇佣农民工作劳务，层层放松管理，最后发生事故。

3. 事故结论与教训

(1) 事故主要原因

本次事故由于总包单位对分包拆除工程时，未认真审查其资质，拆除过程中又疏于管理，分包单位对工程结构不清楚而违章指挥，作业人员未经培训无相应证书，违章操作，导致拆除程序错误，导致事故发生。

(2) 事故性质

本次事故属责任事故。从总包非法转包部分拆除工程，分包又雇佣农民工拆除，既未进行安全教育，又未进行交底，致使不懂拆除工程安全技术的农民工违章拆除，导致事故发生。

(3) 主要责任

①四川省某建筑公司在施工现场违章指挥，工人因不懂基本施工技术和缺少安全监督管理，导致违章操作而发生事故。

②本次事故由中建某局某公司引发，没对分包单位资质认真审查，非法转包工程，且疏于管理，总包单位应负全面管理责任。

4. 事故预防措施

(1) 认真贯彻《建筑法》、《安全生产法》和《建设工程安全生产管理条例》的有关规定，分包虽然是发生事故的直接责任者，但总包违反《建筑法》转包工程，不进行全面管理，应追究总包单位的管理责任。

(2) 房屋拆除工程因市场混乱事故多，《建筑法》第五十条专门进行了规定，但仍没得到全面贯彻。必须要求拆除作业之前制定详细的作业方案，对作业人员讲明拆除程序和注意事项，必须由具有相应执业资格的人员指挥。

(3) 拆除工程的交底不能过于简单，不仅应有文字说明，还应绘制结构图纸，标明拆除程序和拆除方法，拆除过程中应有技术人员在现场亲自指挥。

通过这个案例提醒我们，对待工程模板的拆除要和安装模板同样重视，在现实工程中往往重视后者居多。在高大支模体系专项方案编制与审查中，对模板的拆除方法、拆除程序、人员安全保护措施等要高度重视。

【**案例 7-4**】 上海市闵行区莲花河畔景苑工地楼体倒塌事故。

1. 事故概况

2009 年 6 月 27 日 5 时 30 分许，在上海市闵行区罗阳路口，在建莲花河畔景苑工地发生一栋 13 层住宅楼体倒塌事故，造成 1 名工人死亡。

目击者回忆：大楼刚开始一点一点地倾斜，后来一下子就倒了，前后只有几十秒。当时楼中还有 3 名工人向楼体西北侧淀浦河方向安全跑出，而一名 28 岁安徽籍安装铝合金窗的工人，则向楼体的南侧地下停车场基坑方向跑，没跑出几步，大楼便砸倒在工地之中，不幸遇难。

在现场可以看到倒塌楼体后面与河边防汛墙之间堆满地下车库挖出的土，楼体倒塌前一天防汛墙已垮塌 70 多米，已有事故前兆，但未能引起施工方的重视。

事故现场如图 7-5 和图 7-6 所示。

图 7-5 楼体倒塌尘埃未尽的瞬间

图 7-6 楼体整体倒塌现场清理

2. 事故调查结果

2009 年 7 月 3 号上海市政府公布的调查结果表明：房屋倾倒的主要原因是紧贴 7 号楼北侧在短期内堆土过高，最高处达 10m 左右。与此同时，紧临大楼南侧的地下车库基坑正在开挖，开挖深度达 4.6m。大楼两侧的压力差使土体产生水平位移，过大的水平力超过了桩基础的抗侧能力，导致房屋倾倒。房屋倾倒的原因示意图如图 7-7 所示。

调查结果还表明，原勘测报告经现场补充勘测和复核，符合规范要求；原结构设计经复核符合规范要求。大楼所用 PHC 管桩经检测质量符合规范要求。

3. 法律处罚

据中国法院网报道，2010 年 2 月 11 日，上海闵行区人民法院对"莲花河畔景苑"倒楼案被告人作出一审判决，分别以重大责任事故罪，判处秦××有期徒刑 5 年、张×杰有期徒刑 5 年、夏××有期徒刑 4 年、陆××有期徒刑 3 年、张×雄有期徒刑 4 年、乔××有期徒刑 3 年。

法院经审理查明，在"莲花河畔景苑"项目工程作业中，被告人秦××作为建设方上海某房地产开发有限公司的现场负责人，秉承张×琴（另案处理）的指令将属于施工方总包范围的地下车库开挖工程，直接交与没有公司机构且不具备资质的被告人张×雄组织施工、并违规指令施工人员开挖堆土，对本案倒楼事故的发生负有现场管理责任。

图 7-7　住宅楼倾倒原因示意图

被告人张×杰身为施工方上海某建筑有限公司主要负责人，违规使用他人专业资质证书投标承接工程，致使工程项目的专业管理缺位，且放任建设单位违规分包土方工程给其没有专业资质的亲属，对本案倒楼事故的发生负有领导和管理责任。

被告人夏×刚作为施工方的现场负责人，施工现场的安全管理是其应负的职责，但其任由工程施工在没有项目经理实施专业管理的状态下进行，且放任建设方违规分包土方工程、违规堆土，致使工程管理脱节，对倒楼事故的发生亦负有现场管理责任。

被告人陆×英虽然挂名担任工程项目经理，实际未从事相应管理工作，但其任由施工方在工程招标投标及施工管理中以其名义充任项目经理，默许甚至配合施工方以此应付监管部门的监督管理和检查，致使工程施工脱离专业管理，由此造成施工隐患难以通过监管被发现、制止，因而对本案倒楼事故的发生仍负有不可推卸的责任。

被告人张×雄没有专业施工单位违规承接工程项目，并盲从建设方指令违反工程安全管理规范进行土方开挖和堆土施工，最终导致倒楼事故发生，系本案事故发生的直接责任人员。

被告人乔×作为监理方上海某建设监理有限公司的总监理工程师，对工程项目经理名实不符的违规情况审查不严，对建设方违规发包土方工程疏于审查，在对违规开挖、堆土提出异议未果后，未能有效制止，对本案倒楼事故发生负有未尽监理职责的责任。

法院认为，作为工程建设方、施工单位、监理方的工作人员以及土方施工的具体实施者，6名被告人在"莲花河畔景苑"工程项目的不同岗位和环节中，本应上下衔接、互相制约，却违反安全管理规定，不履行、不能正确履行或者消极履行各自的职责、义务，最终导致"莲花河畔景苑"7号楼整体倾倒、1人被压死亡和经济损失1900余万元的重大事故的发生。据此，认为6名被告人均已构成重大责任事故罪，且属情节特别恶劣。鉴于6名被告人均具有自首情节，故法院依法作出上述判决。

这是一起震动全国的重大工程事故，其房屋倒塌的方式让人不可思议，倒塌后结构完整不垮更让人瞠目结舌，其结构工程的质量应该说是很不错的，令人十分惋惜。问题看似出在临近完工时的地下车库开挖土方堆放不当的技术问题上，但根源是违法分包，让无企业资质、无执业资格人员承包工程，违法施工，加上施工管理混乱、工程监理违规所致。

思 考 题

1. 建设工程安全监理的责任有哪些？
2. 监理工程师应如何落实安全监理责任？
3. 安全监理方案、安全监理细则的主要内容有哪些？
4. 规定需要编制安全专项施工方案的范围包括哪些分部分项工程？
5. 编制与审核以形成实施性安全专项施工方案的程序包括哪些环节？
6. 何谓高大支模体系？编制其安全专项施工方案应包括哪些主要内容？
7. 应如何实施高大支模体系搭设的施工监理？

第八章 建设工程委托监理合同

第一节 建设监理合同概述

一、监理合同的概念

1. 监理合同的含义

合同一般是指具有平等民事主体资格的当事人,为了达到一定目的,经过自愿、平等、协商一致而达成的民事权利义务关系协议。

根据民事法律关系必须具备权利主体、权利客体和内容三个要素的原则,建设工程委托监理合同是合同的一种,它也应该具备民事法律关系三要素。

监理合同权利主体,是指具有监理合同法律关系,依法享有权利、承担义务的"委托人"和"监理人"。

"委托人"是指监理合同中委托监理的建设单位(业主)一方,及其合法继承人和允许的受让人。

"监理人"是指监理合同中提供服务的监理单位一方,及其合法继承人和允许的受让人。

监理合同法律关系的客体,是指法律关系主体的权利和义务所指向的对象,即委托人委托监理人在建设工程施工阶段进行监理及相关服务的建设工程。其中"相关服务"是指委托人委托监理人在勘察阶段、设计阶段、设备采购监造阶段、保修等阶段提供咨询或服务。

监理合同的内容则是在实施工程建设过程中双方的权利和义务。

因此,监理合同的含义为:建设工程监理合同是指委托人为对建设工程实施的质量、进度、费用、生产安全及环保进行控制和监督管理,以及对工程合同和信息等进行协调管理而与监理人签订的民事权利义务关系协议。

2. 监理合同条款的组成结构

监理委托合同是委托任务履行过程中当事人双方的行为准则,因此内容应全面,用词要严谨。监理合同条款的组成结构包括以下几个方面:

(1) 合同内所涉及的词语定义和须遵循的法规;
(2) 监理人的义务;
(3) 委托人的义务;
(4) 监理人的权利;
(5) 委托人的权利;
(6) 监理人的责任;
(7) 委托人的责任;
(8) 对合同生效、变更与终止的规定;

(9) 监理酬金的计取和支付方法;

(10) 其他方面的规定;

(11) 争议的解决方式。

二、监理合同的特点

监理合同是合同的一种,除具有与其他类型合同的共同点外,还具有以下特点:

1. 监理合同标的具有特殊性

合同标的,也就是合同民事法律关系的权利客体。合同标的依据不同类型的合同而异。监理合同的标的是监理单位受工程建设业主的委托实施的监理工作。

监理合同的标的特殊性,包括以下两个方面:

(1) 监理合同是技术使用权的转让

商品买卖关系实际上是一种财产关系,财产有动产和不动产之分,技术商品属性属于动产范畴,而动产又分为有形动产和无形动产,以实物形态可以流动的商品属于有形动产,专利、商标、版权、专有技术及一切有使用价值的知识、技术、经验都属于无形动产。无形动产具有财产的一切特征,与有形动产一样可以买卖、转让、继承,其根本区别在于有形动产交易后,是转移了财产所有权;而无形财产的交易,则是财产使用权的转移。监理单位通过监理合同,以其专业技术,经济知识为业主监督管理工程,也就是在监督管理工程实施过程中,转移监理单位的技术、经济知识的使用权。

(2) 监理合同标的服务对象的单件性和固定性

监理合同的标的是监理单位受工程建设业主委托,对建设工程进行监理工作。这就明确了监理工作是围绕建设工程进行。各类建设工程的使用功能不同、技术要求不同、建筑性质不同、等级标准不同以及受地形地貌、水文地质、气候条件等自然条件和原材料、能源等资源条件的影响,都要单独设计和施工,即使同类用途的建设,也要受地区特点、民族特点、风俗习惯、政策法律、宗教信仰和建筑标准等社会条件影响单件生产;即使是利用标准设计或重复使用图纸的建设工程,也要根据当地的地质、水文、朝向等自然条件,重新计算,采取必要的修改。特别是在大规模建设条件下,各类建设工程使用功能各有差异,艺术造型各有千秋,工艺要求千变万化,建设工程的个体性存在,单件性生产是不可避免的。

同时,不论建设工程规模大小,建在何地,它的基础部分都是与大地相连。一切建设工程都与大地不能分离,这就造成了建设工程的固定性。作为生产对象的建设工程的固定性又导致了施工生产的流动性。

工程监理工作,就是围绕着具有这些特性的建设工程进行,因而监理合同的具体条款内容,也就不能离开这种合同特殊的标的来确定。

2. 监理合同具有从合同性质

所谓"从合同"是指必须以他种合同的存在为前提始能成立的合同。监理工作主要任务是五控制、二管理、一协调。而进行协调、管理和控制的主要依据是工程建设各阶段和各环节的各种合同,如勘察合同、设计合同、施工合同、物资采购合同等,监理工作在某种意义上讲,也就是业主通过监理合同委托监理单位来监督管理这些合同的履行。这些合同存在,监理合同也就存在,如果这些合同部分消灭或全部消灭,则监理合同也就原则上随之消灭,因而监理合同具有从合同的性质。

3. 监理合同履行周期长

监理合同的监理对象是建设工程，由于建设工程的体积庞大，结构复杂，装饰装修标准高，建造工期比较长。整个合同实施期间内业主和各阶段承包方，包括监理单位都要按照合同签订的内容，履约办理相关事宜。因此工程项目实施过程有多长时间，合同履行期也就有多长。此外，当工程实施过程中出现各种变化影响合同完成时间，合同的履行期也要随之延长。

4. 监理具有经济合同和技术合同双重性质

经济合同是为实现一定经济目的而订立的合同。而技术合同是为确定各类技术活动所订立的合同。作为监理合同，是工程建设业主委托监理单位对工程进行监督管理而订立的，工程建设项目的实施，对发展国民经济有着重要意义，因而监理合同的签订与履行，也是为实现一定经济目的的合同。同时，监理单位为业主服务是社会服务的一种，也就是监理单位利用经济、技术知识为业主进行专业技术服务，它们之间订立的合同又具有技术合同性质。因此监理合同具有经济合同和技术合同双重性质。

三、订立监理合同的必要性

建设监理制度是国家在工程建设领域实行的基本制度之一，在《建筑法》中也早已明确。在《建设工程监理规范》（GB 50319—2000）中也规定："监理单位在实施建设工程监理之前，应当与建设单位签订书面建设工程委托监理合同，合同中应包括监理单位对建设工程质量、造价、进度进行全面控制和管理的条款"。因此，实行建设工程监理制度，订立监理合同首先是遵守国家法律法规的行为，十分必要。这个规定符合国际惯例，也是做好工程项目监理的必要条件。其次，从维护市场经济活动有序角度，其必要性体现在：

（1）建设监理的委托与被委托是一种商业行为，签约双方建立的是一种经济关系。因此，必须在事前就双方在合同中的一切事项加以明确，通过签订合同，使双方清楚地认识到自己一方和对方在合同中应承担的责任、义务和权力包括实施服务的具体内容、所需要支付的费用以及工作需要的条件等，便于做好工作。

（2）依法成立的合同对双方具有法律约束力，可以有效地保护签约双方的合法权益。法律约束力主要是指：①合同必须全面履行，双方当事人对于承诺合同如果不履行或不适当履行规定的义务，则被视为违约行为；②合同已经签订不得擅自变更或解除，如果客观条件发生变化，乙方要求变更或解除合同时，必须经双方协商达成新的协议之后才能变更或解除合同，否则就是违约行为；③合同是一种法律文书，当事人在履行合同中所发生的争议，都应以合同的条款、约定为依据；④国家强制力是履行合同的保障，除了不可抗力等法律规定的情况外，当事人不履行或不完全履行合同时，就要支付违约赔偿费，或强制违约方履行合同。因此用书面的形式来明确工程服务的合同，最终是为委托方和被委托方的共同的利益服务的。

四、建设监理合同示范文本

国家工商行政管理总局为了完善经济合同制度，规范合同各方当事人的行为，维护正常的经济秩序，在全国推出了包括建设监理合同在内的多种类型经济合同示范文本，对各类经济合同的主要条款、式样等制定了规范的、指导性的文件，引导当事人在签订经济合同时采用，以实现经济合同签订的规范化。

合同示范文本中的《标准条件》（又称《通用条件》）有些内容是拟定好的，有些内容是没有拟定需要当事人双方协商一致在《专用条件》中填写。合同的示范文本只对当事人订立合同时参考使用。

制定和推行监理合同示范文本主要作用在于：

（1）有助于签订监理合同当事人了解、掌握有关的法律法规，使经济合同规范化，避免缺款少项和当事人意思表达不准确、不真实。《监理合同》示范文本是由监理业务主管部门组织有关各方面的专家共同编制，能够比较准确地在法律范围内反映出双方所要实现的意图。使用示范文本，可以提高监理合同签订的质量，减少合同纠纷。

（2）有利于减少甲乙双方签订监理合同的工作量。签订合同的双方，可以以示范文本作为协商、谈判的依据，从而避免在签订合同中的种种扯皮现象，便于双方统一认识，提高效率。

（3）有利于合同管理机关加强监督检查，也有利于合同仲裁机关和人民法院及时解决合同纠纷，保护当事人的合法权益。监理合同示范文本是经过严格审查，依据有关法律法规审慎推敲制订的，它完全符合法律法规要求，使用示范文本实际上就是把自己纳入依法办事的轨道，其合法权益可受到法律保护。

五、建设监理合同文件的构成

1. 监理合同文件组成及优先顺序

建设工程委托监理合同文件由协议书、通用条件（又称标准条件）、专用条件、投标函、中标函或委托书以及在实施过程中双方共同签署的补充与修正文件组成。

构成合同的文件应被认为是互为说明的。如果合同文件中的约定之间产生含糊或歧义，合同文件解释按时间顺序以双方最后签认的为准。解释合同文件的优先顺序为：

（1）在实施过程中双方共同签署的补充与修正文件；

（2）协议书；

（3）专用条件及附录；

（4）通用条件（或标准条件）；

（5）中标函或委托书；

（6）投标函。

2. 监理合同示范文本的《标准条件》

建设工程委托监理合同（示范文本 GF—2000—0202）中《标准条件》共 46 条，其内容涵盖了合同中所用词语定义、适用语言和法规、签约双方的责任、权利和义务、合同变更与终止、监理酬金、风险分担以及履行过程中应遵循的程序及其他一些情况。它是监理委托合同的通用文本，适用于各类建设工程监理委托，是所有签约工程都应遵守的基本条件。

3. 监理合同示范文本的《专用条件》

由于标准条件适用于所有的工程建设监理委托，因此其中的某些条款规定得比较笼统，需要在签订具体工程项目的监理委托合同时，就地域特点、专业特点和委托监理项目的工程特点，对标准条件中的某些条款进行补充、修正。如对委托监理的工作内容而言，认为标准条件中的某些条款还不够全面，允许在专用条件中增加合同双方议定的条款内容。

所谓"补充"是指标准条件中的某些条款，在该条款确定的原则下，在专用条件的条款中进一步明确具体内容，使两个条件中相同序号的条款共同组成一条内容完备的条款。如标准条件中规定"监理合同适用的法规是国家法律、行政条件，以及专用条件中议定的部门规章或工程所在地的地方法规"。这就要求须在专用条件的相同序号条款内写入应遵循的部门规章和地方法规的名称,作为双方都必须遵守的条件。

所谓"修改"是指标准条件中规定的程序方面的内容,如果双方认为不合适,可以协议修改。如标准条件中规定"业主对监理单位提交的支付通知书中酬金或部分酬金项目提出异议,应在收到支付通知书 24 小时内向监理单位发出异议的通知",如果业主方认为这个时间太短,在与监理单位协商达成一致意见后,可在专用条件相同序号的条款内进行延长。

第二节 建设工程监理合同主要内容

一、监理合同主体的义务

（一）监理人的义务

1. 派出监理机构及监理人员

监理人应按合同约定派出监理工作需要的监理机构及监理人员,向委托人报送委派的总监理工程师及其监理机构主要成员名单。

在服务期限内,项目监理机构人员应保持相对稳定,以保证服务工作的正常进行。监理人可根据工程进展和业务需要对项目监理机构人员作出合理调整。若更换现场监理人员,应以相当资格与技能的人员替换。其中,更换总监理工程师须提前 7 日向委托人报告,经委托人同意后方可更换。

如果监理人员存在以下情况之一,监理人应及时更换该监理人员：

（1）严重过失行为；

（2）违法或涉嫌犯罪；

（3）不能胜任所担任的岗位要求；

（4）严重违反职业道德。

2. 认真履行合同义务

（1）监理人履行合同义务期间,应遵循监理职业道德准则和行为规范,严格按法律法规及标准提供服务。监理人应认真、勤奋地工作,为委托人提供与其水平相适应的咨询意见,公正维护各方面的合法权益。

（2）在委托服务范围内,委托人和承包人提出的任何意见和要求,监理人应及时拟定处置意见,再与委托人、承包人协商确定。委托人与承包人之间发生争议时,监理人应根据自己的职责与委托人、承包人进行协商。

（3）监理人可在授权范围内对委托人与第三方签订合同中规定的第三方义务提出变更。如果变更超过授权范围,则这种变更须经委托人事先批准。在紧急情况下,为了保护财产和人身安全,监理人所做的变更未能事先报委托人批准时,事后应尽快通知委托人。

（4）当委托人与承包人之间的争议提交仲裁机构仲裁或人民法院审理时,监理人应当如实提供有关证明材料。

3. 监理人使用委托人提供的设施和物品属委托人的财产,在监理工作完成或终止时,应将其设施和剩余的物品按合同约定的时间和方式移交给委托人。

4. 在合同期内或合同终止后,未征得有关方同意,不得泄露与本工程、本合同业务有关的保密资料。

5. 监理人在履行合同义务期间，应按专用条件中约定的内容、时间和份数向委托人提交工程监理及相关服务的报告。

（二）委托人的义务

1. 委托人应将监理人主要成员的职能分工、授予监理人的权限及时书面通知第三方，并在委托人与第三方签订的合同文件中予以明确。这里"第三方"是指施工承包人及与本工程有关的其他法人或实体。

2. 委托人应当授权一名熟悉工程情况的代表，负责与监理人联系。委托人应将委托人代表的职责和权力书面告知监理人。当委托人更换委托人代表时，应提前7日书面通知监理人。委托人在本合同约定的服务范围内对承包人的任何意见或要求，应首先向监理人提出。

3. 委托人应当负责工程建设的所有外部关系的协调，为监理工作提供外部条件。根据需要，如将部分或全部协调工作委托监理人承担，则应在专用条件中明确委托的工作和相应的报酬。

4. 委托人应在不影响监理人开展监理工作的约定的时限内免费向监理人提供有关的工程资料。如：与本工程合作的原材料、构配件、设备等生产厂家名录；与本工程有关的协作单位、配合单位的名录等。

在合同履行过程中，委托人应随时向监理人提供新近掌握的与工程有关的资料。

5. 委托人应免费向监理人提供履行服务所必需的设备、设施和物品等，包括办公用房、通信设施、监理人员工地住房及合同专用条件约定的设施，对监理人自备的设施给予合理的经济补偿（补偿金额＝设施在工程使用时间占折旧年限的比例×设施原值＋管理费）。

根据情况需要，如果双方约定，由委托人免费向监理人提供其他人员，应在监理合同专用条件中予以明确。

6. 委托人应当在专用条件约定的时间内就监理人书面形式提交并要求作出决定的事宜作出书面形式的答复。

7. 委托人应按合同的约定向监理人支付预付款、工程监理费及相关服务费。

二、监理合同主体的权利

即监理合同主要条款所规定的监理人和委托人的权利。

（一）监理人权利

1. 监理人在委托人委托的工程范围内，享有以下权利：

（1）选择工程总承包人的建议权；选择工程分包人的许可权。

（2）对工程建设有关事项包括工程规模、设计标准、规划设计、生产工艺设计和使用功能要求，向委托人的建议权。

（3）对工程设计中的技术问题，按照安全和优化的原则，向设计人提出建议；如果拟提出的建议可能会提高工程造价，或延长工期，应当事先征得委托人的同意。当发现工程设计不符合国家颁布的建设工程质量标准或设计合同约定的质量标准时，监理人应当书面报告委托人并要求设计人更正。

（4）审批工程施工组织设计和技术方案，按照保质量、保工期和降低成本的原则向承包人提出建议，并向委托人提出书面报告。

（5）主持工程建设有关协作单位的组织协调，重要协调事项应当事先向委托人报告。

（6）征得委托人同意，监理人有权发布开工令、停工令、复工令，但应当事先向委托人报告。如在紧急情况下未能事先报告时，则应在 24 小时内向委托人做出书面报告。

（7）工程上使用的材料和施工质量的检验权。对于不符合设计要求和合同约定及国家质量标准的材料、构配件、设备，有权通知承包人停止使用；对于不符合规范和质量标准的工序、分部分项工程和不安全施工作业，有权通知承包人停工整改、返工。承包人得到监理机构复工令后才能复工。

（8）工程施工进度的检查、监督权，以及工程实际竣工日期提前或超过工程施工合同规定的竣工期限的签认权。

（9）在工程施工合同约定的工程价格范围内，工程款支付的审核和签认权，以及工程结算的复核确认权与否决权。未经总监理工程师签字确认，委托人不支付工程款。

2. 监理人在委托人授权下，可对任何承包人合同规定的义务提出变更。如果由此严重影响了工程费用或质量、或进度，则这种变更须经委托人事先批准。在紧急情况下未能事先报委托人批准时，监理人所做的变更也应尽快通知委托人。在监理过程中如发现工程承包人的人员工作不力，监理机构可要求承包人调换有关人员。

3. 在委托的工程范围内，委托人或承包人对对方的任何意见和要求（包括索赔要求），均必须首先向监理机构提出，由监理机构研究处置意见，再同双方协商确定。当委托人和承包人发生争议时，监理机构应根据自己的职能，以独立的身份判断，公正地进行调解。当双方的争议由政府建设行政主管部门调解或仲裁机关仲裁时，应当提供作证的事实材料。

（二）委托人权利

1. 委托人有选定工程总承包人，以及与其订立合同的权利。

2. 委托人有对工程规模、设计标准、规划设计、生产工艺设计和设计使用功能要求的认定权，以及对工程设计变更的审批权。

3. 监理人调换总监理工程师须事先经委托人同意。

4. 委托人有权要求监理人提交监理工作月报及监理业务范围内的专项报告。

5. 当委托人发现监理人员不按监理合同履行监理职责，或与承包人串通给委托人造成损失的，委托人有权要求监理人更换监理人员，直到终止合同并要求监理人承担相应的赔偿责任或连带赔偿责任。

三、监理合同主体的责任

（一）监理人的责任

1. 监理人应按照法律法规及监理合同约定，履行监理人的义务并承担相应的责任。监理人的责任期即委托监理合同有效期。在监理过程中，如果因工程建设进度的推迟或延误而超过书面约定的日期，双方应进一步约定相应延长的合同期。

2. 监理人在责任期内，监理人未履行本合同约定的义务，对应当监督检查的项目不检查或不按规定检查或因工作过失，给委托人造成损失的，应当承担相应的赔偿责任并支付赔偿金。

赔偿金＝直接经济损失×受损失部分的相应收费金额比例

赔偿金累计数额不超过监理人的服务收费金额总额（扣除税金）。

3. 因承包人违反承包合同约定或监理人的指令，发生工程质量安全事故、导致工期延误等造成损失，且监理人无过失的，监理人不承担赔偿责任。

因不可抗力导致委托监理合同不能全部或部分履行，监理人不承担责任。但对监理人不能认真履行合同的义务，为委托人提供与其水平相适应的咨询意见，公正维护各方面的合法权益引起的与之有关的事宜，向委托人承担赔偿责任。

4. 监理人向委托人提出赔偿要求不能成立时，监理人应当补偿由于该索赔所导致委托人的各种费用支出。

（二）委托人的责任

1. 委托人应按照法律法规及本合同约定履行委托人义务并承担相应的责任，如有违反则应当承担违约责任，赔偿监理人造成的经济损失。

2. 委托人应按照法律法规对本工程的实施取得相应政府部门的许可。如果委托人违反有关规定未取得许可擅自实施工程，对监理人造成的损失，应承担相应的责任。

3. 委托人违反本合同约定或因其他非监理人原因造成监理人的经济损失，委托人应予以赔偿或补偿。

4. 委托人如果向监理人提出赔偿的要求不能成立，则应当补偿由索赔所引起的监理人的各种费用支出。

5. 委托人未能按合同的约定支付监理服务费用，应承担违约责任。

四、合同生效、变更与终止

1. 合同生效

（1）由于委托人或承包人的原因使监理工作受到阻碍或延误，以致发生了附加工作或延长了持续时间，则监理人应当将此情况与可能产生的影响及时通知委托人。完成监理业务的时间相应延长，并得到附加工作的报酬。

（2）在委托监理合同签订后，实际情况发生变化，使得监理人不能全部或部分执行监理业务时，监理人应当立即通知委托人。该监理业务的完成时间应予延长。当恢复执行监理业务时，应当增加不超过42日的时间用于恢复执行监理业务，并按双方约定的数量支付监理报酬。

2. 合同变更

（1）当事人一方要求变更或解除合同时，应当在42日前通知对方，因解除合同使一方遭受损失的，除依法可以免除责任以外，应由责任方负责赔偿。

（2）变更或解除合同的通知或协议必须采取书面形式，协议未达成之前，原合同仍然有效。

3. 合同终止

（1）监理人向委托人办理完竣工验收或工程移交手续，承包人和委托人已签订工程保修责任书，监理人收到监理报酬尾款，本合同即终止。保修期间的责任，双方在专用条款中约定。

（2）监理人在应当获得监理报酬之日起30日内仍未收到支付单据，而委托人又未对监理人提出任何书面解释时，或根据《建筑法》第二十一条及第三十二条已暂停执行监理业务时限超过6个月的，监理人可向委托人发出终止合同的通知，发出通知后14日内仍未得到委托人答复,可进一步发出终止合同的通知,如果第二份通知发出后 42 日内仍未得到委托人答复,可终止合同或自行暂停或继续暂停执行全部或部分监理业务。委托人承担违约责任。

(3) 监理人由于非自己的原因而暂停或终止执行监理业务,其善后工作以及恢复执行监理业务的工作,应当视为额外工作,有权得到额外的报酬。

(4) 当委托人认为监理人无正当理由而又未履行监理义务时,可向监理人员发出指明其未履行义务的通知。若委托人发出通知后 21 日内没有收到答复,可在第一个通知发出后 35 日内发出终止委托监理合同的通知,合同即行终止。监理人承担违约责任。

(5) 合同协议的终止并不影响各方应有的权利和应当承担的责任。

五、监理报酬

(1) 正常的监理工作、附加工作和额外工作的报酬,按照监理合同专用条件中约定的方法计算,并按约定的时间和数额支付。

"工程监理的正常工作"是指双方在专用条件中约定,委托人委托的监理工作范围和内容。

"工程监理的附加工作"是指:①委托人委托监理范围以外,通过双方书面协议另外增加的工作内容;②由于委托人或承包人原因,使监理工作受到阻碍或延误,因增加工作量或持续时间而增加的工作。

"工程监理的额外工作"是指正常工作和附加工作以外,或非监理人自己的原因而暂停或终止监理业务,其善后工作及恢复监理业务的工作。

(2) 如果委托人在规定的支付期限内未支付监理报酬,自规定之日起,还应向监理人支付滞纳金。滞纳金从规定支付期限最后一日起计算。

(3) 支付监理报酬所采取的货币币种、汇率由合同专用条件约定。

(4) 如果委托人对监理人提交的支付通知中报酬或部分报酬项目提出异议,应当在收到支付通知书 24 小时内向监理人发出表示异议的通知,但委托人不得拖延其他无异议报酬项目的支付。

六、其他方面的约定

(1) 委托的建设工程监理所必要的监理人员的出外考察、材料设备复试,其费用支出经委托人同意的,在预算范围内向委托人实报实销。

(2) 在监理业务范围内,如需聘用专家咨询或协助,由监理人聘用的,其费用由监理人承担;由委托人聘用的,其费用由委托人承担。

(3) 监理人在监理工作过程中提出的合理化建议,使委托人得到了经济效益,委托人应按专用条件中的约定给予经济奖励。

(4) 监理人驻地监理机构及其职员不得接受监理工程项目施工承包人的任何报酬或经济利益。

(5) 监理人在监理过程中,不得泄露委托人申明的秘密,监理人亦不得泄露设计人、承包人等提供并申明的秘密。

(6) 监理人对于由其编制的所有文件拥有版权,委托人仅有权为本工程使用或复制此类文件。

七、合同争议的解决

因违反或终止合同而引起的对对方损失和损害的赔偿，双方应当协商解决，如未能达成一致，可提交主管部门协调，如仍未能达成一致时，根据双方约定提交仲裁机关仲裁或向人民法院起诉。

依照《合同法》第五十七条规定："合同无效、被撤销或者终止时，不影响合同中独立存在的有关解决争议方法的条款的效力。"因此，合同中关于争议解决的条款的效力具有相对的独立性，不受合同无效、变更或者终止的影响。也就是说，即使合同无效、合同变更或者合同终止，并不必然导致合同中争议解决的条款无效、变更、终止。

第三节　建设监理合同的履行管理

一、合同的履行管理概述

（一）合同履行的原则

依照《合同法》的规定，合同当事人履行合同时，应遵循以下原则：

(1) 全面、适当履行的原则

全面、适当履行，是指合同当事人双方应当按照合同约定全面履行自己的义务，包括履行义务的主体、标的、数量、质量、价款或者报酬以及履行的方式、地点、期限等，都应当按照合同的约定全面履行。

(2) 遵循诚实信用的原则

诚实信用原则，是我国《民法通则》的基本原则，也是《合同法》的一项十分重要的原则，它贯穿于合同的订立、履行、变更、终止等全过程。因此，当事人在订立合同时，要诚实、要守信用、要善意，当事人双方要互相协作，合同才能圆满地履行。

(3) 公平合理，促进合同履行的原则

合同当事人双方自订立合同起，直到合同的履行、变更以及发生争议时对纠纷的解决，都应当依据公平合理的原则，按照《合同法》的规定，根据合同的性质、目的和交易习惯，善意地履行通知、协助、保密等附随义务。

(4) 当事人一方不得擅自变更合同的原则

合同依法成立，即具有法律约束力，因此，合同当事人任何一方均不得擅自变更合同。《合同法》在若干条款中根据不同的情况对合同的变更，分别作了专门的规定。这些规定更加完善了我国的合同法律制度，并有利于促进我国社会主义市场经济的发展和保护合同当事人的合法权益。

（二）合同履行中条款空缺的法律适用

合同条款空缺，是指合同生效后，当事人对合同条款约定的缺陷，依法采取完善或妥善处理的法律行为。

当事人订立合同时，对合同条款的约定应当明确、具体，以便于合同履行。然而，由于有些当事人因合同法律知识的欠缺，对事物认识上的错误以及疏忽等原因，出现欠缺某些条款或者条款约定不明确，致使合同难以履行，为了维护合同当事人的正当权益，法律规定允许当事人之间可以采取协议补充措施，以补救合同条款空缺的问题。

《合同法》第六十一条规定："合同生效后，当事人就质量、价款或者报酬、履行地点等内容没有约定或者约定不明确的,可以协议补充;不能达成补充协议的,按照合同有关条款或者交易习惯确定。"

(三)合同内容不明确,又不能达成补充协议时的法律适用

《合同法》第六十二条规定:"当事人就有关合同内容约定不明确,依照本法第六十一条的规定仍不能确定的,适用下列规定:

(1)质量要求不明确的,按照国家标准、行业标准履行;没有国家标准、行业标准的,按照通常标准或者符合合同目的的特定标准履行。

(2)价款或者报酬不明确的,按照订立合同时履行地市场价格履行;依法应当执行政府定价或者政府指导价的,按照规定履行。

(3)履行期限不明的,债务人可以随时履行,债权人也可以随时要求履行,但应当给对方必要的准备时间。"

(四)合同履行中的违约责任

1. 违约责任的法律规定

《合同法》第一百零七条规定:"当事人一方不履行合同义务或者履行合同义务不符合约定的,应当承担继续履行、采取补救措施或者赔偿损失等违约责任。"

依照《合同法》的上述规定,当事人不履行合同义务或履行合同义务不符合约定时,就要承担违约责任。此项规定确立了对违约责任实行"严格责任原则",只有不可抗力的原因方可部分或者全部免责。

2. 违约责任的形式

当事人承担违约责任的形式有:

(1)继续履行合同。是指违反合同的当事人不论是否已经承担赔偿金或者违约金责任,都必须根据对方的要求,在自己能够履行的条件下,对原合同未履行的部分继续履行。

(2)采取补救措施。是指在违反合同的事实发生后,为防止损失发生或者扩大,而由违反合同行为人采取修理、重作、更换等措施。

(3)赔偿损失。是指当事人一方违反合同造成对方损失时,应以其相应价值的财产予以补偿。赔偿损失应以实际损失为依据。

3. 当事人未支付价款或者报酬的违约责任

《合同法》第一百零九条规定:"当事人一方未支付价款或者报酬的,对方可以要求其支付价款或者报酬。"

当事人承担违约责任的具体方式如下:

支付价款或报酬是以给付货币形式履行的债务,民法上称之金钱债务。对于金钱债务的违约责任,一是债权人有权请求债务人履行债务,即继续履行;二是债权人可以要求债务人支付违约金或逾期利息。

4. 不可抗力事件发生的免责规定

《合同法》所称不可抗力,是指不能预见、不能避免并不能克服的客观情况。

不可抗力事件发生后,当事人应履行通知的义务,《合同法》第一百一十八条规定:"当事人一方因不可抗力不能履行合同的,应当及时通知对方,以减轻可能给对方造成的损失,并应在合理期限内提供证明。"

《合同法》第一百一十七条规定:"因不可抗力不能履行合同的,根据不可抗力的影响,部分或者全部免除责任,但法律另有规定的除外。当事人延迟履行后发生不可抗力的,不能免除责任。"

5. 合同当事人一方违约后相对人的减损义务

《合同法》第一百一十九条规定:"当事人一方违约后,对方应采取适当措施防止损失的扩大。没有采取适当措施致使损失扩大的,不得就扩大的损失要求赔偿。

当事人因防止损失扩大而支出的合理费用,由违约方承担"。

6. 当事人因第三人原因而违约的责任承担

《合同法》第一百二十一条规定:"当事人一方因第三人的原因造成违约的,应当向对方承担违约责任,当事人一方和第三人之间的纠纷,依照法律规定或者按照约定解决。"

二、业主对监理合同的管理

(一) 合同签订前的管理

业主要搞好项目建设的重要条件之一就是要选择一个好的监理单位,因此在进行监理招标前要加强对监理单位的资格预审,让真正具备监理能力的监理单位入围参加投标。资格预审的主要内容有:

(1) 必须有经建设主管部门审查并签发的,具有承担建设监理合同内规定的建设工程的资质等级证书;

(2) 必须是经工商行政管理机关审查注册、取得营业执照、具有独立法人资格的企业;

(3) 具有对拟委托的建设工程监理的实际能力,包括总监理工程师及监理人员素质、主要检测设备配备情况等;

(4) 财务情况,包括资金情况和近几年经营效益;

(5) 监理单位社会信誉、已承接的监理任务的合同的履行情况,承担类似工程监理的业绩等。

业主只有经过上述几个方面的预审,对监理单位有了充分了解,中标后签订监理合同才比较放心。

(二) 合同谈判管理

合同谈判是业主经过监理招标确定了前1~3名拟中标人后,就可以依次与拟中标人进行签订合同谈判。

业主要与拟中标人对监理合同的主要条款和应负责任具体谈判,在使用《示范文本》时,要依据《标准条件》结合《专用条件》逐条加以谈判明确,对《标准条件》的哪些条款要进行修改,哪些条款不采用,还应补充哪些条款,以及《标准条件》内需要在《专用条件》内加以具体规定的,如拟委托监理的工程范围、业主为监理单位提供的外部条件的具体内容、业主提供的工程资料及具体时间等,都要提出责任明确具体的要求。对谈判内容双方达成一致的意见,要有准确的文字记载。

经过谈判后,双方对监理合同条款内容取得完全一致意见后即可正式签订监理合同文件。

(三) 业主的履约管理

业主在合同履行中主要从以下几个方面进行管理:

（1）严格按照监理合同的规定履行应尽义务。监理合同内规定的应由业主方负责的工作，是使合同最终实现的基础，如外部关系的协调，为监理工作提供外部条件，为监理单位提供获取本工程使用的原材料，构配件、机械设备等生产厂家名录等都是监理方做好工作的先决条件，业主方必须严格按照监理合同的规定，履行应尽的义务，才有权要求监理方履行合同。

（2）按照监理合同的规定行使权利。监理合同中规定的业主的权利，要充分使用，以加强对监理单位履行应尽的义务的监督管理。监理合同中规定的业主的权利主要有以下几个方面：①对设计、施工单位工程的发包权；②对工程规模、设计标准的认定权及设计变更的审批权；③对工程款支付的最后确认权；④对监理方履行合同的监督管理权等。

（3）业主的监理档案管理。在全部工程项目竣工后，业主应将全部合同文件，包括完整的工程竣工资料加以系统整理，按照国家《档案法》及有关规定，建档保管。为了保证监理合同档案的完整性，业主对合同文件及履行中与监理单位之间进行的签证、记录协议、补充合同备忘录、函件、电报、电传等都应系统的妥善保管，认真整理。

三、监理单位对监理合同的履行管理

监理合同是监理单位在对项目实施监理过程中的工作准则，监理单位在项目监理过程中的一切工作活动都是为了履行监理合同的责任和义务。

监理单位对监理合同管理的主要内容如下：
（1）合同谈判和合同的签订；
（2）进行合同的审查和分析；
（3）向监理项目派遣合同管理人员；
（4）制定监理合同管理工作计划；
（5）对监理合同履行进行监督管理；
（6）处理与业主、与其他方面的合同关系；
（7）索赔管理。

按照实施的先后顺序，合同管理可分为合同签订前管理、谈判签订的管理和合同履行的管理。

（一）合同前期投标决策管理

全面的合同管理应始于工程项目的投标决策管理，因为一个既不能充分发挥自身优势、工作环境极差、风险很大的项目，如若中标签订了合同，就像上了一艘到处漏水而在大海中航行的船一样，合同的管理将困难重重。因此，成熟的合同管理都会十分重视前期的投标决策管理。监理单位在参加监理投标时应注意以下两方面的情况：

1. 调查了解业主情况

监理单位在决定是否参加某项工程监理业务的竞争投标之前，要对工程业主进行充分的调查了解，包括：

（1）工程项目业主应是依法成立、具有法人资格、能够独立参加民事活动并直接承担民事权利和义务的合法组织。

（2）业主的财务和经营状况，这是履行合同的基础和承担经济责任的前提。

（3）待建设的项目要符合国家政策，不违反国家的法律法令及有关规定。

2. 监理单位自身情况衡量

监理单位还应从自身情况出发，考虑投标竞争该项目的可行性，如应考虑：

（1）实事求是从本企业的技术力量、监理工程的经验、装备情况等条件出发，考虑是否能发挥本企业的优势，考虑承担该项目可能获得的效益和风险；

（2）要考虑竞争对手的实力及投标报价的动向，分析投标有无取胜的把握，不宜勉强投标，更不宜参加"陪标"，以免有损于企业的声誉，影响其他工程中标。

在下列情况下，应放弃对项目的投标：

（1）本监理单位主营和兼营能力之外的项目；

（2）工程规模、技术要求超出本单位资质等级的项目；

（3）本单位监理任务饱满，而准备竞争的监理项目盈利水平较低或风险较大。

（二）合同条件分析和合同签订谈判管理

在这一阶段合同管理的基本任务是进行合同文本条件审查和合同风险分析，为合同谈判和合同签订提供决策信息。

1. 合同条件分析

招投标时业主在招标文件中附有合同条件，作为投标人只能响应，但合同条件中有些是业主的苛求，有些是不明确而对监理人有风险的条件。因此，监理单位中标后，正式签订合同前，要认真进行合同条件分析，以便与业主进行合同签订前的谈判。

一般而言，一份公平合理的合同条件应该符合以下原则，或可从以下几方面定性评价：

（1）合同双方权利、义务和责任关系比较平衡；

（2）合同中规定的监理酬金比较优惠或适中；

（3）没有苛刻的单方面的约束性条款等。

由于现行工程中基本使用的都是监理合同示范文本，从大的方面来看，合同双方权利、义务和责任关系是比较平衡的，因此对合同条件分析的重点是在《专用条件》的分析，一定要认真仔细结合监理的具体项目的特殊性研究，研究其特殊性可能带来的质量、进度、投资、安全及环保方面的风险，在《专用条件》的相应条款中予以界定，特别要防止漏项。

2. 合同签订谈判管理

在合同条件分析的基础上，与业主进行合同签订前谈判的目的主要是争取对己方更合理或更有利的合同条款，减少合同履行中的风险，最终目的还是为了保证工程的顺利进行。

在合同签订谈判中，监理单位应利用法律赋予的平等权利进行对等谈判，在充分讨论、磋商的基础上，对业主提出的要求，作出是否能够全部承诺的明确答复或监理要求业主应附加的条件。

在签订合同过程中，监理单位应积极地争取主动，对业主提出的合同文本，双方应对每个条款都作具体的商讨，对重大问题不能客气和让步，针锋相对，切不可在观念上把自己放在被动的地位上。在目前市场竞争激烈、僧多粥少的情况下，监理单位在签订合同时常常会有意或违心犯这样的错误：

（1）由于竞争激烈，怕失去工程，而接受业主苛刻的合同条件；

（2）出于多方面原因，急于拿到工程，在承接工程中不认真分析合同条件，低价以求，草率签订合同，甚至违规与业主签订黑白合同等。

这样做的后果将导致合同签订后的履行困难更大，不仅损害监理单位利益，由于费用紧张，对工程风险认识不足，还有可能引发工程质量安全事故，最终也损害业主的利益。

应该认识到《合同法》和其他经济法规赋予合同双方的平等法律地位和权利，在谈判中这个地位和权利，要靠企业自己争取，如果监理一方放弃这个权利，盲目草率地签订合同，不仅会使自己处于不利的地位，还会影响其他监理单位正常的利益。

（三）监理合同履行中的管理

由于监理合同管理贯穿于监理单位经营管理的各个环节，因而履行监理合同必须涉及监理单位各项管理工作，监理合同一经生效，监理单位就要按合同规定，行使权利，履行应尽义务，具体履行内容程序如下：

1. 确定项目总监理工程师，成立项目监理组织。

每一个拟监理的工程项目，监理单位都应根据工程项目规模、性质、业主对监理的要求，委派称职的人员担任项目的总监理工程师，代表监理单位全面负责该项目的监理工作。总监理工程师对内向监理单位负责，对外向业主负责。

在总监理工程师的具体领导下，组建项目的监理班子，并根据签订的监理委托合同，制订监理规划和具体的实施计划，开展监理工作。

一般情况下，监理单位在承接项目监理业务时，在参与项目监理的投标，拟订监理大纲时，以及与业主商签监理委托合同时，即应选派称职的人员主持该项目工作。在监理任务确定并签订监理委托合同后，该主持人即可作为项目总监理工程师。这样，项目总监理工程师在承接任务阶段就早已介入，从而更能了解业主的建设意图和对监理工作的要求，并与后续工作能更好地衔接。

2. 进一步熟悉情况，收集有关资料，为开展建设监理工作做准备。

（1）反映工程项目特征的有关资料：

①工程项目的批文；

②规划部门关于规划红线范围和设计条件通知；

③土地管理部门关于准予用地的批文；

④批准的工程项目可行性研究报告或设计任务书；

⑤工程项目地形图；

⑥工程项目勘测、设计图纸及有关说明。

（2）反映当地工程建设报建程序的有关规定：

①关于工程建设报建程序的有关规定；

②当地关于拆迁工作的有关规定；

③当地关于工程建设应交纳有关税、费的规定；

④当地关于工程项目建设管理机构资质管理的有关规定；

⑤当地关于工程项目建设实行建设监理的有关规定；

⑥当地关于工程建设招标投标制度的有关规定；

⑦当地关于工程造价管理的有关规定等。

（3）反映工程所在地区技术经济状况及建设条件的资料：

①气象资料；

②工程地质及水文地质资料；

③交通运输（包括铁路、公路、航运）有关的可提供的能力、时间及价格等的资料；

④供水、供电、供热、供燃气、电信有关的可提供的容（用）量、价格等的资料；
⑤勘测设计单位状况；
⑥土建、安装施工单位状况；
⑦建筑材料及构件、半成品的生产、供应情况等。
(4) 类似工程项目建设情况的有关资料：
①类似工程项目投资方面的有关资料；
②类似工程项目建设工期方面的有关资料：
③类似工程项目的其他技术经济指标等。
3. 制订工程项目监理规划。

工程项目的监理规划，是开展项目监理活动的纲领性文件，根据业主委托监理的要求，在详细分析监理项目有关资料的基础上，结合监理的具体条件编制的开展监理工作的指导性文件。

4. 制订各专业监理工作计划及实施细则。

在监理规划的指导下，结合工程项目实际情况，制订的分部、分项或工程关键部位的控制措施细则。

5. 在工程监理过程中，认真履行监理合同中规定的监理人的义务和职责。
6. 监理工作总结归档。

按合同约定向业主提交监理工作总结。其内容主要包括：监理委托合同履行情况概述；监理任务或监理目标完成情况评价；由业主提供的供监理活动使用的办公用房、车辆、试验设施等归还清单；表明监理工作终结的说明等。

思 考 题

1. 监理工作包括正常的监理工作、附加工作、额外工作应如何划分？作用如何？
2. 未在合同专用条件中注明适用的部门规章是否能在工程中采用？为什么？
3. 监理人的义务包括哪些？
4. 监理人的权利包括哪些？
5. 监理人的责任包括哪些？
6. 业主的义务包括哪些？
7. 业主的权利包括哪些？
8. 业主的责任包括哪些？
9. 实际情况变化，导致监理业务无法进行时，监理单位应如何处置？
10. 业主要求终止或部分终止监理合同，应在多少天前提出，程序如何？
11. 监理单位在什么情况下可以终止监理合同？并应履行什么手续？
12. 业主对监理审核的支付通知书中的工程款有异议时应如何处理？
13. 监理单位遇到复杂技术问题另聘专家咨询或协助，其费用由谁负担？
14. 监理合同争议一般可通过哪些方式解决？
15. 监理合同标的的特殊性体现在什么方面？
16. 为什么说监理合同具有从合同的性质？
17. 订立监理合同的必要性何在？
18. 监理合同示范文本为什么制定了"标准条件"还需要"合同专用条件"？二者关系如何？

第九章 建设工程合同履行的监理

第一节 建设工程合同履行的监理概述

一、建设工程合同履行的监理

建设工程合同履行的监理，是指业主委托工程监理单位对项目建设实施阶段业主与承包方签订的工程勘察合同、设计合同、施工合同、材料及设备采购合同、工程总承包合同等的履行进行的监督管理，以确保合同标的的实现。具体监理哪些合同的履行及相应的业务内容，业主与监理应在监理合同中明确。

工程合同履行的监理是一项专业性很强的工作，涉及协助业主拟定相应合同条款，以及在项目设计过程和施工过程中对项目投资、进度、质量、安全及环保目标实现的监控，对监理工程师的技术、经济及管理知识和水平要求很高。

本章后面将对建设工程设计合同和施工合同的履行的监理分别进行介绍。

二、业主工程发包模式与合同文本选择

在建设工程招标文件中，业主已选择确定了工程发包方式及相应的合同条件文本，投标人只能响应。业主选择何种工程发包方式及合同条件文本，主要是与业主采用的工程管理模式有关。就当前国内的工程建设实践，主要的工程管理模式有以下几种。

（一）DBB（Design-Bid-Build）模式

设计—招标—施工模式（Design-Bid-Build，DBB）是一种传统的模式，在工程上比较通用，世界银行、亚洲开发银行贷款项目和采用国际咨询工程师联合会（FIDIC）《施工合同条件》的项目多采用这种模式。这种模式各方关系如图9-1所示。

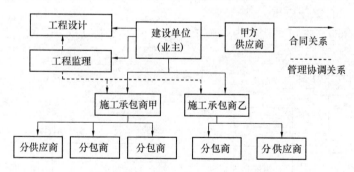

图 9-1 传统的设计—招标—施工管理模式

这种模式最突出的特点是强调工程项目的实施必须按设计—招标—建造的顺序方式进行。采用这种模式时：业主与设计单位签订专业服务合同，负责提供项目的设计文件；业主与监理单位签订工程监理合同，负责对项目设计和施工的监督管理，或仅委托对项目施工的监督管理；在监理的协助下，通过竞争性招标将工程施工任务发包给报价和质量、进

度等都满足要求的投标人（承包商）来完成。

在此模式下，业主可将项目全部工程施工仅发包给一个施工总承包商来完成，即为施工总承包模式。当项目较大或单项工程较多时，业主可划分标段或按单项工程分别发包，即为一般意义上的施工承包模式，也是目前工程实际中应用最多的模式。

国内《施工合同》示范文本以及国际咨询工程师联合会（法文名称 Federation Internationale Des Ingenieurs Conseils 简称 FIDIC）合同文本《施工合同条件》可适用于这种模式。

（二）DB（Design-Build）模式

设计—建造（Design-Build，DB）项目总承包模式，是指业主将设计和施工全部发包给项目总承包公司，由项目总承包公司按照合同约定，承担工程项目设计和施工，并对承包工程的质量、投资、工期、安全及环保全面负责。在这种模式下业主首先委托一家工程监理公司对项目总承包公司的设计和施工进行监督管理。设计—建造模式组织形式如图9-2 所示。

国内《工程总承包合同》示范文本以及 FIDIC 合同文本《生产设备和设计—施工合同条件》可适用于这种模式。

（三）CM（Constraction Management）模式

这是一种快速施工的模式，当工程相对独立的部位施工图设计完成后，比如基础设计已完成，即可将基础工程先行招标发包开始施工，此时主体结构工程尚在设计。待主体结构设计完成，又将主体结构工程招标发包，基础工程一旦完工，就可开始主体结构施工，同时装修工程等开始设计。装修工程等设计完成，第三次进行装修工程等招标发包及施工。其最大优点是节约了等待设计全部完成的时间，施工提前开工。模式如图9-3 所示。这种模式适用于工期特别紧的项目建设，如抢险工程、灾后重建工程及战后重建工程等。这种模式有我国常批评的"边设计、边施工、边修改"的"三边工程"之嫌，其实只不过是设计和施工的进展步序安排问题，关键是要聘请有充分经验的设计公司和工程监理公司，能做到"边设计、边施工"，而保证不犯"边修改"之错，何乐而不为？显然，这种模式下，工程监理的责任更重大。

CM 模式的合同文本可采用国内《施工合同》示范文本以及 FIDIC 合同文本《施工合同条件》。

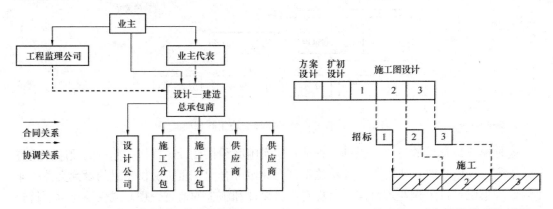

图 9-2 设计—建造项目总承包模式　　　图 9-3 CM 快速施工法各阶段关系示意图

(四) EPC/Turnkey 模式

设计采购施工（EPC）/交钥匙（Engineering、Procurement、Construction/Turnkey）项目总承包是指项目总承包公司按照合同约定，承担工程项目的设计、采购、施工、试运行服务等工作，并对承包工程的质量、投资、工期、安全与环保全面负责，最终是向业主提交一个满足使用功能、具备使用条件的工程项目，业主"转动钥匙"即可运行。设计采购施工（EPC）/交钥匙模式组织形式如图 9-4 所示。

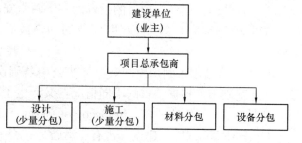

图 9-4 设计采购施工（EPC）/交钥匙模式

国际咨询工程师联合会《设计采购施工（EPC）/交钥匙工程合同条件》适用的即是这种模式。目前国内尚无颁布与这类模式对应的合同示范文本，也极鲜见 EPC/交钥匙工程。

在这种模式下，业主无需委托工程监理，工程质量等目标的实现全部由项目总承包公司提供保证。因此，我国现行的建设工程监理规范等不适合这种模式。

此外，在当前工程建设管理领域，为适用项目建设多方面不同需要的具体情况，从不同的角度，有许多不同提法的工程管理模式，如：

(1) PMC（Project Management Contractor）模式

PMC 项目管理模式是指项目业主聘请一家公司（一般为具备相当实力的工程管理公司或工程咨询公司）代表业主进行整个项目建设的管理，这家公司在项目中被称为"项目管理承包商"（Project Management Contractor），简称为 PMC。PMC 受业主的委托，从项目的策划、定义、设计到竣工投产全过程为业主提供项目管理承包服务。选用该种模式管理项目时，业主方面仅需保留很小部分的建设管理力量对一些关键问题进行决策，而绝大部分的项目建设的管理工作都由项目管理承包商来承担，这些公司自己并不一定具有承担全部工程的设计和施工队伍，而是大部分工作外包，主要是负责管理工程建设。

(2) Partnering 模式

合伙（Partnering）模式于 20 世纪 80 年代中期首先出现在美国。该模式是在充分考虑建设各方利益的基础上确定建设工程共同目标的一种管理模式。它一般要求业主与参建各方在相互信任、资源共享的基础上达成一种短期或长期的协议，通过建立工作小组相互合作，及时沟通以避免争议和诉讼的产生，共同解决建设工程实施过程中出现的问题，共同分担工程风险和有关费用，以保证参与各方目标和利益的实现。

(3) PC（Project Controlling）模式

项目总控（Project Controlling）是指以独立和公正的方式，对项目实施活动进行综合协调，围绕项目目标的投资、进度和质量进行综合系统规划，以使项目的实施形成一种可靠安全的目标控制机制。它通过对项目实施的所有环节的全过程进行调查、分析、建议和咨询，提出对项目实施切实可行的建议实施方案，供项目的管理层决策。PC 模式是一种新的建设项目的管理控制模式，在国内已有工程采用。

(4) BOT（Build-Operate-Transfer）模式

建造—运营—移交（Build-Operate-Transfer，BOT）模式的运作方式是：由项目所在国政府或所属机构为项目的建设和经营提供一种特许权协议作为项目融资的基础，由本国公司或者外国公司作为项目的投资者和经营者安排融资，承担风险，开发建设项目，并在特许的运营期内经营项目获取商业利润，最后根据协议将该项目转让给相应的政府机构。

BOT方式开创了利用民间资金加快公用基础设施建设，提高社会公共服务水平的途径，在此基础上，根据项目的不同情况，又产生了多种新的变异模式：BT（Build-Transfer）建设—移交；BOO（Build-Occupy-Operate）建设—占有—运营；BOOT（Build-Occupy-Operate-Transfer）建设—占有—运营—移交等。

(5) PFI（Private Finance Initiative）模式

PFI（Private Finance Initiative），即私人主动融资，是英国政府于1992年提出的，其含义是公共工程项目由私人资金启动，投资兴建，政府授予私人委托特许经营权，通过特许协议政府和项目的其他各参与方之间分担建设和运作风险。它是在BOT之后又一优化和创新了的公共项目融资模式。

(6) PPP（Private Public Partnership）模式

政府公共部门与私人合作（Private Public Partnership，PPP）模式是国际上新近兴起的一种新型的政府公共部门与私人合作建设城市基础设施的形式。

上述不同模式是不同需求下，不同角度的提法，如BOT、PFI、PPP模式主要是从项目建设融资角度，解决公用基础设施建设资金来源的不同模式。但从业主项目工程发包采用的合同文本却只有几种：

(1) 设计与施工分开发包的，国内设计主要采用《建设工程设计合同》（GF—2000—0210）示范文本，施工主要采用《建设工程施工合同》（GF 1999—0201）示范文本或《标准施工招标文件合同条款》(2007年版)。当前国内采用这几种合同方式的估计要占工程合同总量的90%以上。

(2) 设计与施工一起发包的，国内主要采用《工程总承包合同》示范文本。

(3) 交钥匙工程的发包，主要采用FIDIC《设计采购施工（EPC）/交钥匙工程合同条件》文本。

由于交钥匙工程模式业主无需委托工程监理，因此建设工程合同履行的监理涉及的合同模式国内主要是建设工程设计合同、施工合同、工程总承包合同，以及工程勘察、材料及设备采购合同等几种。

第二节 建设工程设计合同履行的监理

一、建设工程设计合同示范文本

现行采用的建设工程设计合同示范文本是2003年3月由原中华人民共和国建设部和国家工商行政管理总局监制的《建设工程设计合同》（GF—2000—0210）示范文本，又分为两部分：（一）民用建设工程设计合同；（二）专业建设工程设计合同。

民用建设工程设计大多为通用性质的设计，相对简单一些，合同文本也简单一些。专业建设工程设计涉及各类工业建设工程，相对复杂一些，因此合同文本也复杂一些。限于篇幅，本节主要介绍民用建设工程设计合同主要内容。

二、《民用建设工程设计合同》示范文本主要内容

1. 签订合同的依据

合同签订的依据主要是根据《中华人民共和国合同法》、《中华人民共和国建筑法》、《建设工程勘察设计管理条例》以及国家及地方有关建设工程勘察设计管理法规、规章和建设工程批准文件等。

2. 合同的标的

合同的标的包括设计项目的名称、规模、主要内容、项目投资及设计费用等。

3. 发包人应向设计人提交的有关资料及文件

应详细写明发包人提交的资料及文件名称、份数、提交日期及有关事宜等。

4. 设计人应向发包人交付的设计成果资料及文件

应详细写明设计人提交的资料及文件名称、份数、提交日期及有关事宜等。

5. 设计收费

应详细写明设计收费总额、定金（20%设计费，合同签订后三日内支付）及其余设计费支付分批时间及费额。

6. 设计人义务

（1）设计人应按国家技术规范、标准、规程及发包人提出的设计要求，进行工程设计，按合同规定的进度要求提交质量合格的设计资料，并对其负责。

（2）设计人采用的主要技术标准，应逐一写明。

（3）项目设计合理使用年限应写明，按国家规定，一般建筑为50年，重要建筑为100年。

（4）设计人按合同约定的内容、进度及份数向发包人交付设计资料及文件。

（5）设计人交付设计资料及文件后，按规定参加有关的设计审查，并根据审查结论负责对不超出原定范围的内容作必要调整和补充。设计人按合同规定时限交付设计资料及文件后一年内项目开始施工的，设计人负责向发包人及施工单位进行设计交底、处理有关设计问题和参加竣工验收。在一年内项目尚未开始施工，设计人仍负责上述工作，但应按所需工作量向发包人适当收取咨询服务费，收费额由双方商定。

（6）设计人应保护发包人的知识产权，不得向第三人泄露、转让发包人提交的产品图纸等技术经济资料。如发生以上情况并给发包人造成经济损失，发包人有权向设计人索赔。

7. 违约责任

（1）在合同履行期间，发包人要求终止或解除合同，设计人未开始设计工作的，不退还发包人已付的定金；已开始设计工作的，发包人应根据设计人已进行的实际工作量，不足一半时，按该阶段设计费的一半支付；超过一半时，按该阶段设计费的全部支付。

（2）发包人应按合同规定的金额和时间向设计人支付设计费，每逾期支付一天，应承担支付金额千分之二的逾期违约金。逾期超过30天以上时，设计人有权暂停履行下阶段工作，并书面通知发包人。发包人的上级或设计审批部门对设计文件不审批或本合同项目停、缓建，发包人均按以上本条（1）规定支付设计费。

（3）设计人对设计资料及文件出现的遗漏或错误负责修改或补充。由于设计人员错误

造成工程质量事故损失，设计人除负责采取补救措施外，应免收直接受损失部分的设计费。损失严重的根据损失的程度和设计人责任大小向发包人支付赔偿金，赔偿金由双方商定为实际损失的百分比。

（4）由于设计人自身原因，延误了按本合同第四条规定的设计资料及设计文件的交付时间，每延误一天，应减收该项目应收设计费的千分之二。

（5）合同生效后，设计人要求终止或解除合同，设计人应双倍返还定金。

8. 其他有关内容

（1）发包人要求设计人派专人留驻施工现场进行配合与解决有关问题时，双方应另行签订补充协议或技术咨询服务合同。

（2）设计人为本合同项目所采用的国家或地方标准图，由发包人自费向有关出版部门购买。设计人交付的设计资料及文件份数超过《工程设计收费标准》规定的份数，设计人另收工本费。

（3）本工程设计资料及文件中，建筑材料、建筑构配件和设备，应当注明其规格、型号、性能等技术指标，设计人不得指定生产厂、供应商。发包人需要设计人的设计人员配合加工订货时，所需要费用由发包人承担。

（4）发包人委托设计配合引进项目的设计任务，从询价、对外谈判、国内外技术考察直至建成投产的各个阶段，应吸收承担有关设计任务的设计人参加。出国费用，除制装费外，其他费用由发包人支付。

（5）发包人委托设计人承担本合同内容之外的工作服务，另行支付费用。

（6）由于不可抗力因素致使合同无法履行时，双方应及时协商解决。

9. 合同生效

（1）合同经双方签章并在发包人向设计人支付定金后生效。

（2）合同生效后，按规定到项目所在省级建设行政主管部门规定的审查部门备案。双方认为必要时，到项目所在地工商行政管理部门申请鉴证。

（3）双方履行完合同规定的义务后，合同即行终止。

（4）合同未尽事宜，双方可签订补充协议，有关协议及双方认可的来往电报、传真、会议纪要等，均为本合同组成部分，与本合同具有同等法律效力。

10. 争议的解决

对设计合同发生争议的解决方法，应在合同中约定，一般可采用双方协商解决、或由当地建设行政主管部门调解、调解不成时仲裁（合同中约定仲裁机构）解决、向人民法院起诉等方法。

三、建设工程设计合同履行监理的主要工作

对业主与设计单位签订的设计合同履行进行监理是设计阶段工程监理的重要工作，如本书第三章监理目标管理所述，项目的投资、质量、进度、安全与环保目标的实现都是围绕以合同相应条款内容规定来进行的。对设计合同履行监理的主要内容包括以下方面。

1. 协助业主编制设计合同文件

设计合同应采用国家或行业部门颁布的设计合同示范文本，但示范文本对业主项目的期望要求并未具体化。因此，监理首先要与业主充分沟通，详细了解业主对设计项目的功能质量和使用价值的总体要求、建筑造型美学要求、设备标准及功能水平要求、工艺技术

要求、工程建设进度安排及设计进度要求、项目总投资及分配要求等，可采用编制设计大纲的方式（设计大纲内容参见第六章第二节设计阶段质量控制），以明晰项目设计的关键内容，作为合同的附件。

对于业主某些专门要求，可作为特殊条款写入合同。

2. 参与设计合同谈判

监理作为专业技术人员参与设计合同谈判，可以更好地与设计人员沟通，在项目的功能质量关键部分充分反映业主要求，根据国家标准和技术规范提出具体的要求。同时监理通过参与谈判，也可以了解设计方的想法，谈判中有争议并勉强达成协议的地方往往是今后合同履行中最难控制的地方。所以，监理工程师，特别是总监理工程师参与设计合同谈判十分必要。

3. 设计合同条款风险分析

对正式签订的设计合同条款，监理应从投资、质量、进度、安全和环保控制的角度进行分析，分析合同执行过程中可能出现的风险，研究风险防范对策。

譬如通过调查该设计单位以往多家客户的项目发现：

（1）某客户综合楼项目投资控制方面有失控情况，存在施工图预算超批准的设计概算的情况。主要原因是设计前没有认真对各专业进行投资限额分配，各专业设计完成后施工图预算汇总超设计概算。

（2）某客户三层大型实验楼项目，外墙涂料饰面层到处开裂，严重影响外观。排除施工外墙抹面层工艺不良原因外，认为开裂原因主要是大面积墙面抹面层分隔缝留得太少，竖向分隔缝间距在4～5m左右，水平分隔缝间距为2m，分块面太大，水泥砂浆抹面层干缩自然形成裂缝。这是建筑师追求外墙大块饰面美学效果，认为墙面分割成小块不好看所致。

针对情况（1），监理应要求设计单位加强限额设计管理，并对各专业设计限额分配进行合理性审查，设计过程中加强监督。

针对情况（2），监理应要认真审查设计图纸，特别要从施工图投入施工后可能会出现什么样的问题去分析，防止因设计缺陷、错误可能带来的质量和安全问题。

4. 进行设计合同执行期间的全程跟踪监理

设计单位本身是智力密集型团体，设计师们并不愿意面对监理工程师的指手画脚，也绝无必要。设计合同全程跟踪监理主要是里程碑式的设计成果控制，就是根据设计进度的安排，在设计全过程的某些关键时点设立控制的里程碑，设计应拿出此时应完成的设计成果，监理对其进行检查审核，全面了解设计的质量、投资、进度情况，如发现问题则及时提出整改要求。这样依次进行逐个里程碑式的控制，使设计全过程处于监理控制之中。里程碑如何设立，业主、监理应与设计人商定，最好是在订立合同时形成协议，作为合同附件。

5. 在设计合同执行期间，监理如发现原合同存在疏漏之处，应及时向业主报告，建议对合同进行修改、签订补充协议，以防止出现更大的问题。譬如审查基础工程设计时，因建筑场地的地质情况比较复杂，监理担心施工时出现未能探明的地质情况，届时需要重新对地基进行处理和修改基础设计，但原合同条款没有涉及这种情况。此时监理可向业主建议，订立补充协议，说明当出现这种情况时设计的修改义务和业主应增加设计费的计算办法，使合同文件更为完善。

6. 协助业主处理索赔事宜

设计合同中明确规定了业主和设计双方应履行的责任及义务，任何一方违约都可能引起对方的索赔，监理应协助业主防止设计的索赔，同时当设计违约时，要及时向设计索赔。

监理可根据合同中发包人的职责及义务，分析可能发生索赔的因素，及时提醒业主，如按合同约定向设计人及时提交有关资料及文件、支付设计费用等。

当设计出现违约时，譬如由于设计自身原因，延误了规定的设计图纸的交付时间，或在施工中，由于设计文件出现的遗漏或错误造成工程质量事故损失，监理应协助业主向设计提出索赔。

7. 设计合同履行期间，监理要向业主方及时报送有关设计合同执行监理的情况报告。

第三节　建设工程施工合同文本

一、现行采用的建设工程施工合同文本

建设部与国家工商行政管理总局于1999年12月制定了《建设工程施工合同（示范文本）GF 1999—0201》（以下简称《施工合同示范文本》），2003年颁布了《建设工程施工专业分包合同（示范文本）》（GF 2003—0213）和《建设工程施工劳务分包合同（示范文本）》（GF 2003—0214）两个合同示范文本。

2007年11月国家发展和改革委员会、财政部、建设部、铁道部、交通部、信息产业部、水利部、民用航空总局、广播电影电视总局联合制定发布了《〈标准施工招标资格预审文件〉和〈标准施工招标文件〉试行规定》第56号令（以下简称为《标准施工招标文件》），自2008年5月1日起施行。

在《标准施工招标文件》的附件《中华人民共和国标准施工招标文件》（2007年版）中，制定了施工合同的"通用合同条款"和"专用合同条款"（以下简称《标准施工招标文件合同条款》），并且说明"适用于一定规模以上"的，并"在政府投资项目中试行"。

特别需强调的是，以上《施工合同示范文本》及《标准施工招标文件合同条款》都是适用于本章第一节介绍的DBB（Design-Bid-Build）设计—招标—施工模式，即项目的设计和施工是分别由不同承包商承担的。

与《施工合同示范文本》相比，《标准施工招标文件合同条款》出台时间距现在较近，文本结构有较大的调整，内容制定较详细完善，借鉴了一些FIDIC合同文本的做法，有更好的适用性，虽说明"在政府投资项目中试行"，但对其他项目施工合同制定同样有很好的示范作用。

二、《建设工程施工合同（示范文本）GF 1999—0201》内容简介

《建设工程施工合同》文本由第一部分《协议书》、第二部分《通用条款》和第三部分《专用条款》三部分组成。

1. 文本第一部分为《协议书》，包括订立合同双方（主体）的名称，标的工程（客体）的概况、范围、工期和质量标准，组成合同的文件，承包人和发包人的相互承诺，以及合同生效的约定。

2. 文本第二部分为《通用条款》，又分为十一类共 47 条，十一类分别为：
（1）词语定义及合同文件

包括：词语定义；合同文件及解释顺序；语言文字和适用法律、标准及规范；图纸。
（2）双方一般权利和义务

包括：工程师；工程师的委派和指令；项目经理；发包人工作；承包人工作。
（3）施工组织设计和工期

包括：进度计划；开工及延期开工；暂停施工；工期延误；工程竣工。
（4）质量与检验

包括：工程质量；检查和返工；隐蔽工程和中间验收；重新检验；工程试车。
（5）安全施工

包括：安全施工与检查；安全防护；事故处理。
（6）合同价款与支付

合同价款及调整；工程预付款；工程量的确认；工程款（进度款）支付。
（7）材料设备供应

包括：发包人供应材料设备；承包人采购材料设备。
（8）工程变更

包括：工程设计变更；其他变更；确定变更价款。
（9）竣工验收与结算

包括：竣工验收；竣工结算；质量保修。
（10）违约、索赔和争议

包括：违约；索赔；争议。
（11）其他

包括：工程分包；不可抗力；保险；担保；专利技术和特殊工艺；文物和地下障碍物；合同解除；合同生效与终止；合同份数。

3. 文本第三部分为《专用条款》，用于《通用条款》针对本合同工程需要进一步明确约定的各项内容，或者作为补充协议的规范化格式，其各条均与《通用条款》所列条款顺序对应。

三、《标准施工招标文件（2007年版）合同条款》内容简介

《标准施工招标文件合同条款》由《通用合同条款》和《专用合同条款》两部分组成。

（一）《通用合同条款》

《通用合同条款》由 24 条 130 款组成，主要条款介绍如后。其中文字上明示与监理有关的条、款及子目会摘引出，以方便学习。

1. 一般约定

本条包括：词语定义；语言文字；法律；合同文件的优先顺序；合同协议书；图纸和承包人文件；联络；转让；严禁贿赂；化石、文物；专利技术；图纸和文件的保密，共 12 款。

在本条中明示与监理人有关的款及子目有：

1.1.2.6 监理人：指在专用合同条款中指明的，受发包人委托对合同履行实施管理的法人或其他组织。

1.1.2.7 总监理工程师（总监）：指由监理人委派常驻施工场地对合同履行实施管理的全权负责人。

1.1.4.1 开工通知：指监理人按第 11.1 款通知承包人开工的函件。

1.1.4.2 开工日期：指监理人按第 11.1 款发出的开工通知中写明的开工日期。

1.6.2 承包人提供的文件

按专用合同条款约定由承包人提供的文件，包括部分工程的大样图、加工图等，承包人应按约定的数量和期限报送监理人。监理人应在专用合同条款约定的期限内批复。

1.6.3 图纸的修改

图纸需要修改和补充的，应由监理人取得发包人同意后，在该工程或工程相应部位施工前的合理期限内签发图纸修改图给承包人，具体签发期限在专用合同条款中约定。承包人应按修改后的图纸施工。

1.6.4 图纸的错误

承包人发现发包人提供的图纸存在明显错误或疏忽，应及时通知监理人。

1.6.5 图纸和承包人文件的保管

监理人和承包人均应在施工场地各保存一套完整的包含第 1.6.1 项、第 1.6.2 项、第 1.6.3 项约定内容的图纸和承包人文件。

1.10.1 在施工场地发掘的所有文物、古迹以及具有地质研究或考古价值的其他遗迹、化石、钱币或物品属于国家所有。一旦发现上述文物，承包人应采取有效合理的保护措施，防止任何人员移动或损坏上述物品，并立即报告当地文物行政部门，同时通知监理人。发包人、监理人和承包人应按文物行政部门要求采取妥善保护措施，由此导致费用增加和（或）工期延误由发包人承担。

1.11.3 承包人的技术秘密和声明需要保密的资料和信息，发包人和监理人不得为合同以外的目的泄露给他人。

1.12.2 承包人提供的文件，未经承包人同意，发包人和监理人不得为合同以外的目的泄露给他人或公开发表与引用。

2. 发包人义务

本条包括：遵守法律；发出开工通知；提供施工场地；协助承包人办理证件和批件；组织设计交底；支付合同价款；组织竣工验收；其他义务，共 8 款。

在本条中明示与监理人有关的款及子目有：

2.2 发出开工通知

发包人应委托监理人按第 11.1 款的约定向承包人发出开工通知。

3. 监理人

本条包括：监理人的职责和权力；总监理工程师；监理人员；监理人的指示；商定或确定，共 5 款。

在本条中明示与监理人有关的款及子目有：

3.1 监理人的职责和权力

3.1.1 监理人受发包人委托，享有合同约定的权力。监理人在行使某项权力前需要经发包人事先批准而通用合同条款没有指明的，应在专用合同条款中指明。

3.1.2 监理人发出的任何指示应视为已得到发包人的批准，但监理人无权免除或变更合同约定的发包人和承包人的权利、义务和责任。

3.1.3 合同约定应由承包人承担的义务和责任，不因监理人对承包人提交文件的审查或批准，对工程、材料和设备的检查和检验，以及为实施监理作出的指示等职务行为而减轻或解除。

3.2 总监理工程师

发包人应在发出开工通知前将总监理工程师的任命通知承包人。总监理工程师更换时，应在调离14天前通知承包人。总监理工程师短期离开施工场地的，应委派代表代行其职责，并通知承包人。

3.3 监理人员

3.3.1 总监理工程师可以授权其他监理人员负责执行其指派的一项或多项监理工作。总监理工程师应将被授权监理人员的姓名及其授权范围通知承包人。被授权的监理人员在授权范围内发出的指示视为已得到总监理工程师的同意，与总监理工程师发出的指示具有同等效力。总监理工程师撤销某项授权时，应将撤销授权的决定及时通知承包人。

3.3.2 监理人员对承包人的任何工作、工程或其采用的材料和工程设备未在约定的或合理的期限内提出否定意见的，视为已获批准，但不影响监理人在以后拒绝该项工作、工程、材料或工程设备的权利。

3.3.3 承包人对总监理工程师授权的监理人员发出的指示有疑问的，可向总监理工程师提出书面异议，总监理工程师应在48小时内对该指示予以确认、更改或撤销。

3.3.4 除专用合同条款另有约定外，总监理工程师不应将第3.5款约定应由总监理工程师作出确定的权力授权或委托给其他监理人员。

3.4 监理人的指示

3.4.1 监理人应按第3.1款的约定向承包人发出指示，监理人的指示应盖有监理人授权的施工场地机构章，并由总监理工程师或总监理工程师按第3.3.1项约定授权的监理人员签字。

3.4.2 承包人收到监理人按第3.4.1项作出的指示后应遵照执行。指示构成变更的，应按第15条处理。

3.4.3 在紧急情况下，总监理工程师或被授权的监理人员可以当场签发临时书面指示，承包人应遵照执行。承包人应在收到上述临时书面指示后24小时内，向监理人发出书面确认函。监理人在收到书面确认函后24小时内未予答复的，该书面确认函应被视为监理人的正式指示。

3.4.4 除合同另有约定外，承包人只从总监理工程师或按第3.3.1项被授权的监理人员处取得指示。

3.4.5 由于监理人未能按合同约定发出指示、指示延误或指示错误而导致承包人费用增加和（或）工期延误的，由发包人承担赔偿责任。

3.5.1 合同约定总监理工程师应按照本款对任何事项进行商定或确定时，总监理工程师应与合同当事人协商，尽量达成一致。不能达成一致的，总监理工程师应认真研究后审慎确定。

3.5.2 总监理工程师应将商定或确定的事项通知合同当事人，并附详细依据。对总监理工程师的确定有异议的，构成争议，按照第24条的约定处理。在争议解决前，双方应暂按总监理工程师的确定执行，按照第 24 条的约定对总监理工程师的确定作出修改的，按修改后的结果执行。

4. 承包人

本条包括：承包人的一般义务；履约担保；分包；联合体；承包人项目经理；承包人人员的管理；撤换承包人项目经理和其他人员；保障承包人人员的合法权益；工程价款应专款专用；承包人现场查勘；不利物质条件，共 11 款。

在本条中明示与监理人有关的款及子目有：

4.6.3 承包人安排在施工场地的主要管理人员和技术骨干应相对稳定。承包人更换主要管理人员和技术骨干时，应取得监理人的同意。

4.6.4 特殊岗位的工作人员均应持有相应的资格证明，监理人有权随时检查。监理人认为有必要时，可进行现场考核。

4.7 承包人应对其项目经理和其他人员进行有效管理。监理人要求撤换不能胜任本职工作、行为不端或玩忽职守的承包人项目经理和其他人员的，承包人应予以撤换。

4.11 承包人遇到不利物质条件时，应采取适应不利物质条件的合理措施继续施工，并及时通知监理人。监理人应当及时发出指示，指示构成变更的，按第 15 条约定办理。监理人没有发出指示的，承包人因采取合理措施而增加的费用和（或）工期延误，由发包人承担。

不利物质条件，除专用合同条款另有约定外，是指承包人在施工场地遇到的不可预见的自然物质条件、非自然的物质障碍和污染物，包括地下和水文条件，但不包括气候条件。

5. 材料和工程设备

本条包括：承包人提供的材料和工程设备；发包人提供的材料和工程设备；材料和工程设备专用于合同工程；禁止使用不合格的材料和工程设备，共 4 款。

在本条中明示与监理人有关的款及子目有：

5.1.2 承包人应按专用合同条款的约定，将各项材料和工程设备的供货人及品种、规格、数量和供货时间等报送监理人审批。承包人应向监理人提交其负责提供的材料和工程设备的质量证明文件，并满足合同约定的质量标准。

5.1.3 对承包人提供的材料和工程设备，承包人应会同监理人进行检验和交货验收，查验材料合格证明和产品合格证书，并按合同约定和监理人指示，进行材料的抽样检验和工程设备的检验测试，检验和测试结果应提交监理人，所需费用由承包人承担。

5.2.2 承包人应根据合同进度计划的安排，向监理人报送要求发包人交货（指发包人提供的材料和工程设备）的日期计划。发包人应按照监理人与合同双方当事人商定的交货日期，向承包人提交材料和工程设备。

5.2.3 发包人应在材料和工程设备到货 7 天前通知承包人，承包人应会同监理人在约定的时间内，赴交货地点共同进行验收。除专用合同条款另有约定外，发包人提供的材料和工程设备验收后，由承包人负责接收、运输和保管。

5.2.5 承包人要求更改交货日期或地点的，应事先报请监理人批准。由于承包人要求更改交货时间或地点所增加的费用和（或）工期延误由承包人承担。

5.3.1 运入施工场地的材料、工程设备，包括备品备件、安装专用工器具与随机资料，必须专用于合同工程，未经监理人同意，承包人不得运出施工场地或挪作他用。

5.3.2 随同工程设备运入施工场地的备品备件、专用工器具与随机资料，应由承包人会同监理人按供货人的装箱单清点后共同封存，未经监理人同意不得启用。承包人因合同工作需要使用上述物品时，应向监理人提出申请。

5.4.1 监理人有权拒绝承包人提供的不合格材料或工程设备，并要求承包人立即进行更换。监理人应在更换后再次进行检查和检验，由此增加的费用和（或）工期延误由承包人承担。

5.4.2 监理人发现承包人使用了不合格的材料和工程设备，应即时发出指示要求承包人立即改正，并禁止在工程中继续使用不合格的材料和工程设备。

5.4.3 发包人提供的材料或工程设备不符合合同要求的，承包人有权拒绝，并可要求发包人更换，由此增加的费用和（或）工期延误由发包人承担。

6. 施工设备和临时设施

本条包括：承包人提供的施工设备和临时设施；发包人提供的施工设备和临时设施；要求承包人增加或更换施工设备；施工设备和临时设施专用于合同工程，共4款。

在本条中明示与监理人有关的款及子目有：

6.1.1 承包人应按合同进度计划的要求，及时配置施工设备和修建临时设施。进入施工场地的承包人设备需经监理人核查后才能投入使用。承包人更换合同约定的承包人设备的，应报监理人批准。

6.3 要求承包人增加或更换施工设备。承包人使用的施工设备不能满足合同进度计划和（或）质量要求时，监理人有权要求承包人增加或更换施工设备，承包人应及时增加或更换，由此增加的费用和（或）工期延误由承包人承担。

6.4.1 除合同另有约定外，运入施工场地的所有施工设备以及在施工场地建设的临时设施应专用于合同工程。未经监理人同意，不得将上述施工设备和临时设施中的任何部分运出施工场地或挪作他用。

6.4.2 经监理人同意，承包人可根据合同进度计划撤走闲置的施工设备。

7. 交通运输

本条包括：道路通行权和场外设施；场内施工道路；场外交通；超大件和超重件的运输；道路和桥梁的损坏责任；水路和航空运输，共6款。

在本条中明示与监理人有关的款及子目有：

7.2.2 除专用合同条款另有约定外，承包人修建的临时道路和交通设施应免费提供给发包人和监理人使用。

8. 测量放线

本条包括：施工控制网；施工测量；基准资料错误的责任；监理人使用施工控制网，共4款。

在本条中明示与监理人有关的款及子目有：

8.1.1 发包人应在专用合同条款约定的期限内，通过监理人向承包人提供测量基准点、基准线和水准点及其书面资料。除专用合同条款另有约定外，承包人应根据国家测绘基准、测绘系统和工程测量技术规范，按上述基准点（线）以及合同工程精度要求，测设施工控制网，并在专用合同条款约定的期限内，将施工控制网资料报送监理人审批。

8.2.2 监理人可以指示承包人进行抽样复测，当复测中发现错误或出现超过合同约定的误差时，承包人应按监理人指示进行修正或补测，并承担相应的复测费用。

8.3 基准资料错误的责任。发包人应对其提供的测量基准点、基准线和水准点及其书面资料的真实性、准确性和完整性负责。发包人提供上述基准资料错误导致承包人测量放线工作的返工或造成工程损失的，发包人应当承担由此增加的费用和（或）工期延误，并向承包人支付合理利润。承包人发现发包人提供的上述基准资料存在明显错误或疏忽的，应及时通知监理人。

8.4 监理人使用施工控制网。监理人需要使用施工控制网的，承包人应提供必要的协助，发包人不再为此支付费用。

9. 施工安全、治安保卫和环境保护

本条包括：发包人的施工安全责任；承包人的施工安全责任；治安保卫；环境保护；事故处理，共5款。

在本条中明示与监理人有关的款及子目有：

9.1.1 发包人应按合同约定履行安全职责，授权监理人按合同约定的安全工作内容监督、检查承包人安全工作的实施，组织承包人和有关单位进行安全检查。

9.2.1 承包人应按合同约定履行安全职责，执行监理人有关安全工作的指示，并在专用合同条款约定的期限内，按合同约定的安全工作内容，编制施工安全措施计划报送监理人审批。

9.2.4 承包人应按监理人的指示制定应对灾害的紧急预案，报送监理人审批。承包人还应按预案做好安全检查，配置必要的救助物资和器材，切实保护好有关人员的人身和财产安全。

9.2.5 合同约定的安全作业环境及安全施工措施所需费用应遵守有关规定，并包括在相关工作的合同价格中。因采取合同未约定的安全作业环境及安全施工措施增加的费用，由监理人按第3.5款商定或确定。

9.4.2 承包人应按合同约定的环保工作内容，编制施工环保措施计划，报送监理人审批。

9.5 事故处理

工程施工过程中发生事故的，承包人应立即通知监理人，监理人应立即通知发包人。发包人和承包人应立即组织人员和设备进行紧急抢救和抢修，减少人员伤亡和财产损失，防止事故扩大，并保护事故现场。需要移动现场物品时，应作出标记和书面记录，妥善保管有关证据。发包人和承包人应按国家有关规定，及时如实地向有关部门报告事故发生的情况，以及正在采取的紧急措施等。

10. 进度计划

本条包括：合同进度计划；合同进度计划的修订，共2款。

在本条中明示与监理人有关的款及子目有：

10.1 合同进度计划

承包人应按专用合同条款约定的内容和期限，编制详细的施工进度计划和施工方案说明报送监理人。监理人应在专用合同条款约定的期限内批复或提出修改意见，否则该进度计划视为已得到批准。经监理人批准的施工进度计划称合同进度计划，是控制合同工程进度的依据。承包人还应根据合同进度计划，编制更为详细的分阶段或分项进度计划，报监

理人审批。

10.2 合同进度计划的修订

不论何种原因造成工程的实际进度与第10.1款的合同进度计划不符时，承包人可以在专用合同条款约定的期限内向监理人提交修订合同进度计划的申请报告，并附有关措施和相关资料，报监理人审批；监理人也可以直接向承包人作出修订合同进度计划的指示，承包人应按该指示修订合同进度计划，报监理人审批。监理人应在专用合同条款约定的期限内批复。监理人在批复前应获得发包人同意。

11. 开工和竣工

本条包括：开工；竣工；发包人的工期延误；异常恶劣的气候条件；承包人的工期延误；工期提前，共6款。

在本条中明示与监理人有关的款及子目有：

11.1.1 监理人应在开工日期7天前向承包人发出开工通知。监理人在发出开工通知前应获得发包人同意。工期自监理人发出的开工通知中载明的开工日期起计算。承包人应在开工日期后尽快施工。

11.1.2 承包人应按第10.1款约定的合同进度计划，向监理人提交工程开工报审表，经监理人审批后执行。开工报审表应详细说明按合同进度计划正常施工所需的施工道路、临时设施、材料设备、施工人员等施工组织措施的落实情况以及工程的进度安排。

11.5 承包人的工期延误

由于承包人原因，未能按合同进度计划完成工作，或监理人认为承包人施工进度不能满足合同工期要求的，承包人应采取措施加快进度，并承担加快进度所增加的费用。由于承包人原因造成工期延误，承包人应支付逾期竣工违约金。逾期竣工违约金的计算方法在专用合同条款中约定。承包人支付逾期竣工违约金，不免除承包人完成工程及修补缺陷的义务。

11.6 工期提前

发包人要求承包人提前竣工，或承包人提出提前竣工的建议能够给发包人带来效益的，应由监理人与承包人共同协商采取加快工程进度的措施和修订合同进度计划。发包人应承担承包人由此增加的费用，并向承包人支付专用合同条款约定的相应奖金。

12. 暂停施工

本条包括：承包人暂停施工的责任；发包人暂停施工的责任；监理人暂停施工指示；暂停施工后的复工；暂停施工持续56天以上，共5款。

在本条中明示与监理人有关的款及子目有：

12.3.1 监理人认为有必要时，可向承包人作出暂停施工的指示，承包人应按监理人指示暂停施工。不论由于何种原因引起的暂停施工，暂停施工期间承包人应负责妥善保护工程并提供安全保障。

12.3.2 由于发包人的原因发生暂停施工的紧急情况，且监理人未及时下达暂停施工指示的，承包人可先暂停施工，并及时向监理人提出暂停施工的书面请求。监理人应在接到书面请求后的24小时内予以答复，逾期未答复的，视为同意承包人的暂停施工请求。

12.4.1 暂停施工后，监理人应与发包人和承包人协商，采取有效措施积极消除暂停施工的影响。当工程具备复工条件时，监理人应立即向承包人发出复工通知。承包人收到复工通知后,应在监理人指定的期限内复工。

12.5.1 监理人发出暂停施工指示后 56 天内未向承包人发出复工通知,除了该项停工属于第 12.1 款的情况外,承包人可向监理人提交书面通知,要求监理人在收到书面通知后 28 天内准许已暂停施工的工程或其中一部分工程继续施工。如监理人逾期不予批准,则承包人可以通知监理人,将工程受影响的部分视为按第 15.1(1)项的可取消工作。如暂停施工影响到整个工程,可视为发包人违约,应按第 22.2 款的规定办理。

12.5.2 由于承包人责任引起的暂停施工,如承包人在收到监理人暂停施工指示后 56 天内不认真采取有效的复工措施,造成工期延误,可视为承包人违约,应按第 22.1 款的规定办理。

13. 工程质量

本条包括:工程质量要求;承包人的质量管理;承包人的质量检查;工程隐蔽部位覆盖前的检查;清除不合格工程,共 5 款。

在本条中明示与监理人有关的款及子目有:

13.1.2 因承包人原因造成工程质量达不到合同约定验收标准的,监理人有权要求承包人返工直至符合合同要求为止,由此造成的费用增加和(或)工期延误由承包人承担。

13.2.1 承包人应在施工场地设置专门的质量检查机构,配备专职质量检查人员,建立完善的质量检查制度。承包人应在合同约定的期限内,提交工程质量保证措施文件,包括质量检查机构的组织和岗位责任、质检人员的组成、质量检查程序和实施细则等,报送监理人审批。

13.3 承包人的质量检查。承包人应按合同约定对材料、工程设备以及工程的所有部位及其施工工艺进行全过程的质量检查和检验,并作详细记录,编制工程质量报表,报送监理人审查。

13.4 监理人的质量检查。监理人有权对工程的所有部位及其施工工艺、材料和工程设备进行检查和检验。承包人应为监理人的检查和检验提供方便,包括监理人到施工场地,或制造、加工地点,或合同约定的其他地方进行察看和查阅施工原始记录。承包人还应按监理人指示,进行施工场地取样试验、工程复核测量和设备性能检测,提供试验样品、提交试验报告和测量成果以及监理人要求进行的其他工作。监理人的检查和检验,不免除承包人按合同约定应负的责任。

13.5.1 通知监理人检查。经承包人自检确认的工程隐蔽部位具备覆盖条件后,承包人应通知监理人在约定的期限内检查。承包人的通知应附有自检记录和必要的检查资料。监理人应按时到场检查。经监理人检查确认质量符合隐蔽要求,并在检查记录上签字后,承包人才能进行覆盖。监理人检查确认质量不合格的,承包人应在监理人指示的时间内修整返工后,由监理人重新检查。

13.5.2 监理人未到场检查。监理人未按第 13.5.1 项约定的时间进行检查的,除监理人另有指示外,承包人可自行完成覆盖工作,并作相应记录报送监理人,监理人应签字确认。监理人事后对检查记录有疑问的,可按第 13.5.3 项的约定重新检查。

13.5.3 监理人重新检查。承包人按第 13.5.1 项或第 13.5.2 项覆盖工程隐蔽部位后,监理人对质量有疑问的,可要求承包人对已覆盖的部位进行钻孔探测或揭开重新检验,承包人应遵照执行,并在检验后重新覆盖恢复原状。经检验证明工程质量符合合同要求的,由发包人承担由此增加的费用和(或)工期延误,并支付承包人合理利润;经检验证明工程质量不符合合同要求的,由此增加的费用和(或)工期延误由承包人承担。

13.5.4 承包人私自覆盖。承包人未通知监理人到场检查,私自将工程隐蔽部位覆盖的,监理人有权指示承包人钻孔探测或揭开检查,由此增加的费用和(或)工期延误由承包人承担。

13.6.1 承包人使用不合格材料、工程设备,或采用不适当的施工工艺,或施工不当,造成工程不合格的,监理人可以随时发出指示,要求承包人立即采取措施进行补救,直至达到合同要求的质量标准,由此增加的费用和(或)工期延误由承包人承担。

14. 试验和检验

本条包括:材料、工程设备和工程的试验和检验;现场材料试验;现场工艺试验,共3款。

在本条中明示与监理人有关的款及子目有:

14.1.1 承包人应按合同约定进行材料、工程设备和工程的试验和检验,并为监理人对上述材料、工程设备和工程的质量检查提供必要的试验资料和原始记录。按合同约定应由监理人与承包人共同进行试验和检验的,由承包人负责提供必要的试验资料和原始记录。

14.1.2 监理人未按合同约定派员参加试验和检验的,除监理人另有指示外,承包人可自行试验和检验,并应立即将试验和检验结果报送监理人,监理人应签字确认。

14.1.3 监理人对承包人的试验和检验结果有疑问的,或为查清承包人试验和检验结果的可靠性要求承包人重新试验和检验的,可按合同约定由监理人与承包人共同进行。重新试验和检验的结果证明该项材料、工程设备或工程的质量不符合合同要求的,由此增加的费用和(或)工期延误由承包人承担;重新试验和检验结果证明该项材料、工程设备和工程符合合同要求的,由发包人承担由此增加的费用和(或)工期延误,并支付承包人合理利润。

14.2.2 监理人在必要时可以使用承包人的试验场所、试验设备器材以及其他试验条件,进行以工程质量检查为目的的复核性材料试验,承包人应予以协助。

14.3 现场工艺试验。承包人应按合同约定或监理人指示进行现场工艺试验。对大型的现场工艺试验,监理人认为必要时,应由承包人根据监理人提出的工艺试验要求,编制工艺试验措施计划,报送监理人审批。

15. 变更

本条包括:变更的范围和内容;变更权;变更程序;变更的估价原则;承包人的合理化建议;暂列金额;计日工;暂估价。共8款。

在本条中明示与监理人有关的款及子目有:

15.2 变更权

在履行合同过程中,经发包人同意,监理人可按第15.3款约定的变更程序向承包人作出变更指示,承包人应遵照执行。没有监理人的变更指示,承包人不得擅自变更。

15.3.1 变更的提出

(1)在合同履行过程中,可能发生第15.1款约定情形的,监理人可向承包人发出变更意向书。变更意向书应说明变更的具体内容和发包人对变更的时间要求,并附必要的图纸和相关资料。变更意向书应要求承包人提交包括拟实施变更工作的计划、措施和竣工时间等内容的实施方案。发包人同意承包人根据变更意向书要求提交的变更实施方案的，由监理人按第15.3.3项约定发出变更指示。

（2）在合同履行过程中，发生第15.1款约定情形的，监理人应按照第15.3.3项约定向承包人发出变更指示。

（3）承包人收到监理人按合同约定发出的图纸和文件，经检查认为其中存在第15.1款约定情形的，可向监理人提出书面变更建议。变更建议应阐明要求变更的依据，并附必要的图纸和说明。监理人收到承包人书面建议后，应与发包人共同研究，确认存在变更的，应在收到承包人书面建议后的14天内作出变更指示。经研究后不同意作为变更的，应由监理人书面答复承包人。

（4）若承包人收到监理人的变更意向书后认为难以实施此项变更，应立即通知监理人，说明原因并附详细依据。监理人与承包人和发包人协商后确定撤销、改变或不改变原变更意向书。

15.3.2　变更估价

（1）除专用合同条款对期限另有约定外，承包人应在收到变更指示或变更意向书后的14天内，向监理人提交变更报价书，报价内容应根据第15.4款约定的估价原则，详细开列变更工作的价格组成及其依据，并附必要的施工方法说明和有关图纸。

（2）变更工作影响工期的，承包人应提出调整工期的具体细节。监理人认为有必要时，可要求承包人提交要求提前或延长工期的施工进度计划及相应施工措施等详细资料。

（3）除专用合同条款对期限另有约定外，监理人收到承包人变更报价书后的14天内，根据第15.4款约定的估价原则，按照第3.5款商定或确定变更价格。

15.3.3　变更指示。（1）变更指示只能由监理人发出。（2）变更指示应说明变更的目的、范围、变更内容以及变更的工程量及其进度和技术要求，并附有关图纸和文件。承包人收到变更指示后，应按变更指示进行变更工作。

15.4.2　已标价工程量清单中无适用于变更工作的子目，但有类似子目的，可在合理范围内参照类似子目的单价，由监理人按第3.5款商定或确定变更工作的单价。

15.4.3　已标价工程量清单中无适用或类似子目的单价，可按照成本加利润的原则，由监理人按第3.5款商定或确定变更工作的单价。

15.5.1　在履行合同过程中，承包人对发包人提供的图纸、技术要求以及其他方面提出的合理化建议，均应以书面形式提交监理人。合理化建议书的内容应包括建议工作的详细说明、进度计划和效益以及与其他工作的协调等，并附必要的设计文件。监理人应与发包人协商是否采纳建议。建议被采纳并构成变更的，应按第15.3.3项约定向承包人发出变更指示。

15.6　暂列金额。暂列金额只能按照监理人的指示使用，并对合同价格进行相应调整。

15.7.1　发包人认为有必要时，由监理人通知承包人以计日工方式实施变更的零星工作。其价款按列入已标价工程量清单中的计日工计价子目及其单价进行计算。

15.7.2　采用计日工计价的任何一项变更工作，应从暂列金额中支付，承包人应在该项变更的实施过程中，每天提交以下报表和有关凭证报送监理人审批：

(1) 工作名称、内容和数量；
(2) 投入该工作所有人员的姓名、工种、级别和耗用工时；
(3) 投入该工作的材料类别和数量；
(4) 投入该工作的施工设备型号、台数和耗用台时；
(5) 监理人要求提交的其他资料和凭证。

15.7.3 计日工由承包人汇总后，按第17.3.2项的约定列入进度付款申请单，由监理人复核并经发包人同意后列入进度付款。

15.8.2 发包人在工程量清单中给定暂估价的材料和工程设备不属于依法必须招标的范围或未达到规定的规模标准的，应由承包人按第5.1款的约定提供。经监理人确认的材料、工程设备的价格与工程量清单中所列的暂估价的金额差以及相应的税金等其他费用列入合同价格。

15.8.3 发包人在工程量清单中给定暂估价的专业工程不属于依法必须招标的范围或未达到规定的规模标准的，由监理人按照第15.4款进行估价，但专用合同条款另有约定的除外。经估价的专业工程与工程量清单中所列的暂估价的金额差以及相应的税金等其他费用列入合同价格。

16. 价格调整

本条包括：物价波动引起的价格调整；法律变化引起的价格调整，共2款。

在本条中明示与监理人有关的款及子目有：

16.1.2 采用造价信息调整价格差额。施工期内，因人工、材料、设备和机械台班价格波动影响合同价格时，人工、机械使用费按照国家或省、自治区、直辖市建设行政管理部门、行业建设管理部门或其授权的工程造价管理机构发布的人工成本信息、机械台班单价或机械使用费系数进行调整；需要进行价格调整的材料，其单价和采购数应由监理人复核，监理人确认需调整的材料单价及数量，作为调整工程合同价格差额的依据。

16.2 法律变化引起的价格调整。在基准日后，因法律变化导致承包人在合同履行中所需要的工程费用发生除第16.1款约定以外的增减时，监理人应根据法律、国家或省、自治区、直辖市有关部门的规定，按第3.5款商定或确定需调整的合同价款。

17. 计量与支付

本条包括：计量；预付款；工程进度付款；质量保证金；竣工结算；最终结清，共6款。

在本条中明示与监理人有关的款及子目有：

17.1.4 单价子目的计量

(1) 已标价工程量清单中的单价子目工程量为估算工程量。结算工程量是承包人实际完成的，并按合同约定的计量方法进行计量的工程量。

(2) 承包人对已完成的工程进行计量，向监理人提交进度付款申请单、已完成工程量报表和有关计量资料。

(3) 监理人对承包人提交的工程量报表进行复核，以确定实际完成的工程量。对数量有异议的，可要求承包人按第8.2款约定进行共同复核和抽样复测。承包人应协助监理人进行复核并按监理人要求提供补充计量资料。承包人未按监理人要求参加复核，监理人复核或修正的工程量视为承包人实际完成的工程量。

（4）监理人认为有必要时，可通知承包人共同进行联合测量、计量，承包人应遵照执行。

（5）承包人完成工程量清单中每个子目的工程量后，监理人应要求承包人派员共同对每个子目的历次计量报表进行汇总，以核实最终结算工程量。监理人可要求承包人提供补充计量资料，以确定最后一次进度付款的准确工程量。承包人未按监理人要求派员参加的，监理人最终核实的工程量视为承包人完成该子目的准确工程量。

（6）监理人应在收到承包人提交的工程量报表后的7天内进行复核，监理人未在约定时间内复核的，承包人提交的工程量报表中的工程量视为承包人实际完成的工程量，据此计算工程价款。

17.1.5 总价子目的计量

除专用合同条款另有约定外，总价子目的分解和计量按照下述约定进行。

（1）总价子目的计量和支付应以总价为基础，不因第16.1款中的因素而进行调整。承包人实际完成的工程量，是进行工程目标管理和控制进度支付的依据。

（2）承包人在合同约定的每个计量周期内，对已完成的工程进行计量，并向监理人提交进度付款申请单、专用合同条款约定的合同总价支付分解表所表示的阶段性或分项计量的支持性资料，以及所达到工程形象目标或分阶段需完成的工程量和有关计量资料。

（3）监理人对承包人提交的上述资料进行复核，以确定分阶段实际完成的工程量和工程形象目标。对其有异议的，可要求承包人按第8.2款约定进行共同复核和抽样复测。

（4）除按照第15条约定的变更外，总价子目的工程量是承包人用于结算的最终工程量。

17.3.2 进度付款申请单

承包人应在每个付款周期末，按监理人批准的格式和专用合同条款约定的份数，向监理人提交进度付款申请单，并附相应的支持性证明文件。

17.3.3 进度付款证书和支付时间

（1）监理人在收到承包人进度付款申请单以及相应的支持性证明文件后的14天内完成核查，提出发包人到期应支付给承包人的金额以及相应的支持性材料，经发包人审查同意后，由监理人向承包人出具经发包人签认的进度付款证书。监理人有权扣发承包人未能按照合同要求履行任何工作或义务的相应金额。

（2）发包人应在监理人收到进度付款申请单后的28天内，将进度应付款支付给承包人。发包人不按期支付的，按专用合同条款的约定支付逾期付款违约金。

（3）监理人出具进度付款证书，不应视为监理人已同意、批准或接受了承包人完成的该部分工作。

（4）进度付款涉及政府投资资金的，按照国库集中支付等国家相关规定和专用合同条款的约定办理。

17.3.4 工程进度付款的修正。在对以往历次已签发的进度付款证书进行汇总和复核中发现错、漏或重复的，监理人有权予以修正，承包人也有权提出修正申请。经双方复核同意的修正，应在本次进度付款中支付或扣除。

17.4.1 监理人应从第一个付款周期开始，在发包人的进度付款中，按专用合同条款的约定扣留质量保证金，直至扣留的质量保证金总额达到专用合同条款约定的金额或比例为止。质量保证金的计算额度不包括预付款的支付、扣回以及价格调整的金额。

17.5.1 竣工付款申请单

（1）工程接收证书颁发后，承包人应按专用合同条款约定的份数和期限向监理人提交竣工付款申请单，并提供相关证明材料。除专用合同条款另有约定外，竣工付款申请单应包括下列内容：竣工结算合同总价、发包人已支付承包人的工程价款、应扣留的质量保证金、应支付的竣工付款金额。

（2）监理人对竣工付款申请单有异议的，有权要求承包人进行修正和提供补充资料。经监理人和承包人协商后，由承包人向监理人提交修正后的竣工付款申请单。

17.5.2 竣工付款证书及支付时间

（1）监理人在收到承包人提交的竣工付款申请单后的14天内完成核查，提出发包人到期应支付给承包人的价款送发包人审核并抄送承包人。发包人应在收到后14天内审核完毕，由监理人向承包人出具经发包人签认的竣工付款证书。监理人未在约定时间内核查，又未提出具体意见的，视为承包人提交的竣工付款申请单已经监理人核查同意；发包人未在约定时间内审核又未提出具体意见的，监理人提出发包人到期应支付给承包人的价款视为已经发包人同意。

（2）发包人应在监理人出具竣工付款证书后的14天内，将应支付款支付给承包人。发包人不按期支付的，按第17.3.3（2）目的约定，将逾期付款违约金支付给承包人。

（3）承包人对发包人签认的竣工付款证书有异议的，发包人可出具竣工付款申请单中承包人已同意部分的临时付款证书。存在争议的部分，按第24条的约定办理。

（4）竣工付款涉及政府投资资金的，按第17.3.3（4）目的约定办理。

17.6.1 最终结清申请单

（1）缺陷责任期终止证书签发后，承包人可按专用合同条款约定的份数和期限向监理人提交最终结清申请单，并提供相关证明材料。

（2）发包人对最终结清申请单内容有异议的，有权要求承包人进行修正和提供补充资料，由承包人向监理人提交修正后的最终结清申请单。

17.6.2 最终结清证书和支付时间

（1）监理人收到承包人提交的最终结清申请单后的14天内，提出发包人应支付给承包人的价款送发包人审核并抄送承包人。发包人应在收到后14天内审核完毕，由监理人向承包人出具经发包人签认的最终结清证书。监理人未在约定时间内核查，又未提出具体意见的，视为承包人提交的最终结清申请已经监理人核查同意；发包人未在约定时间内审核又未提出具体意见的，监理人提出应支付给承包人的价款视为已经发包人同意。

（2）发包人应在监理人出具最终结清证书后的14天内，将应支付款支付给承包人。发包人不按期支付的，按第17.3.3（2）目的约定，将逾期付款违约金支付给承包人。

（3）承包人对发包人签认的最终结清证书有异议的，按第24条的约定办理。

（4）最终结清付款涉及政府投资资金的，按第17.3.3（4）目的约定办理。

18. 竣工验收

本条包括：竣工验收的含义；竣工验收申请报告；验收；单位工程验收；施工期运行；竣工清场；施工队伍的撤离，共7款。

在本条中明示与监理人有关的款及子目有：

18.2 竣工验收申请报告

当工程具备以下条件时，承包人即可向监理人报送竣工验收申请报告：

（1）除监理人同意列入缺陷责任期内完成的尾工（甩项）工程和缺陷修补工作外，合同范围内的全部单位工程以及有关工作，包括合同要求的试验、试运行以及检验和验收均已完成，并符合合同要求；

（2）已按合同约定的内容和份数备齐了符合要求的竣工资料；

（3）已按监理人的要求编制了在缺陷责任期内完成的尾工（甩项）工程和缺陷修补工作清单以及相应施工计划；

（4）监理人要求在竣工验收前应完成的其他工作；

（5）监理人要求提交的竣工验收资料清单。

18.3 验收

监理人收到承包人按第18.2款约定提交的竣工验收申请报告后，应审查申请报告的各项内容，并按以下不同情况进行处理。

18.3.1 监理人审查后认为尚不具备竣工验收条件的，应在收到竣工验收申请报告后的28天内通知承包人，指出在颁发接收证书前承包人还需进行的工作内容。承包人完成监理人通知的全部工作内容后，应再次提交竣工验收申请报告，直至监理人同意为止。

18.3.2 监理人审查后认为已具备竣工验收条件的，应在收到竣工验收申请报告后的28天内提请发包人进行工程验收。

18.3.3 发包人经过验收后同意接受工程的，应在监理人收到竣工验收申请报告后的56天内，由监理人向承包人出具经发包人签认的工程接收证书。发包人验收后同意接收工程但提出整修和完善要求的，限期修好，并缓发工程接收证书。整修和完善工作完成后，监理人复查达到要求的，经发包人同意后，再向承包人出具工程接收证书。

18.3.4 发包人验收后不同意接收工程的，监理人应按照发包人的验收意见发出指示，要求承包人对不合格工程认真返工重作或进行补救处理，并承担由此产生的费用。承包人在完成不合格工程的返工重作或补救工作后，应重新提交竣工验收申请报告，按第18.3.1项、第18.3.2项和第18.3.3项的约定进行。

18.4.1 发包人根据合同进度计划安排，在全部工程竣工前需要使用已经竣工的单位工程时，或承包人提出经发包人同意时，可进行单位工程验收。验收的程序可参照第18.2款与第18.3款的约定进行。验收合格后，由监理人向承包人出具经发包人签认的单位工程验收证书。已签发单位工程接收证书的单位工程由发包人负责照管。单位工程的验收成果和结论作为全部工程竣工验收申请报告的附件。

18.7.1 除合同另有约定外，工程接收证书颁发后，承包人应按以下要求对施工场地进行清理，直至监理人检验合格为止。竣工清场费用由承包人承担。

（1）施工场地内残留的垃圾已全部清除出场；

（2）临时工程已拆除，场地已按合同要求进行清理、平整或复原；

（3）按合同约定应撤离的承包人设备和剩余的材料，包括废弃的施工设备和材料，已按计划撤离施工场地；

（4）工程建筑物周边及其附近道路、河道的施工堆积物，已按监理人指示全部清理；

（5）监理人指示的其他场地清理工作已全部完成。

18.7.2 承包人未按监理人的要求恢复临时占地，或者场地清理未达到合同约定的，发包人有权委托其他人恢复或清理，所发生的金额从拟支付给承包人的款项中扣除。

18.8 施工队伍的撤离。工程接收证书颁发后的56天内，除了经监理人同意需在缺陷责任期内继续工作和使用的人员、施工设备和临时工程外，其余的人员、施工设备和临时工程均应撤离施工场地或拆除。除合同另有约定外，缺陷责任期满时，承包人的人员和施工设备应全部撤离施工场地。

19. 缺陷责任与保修责任

本条包括：缺陷责任期的起算时间；缺陷责任；缺陷责任期的延长；进一步试验和试运行；承包人的进入权；缺陷责任期终止证书；保修责任，共7款。

在本条中明示与监理人有关的款及子目有：

19.2.3 监理人和承包人应共同查清缺陷和（或）损坏的原因。经查明属承包人原因造成的，应由承包人承担修复和查验的费用。经查验属发包人原因造成的，发包人应承担修复和查验的费用，并支付承包人合理利润。

19.6 缺陷责任期终止证书。在第1.1.4.5目约定的缺陷责任期，包括根据第19.3款延长的期限终止后14天内，由监理人向承包人出具经发包人签认的缺陷责任期终止证书，并退还剩余的质量保证金。

20. 保险

本条包括：工程保险；人员工伤事故的保险；人身意外伤害险；第三者责任险；其他保险；对各项保险的一般要求，共6款。

在本条中明示与监理人有关的款及子目有：

20.2.2 发包人员工伤事故的保险。发包人应依照有关法律规定参加工伤保险，为其现场机构雇佣的全部人员，缴纳工伤保险费，并要求其监理人也进行此项保险。

20.3.1 发包人应在整个施工期间为其现场机构雇用的全部人员，投保人身意外伤害险，缴纳保险费，并要求其监理人也进行此项保险。

20.6.2 保险合同条款的变动。承包人需要变动保险合同条款时，应事先征得发包人同意，并通知监理人。保险人作出变动的，承包人应在收到保险人通知后立即通知发包人和监理人。

21. 不可抗力

本条包括：不可抗力的确认；不可抗力的通知；不可抗力后果及其处理，共3款。

在本条中明示与监理人有关的款及子目有：

21.1.1 不可抗力是指承包人和发包人在订立合同时不可预见，在工程施工过程中不可避免发生并不能克服的自然灾害和社会性突发事件，如地震、海啸、瘟疫、水灾、骚乱、暴动、战争和专用合同条款约定的其他情形。

21.1.2 不可抗力发生后，发包人和承包人应及时认真统计所造成的损失，收集不可抗力造成损失的证据。合同双方对是否属于不可抗力或其损失的意见不一致的，由监理人按第3.5款商定或确定。发生争议时，按第24条的约定办理。

21.2.1 合同一方当事人遇到不可抗力事件，使其履行合同义务受到阻碍时，应立即通知合同另一方当事人和监理人，书面说明不可抗力和受阻碍的详细情况，并提供必要的证明。

21.2.2 如不可抗力持续发生，合同一方当事人应及时向合同另一方当事人和监理人提交中间报告，说明不可抗力和履行合同受阻的情况，并于不可抗力事件结束后28天内提交最终报告及有关资料。

21.3.1 不可抗力造成损害的责任

除专用合同条款另有约定外，不可抗力导致的人员伤亡、财产损失、费用增加和（或）工期延误等后果，由合同双方按以下原则承担：

（1）永久工程，包括已运至施工场地的材料和工程设备的损害，以及因工程损害造成的第三者人员伤亡和财产损失由发包人承担；

（2）承包人设备的损坏由承包人承担；

（3）发包人和承包人各自承担其人员伤亡和其他财产损失及其相关费用；

（4）承包人的停工损失由承包人承担，但停工期间应监理人要求照管工程和清理、修复工程的金额由发包人承担；

（5）不能按期竣工的，应合理延长工期，承包人不需支付逾期竣工违约金。发包人要求赶工的，承包人应采取赶工措施，赶工费用由发包人承担。

21.3.4 因不可抗力解除合同。合同一方当事人因不可抗力不能履行合同的，应当及时通知对方解除合同。合同解除后，承包人应按照第22.2.5项约定撤离施工场地。已经订货的材料、设备由订货方负责退货或解除订货合同，不能退还的货款和因退货、解除订货合同发生的费用，由发包人承担，因未及时退货造成的损失由责任方承担。合同解除后的付款，参照第22.2.4项约定，由监理人按第3.5款商定或确定。

22. 违约

本条包括：承包人违约；发包人违约；第三人造成的违约，共3款。

在本条中明示与监理人有关的款及子目有：

22.1.1 承包人违约的情形

在履行合同过程中发生的下列情况属承包人违约：

（1）承包人违反第1.8款或第4.3款的约定，私自将合同的全部或部分权利转让给其他人，或私自将合同的全部或部分义务转移给其他人；

（2）承包人违反第5.3款或第6.4款的约定，未经监理人批准，私自将已按合同约定进入施工场地的施工设备、临时设施或材料撤离施工场地；

（3）承包人违反第5.4款的约定使用了不合格材料或工程设备，工程质量达不到标准要求，又拒绝清除不合格工程；

（4）承包人未能按合同进度计划及时完成合同约定的工作，已造成或预期造成工期延误；

（5）承包人在缺陷责任期内，未能对工程接收证书所列的缺陷清单的内容或缺陷责任期内发生的缺陷进行修复，而又拒绝按监理人指示再进行修补；

（6）承包人无法继续履行或明确表示不履行或实质上已停止履行合同；

（7）承包人不按合同约定履行义务的其他情况。

22.1.2 对承包人违约的处理

（1）承包人发生第22.1.1（6）目约定的违约情况时，发包人可通知承包人立即解除合同，并按有关法律处理。

(2) 承包人发生除第 22.1.1 (6) 目约定以外的其他违约情况时，监理人可向承包人发出整改通知，要求其在指定的期限内改正。承包人应承担其违约所引起的费用增加和（或）工期延误。

(3) 经检查证明承包人已采取了有效措施纠正违约行为，具备复工条件的，可由监理人签发复工通知复工。

22.1.3 承包人违约解除合同。监理人发出整改通知28天后，承包人仍不纠正违约行为的，发包人可向承包人发出解除合同通知。合同解除后，发包人可派员进驻施工场地，另行组织人员或委托其他承包人施工。发包人因继续完成该工程的需要，有权扣留使用承包人在现场的材料、设备和临时设施。但发包人的这一行动不免除承包人应承担的违约责任，也不影响发包人根据合同约定享有的索赔权利。

22.1.4 合同解除后的估价、付款和结清

(1) 合同解除后，监理人按第3.5款商定或确定承包人实际完成工作的价值，以及承包人已提供的材料、施工设备、工程设备和临时工程等的价值。

(2) 合同解除后，发包人应暂停对承包人的一切付款，查清各项付款和已扣款金额，包括承包人应支付的违约金。

(3) 合同解除后，发包人应按第23.4款的约定向承包人索赔由于解除合同给发包人造成的损失。

(4) 合同双方确认上述往来款项后，出具最终结清付款证书，结清全部合同款项。

(5) 发包人和承包人未能就解除合同后的结清达成一致而形成争议的，按第24条的约定办理。

22.1.6 紧急情况下无能力或不愿进行抢救。在工程实施期间或缺陷责任期内发生危及工程安全的事件，监理人通知承包人进行抢救，承包人声明无能力或不愿立即执行的，发包人有权雇佣其他人员进行抢救。此类抢救按合同约定属于承包人义务的，由此发生的金额和（或）工期延误由承包人承担。

22.2.1 发包人违约的情形

在履行合同过程中发生的下列情形，属发包人违约：

(1) 发包人未能按合同约定支付预付款或合同价款，或拖延、拒绝批准付款申请和支付凭证，导致付款延误的；

(2) 发包人原因造成停工的；

(3) 监理人无正当理由没有在约定期限内发出复工指示，导致承包人无法复工的；

(4) 发包人无法继续履行或明确表示不履行或实质上已停止履行合同的；

(5) 发包人不履行合同约定其他义务的。

22.2.2 承包人有权暂停施工。发包人发生除第22.2.1 (4) 目以外的违约情况时，承包人可向发包人发出通知，要求发包人采取有效措施纠正违约行为。发包人收到承包人通知后的28天内仍不履行合同义务，承包人有权暂停施工，并通知监理人，发包人应承担由此增加的费用和（或）工期延误，并支付承包人合理利润。

23. 索赔

本条包括：承包人索赔的提出；承包人索赔处理程序；承包人提出索赔的期限；发包人的索赔，共4款。

在本条中明示与监理人有关的款及子目有：

23.1 承包人索赔的提出。根据合同约定，承包人认为有权得到追加付款和（或）延长工期的，应按以下程序向发包人提出索赔：

（1）承包人应在知道或应当知道索赔事件发生后28天内，向监理人递交索赔意向通知书，并说明发生索赔事件的事由。承包人未在前述28天内发出索赔意向通知书的，丧失要求追加付款和（或）延长工期的权利；

（2）承包人应在发出索赔意向通知书后28天内，向监理人正式递交索赔通知书。索赔通知书应详细说明索赔理由以及要求追加的付款金额和（或）延长的工期，并附必要的记录和证明材料；

（3）索赔事件具有连续影响的，承包人应按合理时间间隔继续递交延续索赔通知，说明连续影响的实际情况和记录，列出累计的追加付款金额和（或）工期延长天数；

（4）在索赔事件影响结束后的28天内，承包人应向监理人递交最终索赔通知书，说明最终要求索赔的追加付款金额和延长的工期，并附必要的记录和证明材料。

23.2 承包人索赔处理程序

（1）监理人收到承包人提交的索赔通知书后，应及时审查索赔通知书的内容、查验承包人的记录和证明材料，必要时监理人可要求承包人提交全部原始记录副本。

（2）监理人应按第3.5款商定或确定追加的付款和（或）延长的工期，并在收到上述索赔通知书或有关索赔的进一步证明材料后的42天内，将索赔处理结果答复承包人。

（3）承包人接受索赔处理结果的，发包人应在作出索赔处理结果答复后28天内完成赔付。承包人不接受索赔处理结果的，按第24条的约定办理。

23.4.1 发生索赔事件后，监理人应及时书面通知承包人，详细说明发包人有权得到的索赔金额和（或）延长缺陷责任期的细节和依据。发包人提出索赔的期限和要求与第23.3款的约定相同，延长缺陷责任期的通知应在缺陷责任期届满前发出。

23.4.2 监理人按第3.5款商定或确定发包人从承包人处得到赔付的金额和（或）缺陷责任期的延长期。承包人应付给发包人的金额可从拟支付给承包人的合同价款中扣除，或由承包人以其他方式支付给发包人。

24. 争议的解决

本条包括：争议的解决方式；友好解决；争议评审，共3款。

在本条中明示与监理人有关的款及子目有：

24.3.2 合同双方的争议，应首先由申请人向争议评审组提交一份详细的评审申请报告，并附必要的文件、图纸和证明材料，申请人还应将上述报告的副本同时提交给被申请人和监理人。

24.3.3 被申请人在收到申请人评审申请报告副本后的28天内，向争议评审组提交一份答辩报告，并附证明材料。被申请人应将答辩报告的副本同时提交给申请人和监理人。

24.3.5 除专用合同条款另有约定外，在调查会结束后的14天内，争议评审组应在不受任何干扰的情况下进行独立、公正的评审，作出书面评审意见，并说明理由。在争议评审期间，争议双方暂按总监理工程师的确定执行。

24.3.6 发包人和承包人接受评审意见的，由监理人根据评审意见拟定执行协议，经争议双方签字后作为合同的补充文件，并遵照执行。

24.3.7 发包人或承包人不接受评审意见，并要求提交仲裁或提起诉讼的，应在收到评审意见后的14天内将仲裁或起诉意向书面通知另一方，并抄送监理人，但在仲裁或诉讼结束前应暂按总监理工程师的确定执行。

（二）《专用合同条款》

《专用合同条款》用于针对本合同工程需要进一步补充、细化约定的各项内容，补充、细化的各项内容，不得违反法律、行政法规的强制性规定和平等、自愿、公平和诚实信用原则。其补充、细化的各条均与《通用合同条款》所列条款顺序对应，无需补充、细化的条款则不必在《专用合同条款》中列出。

四、推行建设工程施工合同示范性文本的意义

1. 建设工程施工合同示范性文本是国家有关行政主管部门组织合同管理、工程技术、经济、法律等有关各方面的专家共同编制，能够比较准确地在法律范围内反映出合同各方所要实现的意图的规范化的、具有指导意义的文件。有助于签订施工合同当事人了解、掌握有关的合同条款构成，避免缺款少项和当事人意思表达不准确、不真实，导致合同履行中产生各种合同纠纷，也有利于减少甲乙双方签订施工合同的业务工作量。推行合同示范性文本，在进一步完善经济合同制度，规范合同各方当事人的行为，维护正常的经济秩序方面有着重要意义。

2. 在当前竞争激烈、建设市场处于买方市场的情况下，发包人违规、违法行为难以禁止。使用示范性合同文本可以避免或减少合同中权利义务不对应的不平等条款，对于"黑白合同"或"阴阳合同"的现象可以起到一定的遏制作用。

3. 有利于合同管理机关加强监督检查、合同仲裁机关和人民法院及时解决合同纠纷，保护当事人的合法权益。施工合同示范性文本是经过严格审查，依据有关法律法规审慎推敲制订的，它完全符合法律法规要求，使用示范文本实际上就是把自己纳入依法办事的轨道，其合法权益可受到法律保护。

4. 示范性合同文本是建设单位、施工单位和监理单位等从事合同管理人员很好的学习资料，也是合同履行管理的基本依据。对于监理人员来说，意义更加不同，因为施工合同从法律意义上说，是业主发包人与施工承包人之间签订的约定，对监理人并不具有法律约束力。但我们可以看到示范性施工合同文本中，涉及监理人的条款及子目非常之多，每条中都有。除了明示的条款之外，合同中业主发包人应尽的义务和职责，很多也是监理应协助业主完成的工作，监理在施工合同监理中的工作及职责尽在其中。监理人员如果仅学习监理合同、监理规范内容，对于如何进行施工监理中的合同管理恐怕还是处在云里雾里，但如认真学习施工合同示范性合同文本后，一定会有云开雾散的感觉。所以，从事施工合同履行的监理人员，首先要十分熟悉施工合同文本。

第四节　施工合同履约与违约处理

合同经签署成立后，合同双方当事人和人员均应严格履行合同义务，并承担违反合同应负的法律责任。

合同当事人是指发包人和承包人，即在合同协议书中签字的双方当事人。合同的履行义务包括当事人双方的相关人员。

发包人相关人员主要是监理机构人员，是在合同条款中指明的，受发包人委托对合同履行实施管理的监理部人员，其责任人是总监理工程师，是由监理人委派常驻施工场地对合同履行实施管理的全权负责人。

承包人相关人员主要是施工项目部人员，其责任人是项目经理，是承包人派驻施工场地的全权负责人。承包人相关人员还包括分包人，是指从承包人处分包合同中某一部分工程，并与其签订分包合同的分包人。

一、发包人履约与违约处理

（一）发包人履约义务

发包人应履行施工合同中约定的以下义务：

1. 遵守法律

发包人在履行合同过程中应遵守法律，并保证承包人免于承担因发包人违反法律而引起的任何责任。

2. 发出开工通知

发包人应委托监理人向承包人发出开工通知。监理人应在开工日期7天前向承包人发出开工通知。监理人在发出开工通知前应获得发包人同意。

3. 提供施工场地

发包人应按专用合同条款约定向承包人提供施工场地，以及施工场地内地下管线和地下设施等有关资料，并保证资料的真实、准确、完整。

4. 协助承包人办理证件和批件

发包人应协助承包人办理法律规定的有关施工证件和批件。

5. 组织设计交底

发包人应根据合同进度计划，组织设计单位向承包人进行设计交底。

6. 支付合同价款

发包人应按合同约定向承包人及时支付合同价款。

7. 组织竣工验收

发包人应按合同约定及时组织竣工验收。

8. 其他义务

（二）发包人违约与处理

1. 发包人违约情形

在履行合同过程中发生的下列情形，属发包人违约：

（1）发包人未能按合同约定支付预付款或合同价款，或拖延、拒绝批准付款申请和支付凭证，导致付款延误的；

（2）发包人原因造成停工的；

（3）监理人无正当理由没有在约定期限内发出复工指示，导致承包人无法复工的；

（4）发包人无法继续履行或明确表示不履行或实质上已停止履行合同的；

（5）发包人不履行合同约定其他义务的。

2. 发包人违约处理

（1）承包人有权暂停施工

除开发包人发生无法继续履行或明确表示不履行或实质上已停止履行合同的情况外，发包人违约时，承包人可向发包人发出通知，要求发包人采取有效措施纠正违约行为。发包人收到承包人通知后的 28 天内仍不履行合同义务，承包人有权暂停施工，并通知监理人，发包人应承担由此增加的费用和（或）工期延误，并支付承包人合理利润。

（2）承包人发出解除合同通知

①当发包人发生无法继续履行或明确表示不履行或实质上已停止履行合同的情况时，承包人可书面通知发包人解除合同。

②承包人依据以上 2.（1）有权暂停施工 28 天后，发包人仍不纠正违约行为的，承包人可向发包人发出解除合同通知。但承包人的这一行动不免除发包人承担的违约责任，也不影响承包人根据合同约定享有的索赔权利。

（3）因发包人违约解除合同后的付款责任

因发包人违约解除合同的，发包人应在解除合同后 28 天内向承包人支付下列金额，承包人应在此期限内及时向发包人提交要求支付下列金额的有关资料和凭证：

①合同解除日以前所完成工作的价款；

②承包人为该工程施工订购并已付款的材料、工程设备和其他物品的金额。发包人付款后，该材料、工程设备和其他物品归发包人所有；

③承包人为完成工程所发生的，而发包人未支付的金额；

④承包人撤离施工场地以及遣散承包人人员的金额；

⑤由于解除合同应赔偿的承包人损失；

⑥按合同约定在合同解除日前应支付给承包人的其他金额。

发包人应支付上述金额，并退还承包人的质量保证金和履约担保，但有权要求承包人支付应偿还给发包人的各项金额。

（4）因发包人违约而解除合同后，发包人应为承包人撤离提供必要条件。

二、承包人履约与违约处理

（一）承包人履约义务

1. 遵守法律

承包人在履行合同过程中应遵守法律，并保证发包人免于承担因承包人违反法律而引起的任何责任。

2. 依法纳税

承包人应按有关法律规定纳税，应缴纳的税金包括在合同价格内。

3. 完成各项承包工作

承包人应按合同约定以及监理人根据业主授权作出的指示，实施、完成全部工程，并修补工程中的任何缺陷。除专用合同条款另有约定外，承包人应提供为完成合同工作所需的劳务、材料、施工设备、工程设备和其他物品，并按合同约定负责临时设施的设计、建造、运行、维护、管理和拆除。

4. 对施工作业和施工方法的完备性负责

承包人应按合同约定的工作内容和施工进度要求，编制施工组织设计和施工措施计划，并对所有施工作业和施工方法的完备性和安全可靠性负责。

5. 保证工程施工和人员的安全

承包人应按合同约定的施工安全责任采取施工安全措施，确保工程及其人员、材料、设备和设施的安全，防止因工程施工造成的人身伤害和财产损失。

6. 负责施工场地及其周边环境与生态的保护工作

承包人应按照约定的环境保护及污染防治要求负责施工场地及其周边环境与生态的保护工作。

7. 避免施工对公众与他人的利益造成损害

承包人在进行合同约定的各项工作时，不得侵害发包人与他人使用公用道路、水源、市政管网等公共设施的权利，避免对邻近的公共设施产生干扰。承包人占用或使用他人的施工场地，影响他人作业或生活的，应承担相应责任。

8. 为他人提供方便

承包人应按监理人的指示为他人在施工场地或附近实施与工程有关的其他各项工作提供可能的条件。除合同另有约定外，提供有关条件的内容和可能发生的费用，由监理人按商定情况合理确定。

9. 工程的维护和照管

工程接收证书颁发前，承包人应负责照管和维护工程。工程接收证书颁发时尚有部分未竣工工程的，承包人还应负责该未竣工工程的照管和维护工作，直至竣工后移交给发包人为止。

10. 其他义务

承包人应履行合同约定的其他义务。

（二）承包人违约及处理

1. 承包人违约的情形

在履行合同过程中发生的下列情况属承包人违约：

（1）承包人违反合同约定，私自将合同的全部或部分权利转让给其他人，或私自将合同的全部或部分义务转移给其他人；

（2）承包人未经监理人批准，私自将已按合同约定进入施工场地的施工设备、临时设施或材料撤离施工场地；

（3）承包人使用了不合格材料或工程设备，工程质量达不到标准要求，又拒绝清除不合格工程；

（4）承包人未能按合同进度计划及时完成合同约定的工作，已造成或预期造成工期延误；

（5）承包人在缺陷责任期内，未能对工程接收证书所列的缺陷清单的内容或缺陷责任期内发生的缺陷进行修复，而又拒绝按监理人指示再进行修补；

（6）承包人无法继续履行或明确表示不履行或实质上已停止履行合同；

（7）承包人不按合同约定履行义务的其他情况。

2. 对承包人违约的处理

（1）承包人发生以上 1.（6）无法继续履行或明确表示不履行或实质上已停止履行合同情形时，发包人可通知承包人立即解除合同，并按有关法律处理。

（2）承包人发生除以上 1.（6）以外的其他违约情况时，监理人可向承包人发出整改通知，要求其在指定的期限内改正。承包人应承担其违约所引起的费用增加和（或）工期延误。

（3）经检查证明承包人已采取了有效措施纠正违约行为，具备复工条件的，可由监理人签发复工通知复工。

3. 因承包人违约，发包人可解除合同

监理人发出整改通知 28 天后，承包人仍不纠正违约行为的，发包人可向承包人发出解除合同通知。合同解除后，发包人可派员进驻施工场地，另行组织人员或委托其他承包人施工。发包人因继续完成该工程的需要，有权扣留使用承包人在现场的材料、设备和临时设施。但发包人的这一行动不免除承包人应承担的违约责任，也不影响发包人根据合同约定享有的索赔权利。

4. 因承包人违约，合同解除后的估价、付款和结清

（1）合同解除后，监理人商定或确定承包人实际完成工作的价值，以及承包人已提供的材料、施工设备、工程设备和临时工程等的价值。

（2）合同解除后，发包人应暂停对承包人的一切付款，查清各项付款和已扣款金额，包括承包人应支付的违约金。

（3）合同解除后，发包人应按合同约定的有关条款向承包人索赔由于解除合同给发包人造成的损失。

（4）合同双方确认上述往来款项后，出具最终结清付款证书，结清全部合同款项。

（5）发包人和承包人未能就解除合同后的结清达成一致而形成争议的，按合同约定的争议解决方式办理。

5. 协议利益的转让

因承包人违约解除合同的，发包人有权要求承包人将其为实施合同而签订的材料和设备的订货协议或任何服务协议利益转让给发包人，并在解除合同后的 14 天内，依法办理转让手续。

6. 紧急情况下无能力或不愿进行抢救

在工程实施期间或缺陷责任期内发生危及工程安全的事件，监理人通知承包人进行抢救，承包人声明无能力或不愿立即执行的，发包人有权雇佣其他人员进行抢救。此类抢救按合同约定属于承包人义务的，由此发生的金额和（或）工期延误由承包人承担。

三、监理对施工合同履约的管理

在监理与业主签订的《监理合同》中，监理受业主委托对工程的投资、质量、进度、安全与环保五大目标进行控制，对工程的合同和信息进行管理，对项目建设参与方及相关事务进行协调。在《监理合同》中监理人的大部分义务其实在业主与承包人签订的《施工合同》中无处不在的得到了充分的反映和具体细化，这从本章第三节介绍《标准施工招标文件合同条款》中摘录出的明示与监理有关的条款内容之多就可以得到验证。这也是监理合同具有"从合同"性质的特点，《监理合同》是以《施工合同》的存在为前提才能成立的合同。所以，监理对《施工合同》的履约管理，是《监理合同》约定的监理人本身应尽的义务及职责所在。

但是，《施工合同》的履约毕竟是双方当事人，即发包人和承包人的事，双方的履约要靠其自身的努力，业主的违约监理也不能代之受过。因此，监理作为具有独立法人地位的第三方，既受发包人委托要对施工承包人履行合同实施监督管理，同时也要对发包人履

约进行关注和协助，防止因发包人违约而承担相应的责任和损失。

综上所述，监理对施工合同履约的管理可以概括为以下三方面：

1. 监理本身应尽职，对《施工合同》中所有明示与监理有关的条款进行分析研究，完成相应的工作。并保证发包人免于承担因监理工作失职而引起承包人索赔造成的损失及任何责任。

2. 对施工承包人履行合同的行为及结果实施监督管理。重点是加强对本节二、中承包人履约义务与违约处理中列出的承包人履约义务和违约情形的监督检查，发现承包人的违约行为要及时处理，包括告知制止、整改、暂停施工、直至终止合同等。对于造成业主利益的损失，协助业主向承包人进行索赔。

3. 对发包人履约行为及可能造成后果进行防范。在《施工合同》双方当事人的法律意义上，监理属于业主发包方人员一方，因此对业主的履约不是监督管理，而应当成是己方的事，主动进行违约行为的防范。重点是加强对本节二、中发包人履约义务与违约处理中列出的发包人履约义务和违约情形进行事前的分析和研究，确定什么时间或工程进展到什么状况时，应及时提醒或告知业主应履行的合同义务，防止因发包人违约而承担相应的责任和损失。当由于难以控制的原因，发包人违约造成承包人索赔时，监理要协助业主进行索赔处理。

第五节　监理对施工合同索赔的处理

索赔是在工程承包合同履行过程中，当事人一方由于另一方未履行合同所规定的义务而遭受损失时，向另一方提出赔偿要求的行为。凡是涉及双方（或多方）的合同协议都可能发生索赔问题，索赔是签订合同的双方各自享有的权利。由于工程项目复杂多变，现场条件以及气候环境的变化，设计图纸文件中的缺陷或错误、施工中的缺陷或错误等因素，经常会导致索赔。

索赔情形贯穿于工程实施的全过程和各个方面，良好的索赔管理工作可以避免合同争议，使项目能够按照原定的施工计划优质、按期完成，所以说做好索赔管理工作，无论是对于承包商还是业主都是有利的。工程承包的实践经验表明：合同管理的水平越高，索赔的成功率愈大；认真努力地进行索赔工作，能够促使工程项目合同管理及承包企业经营管理水平的提高。

对于业主来说，良好的索赔管理工作，可以使业主以合理的投资获得所期待的工程项目，使工程项目顺利建成，避免合同争端。对承包商来说，做好索赔管理工作可以保证自己的合法利益，减轻承包工程的经济风险；同时，也促使承包商不断提高自己的合同管理水平，降低成本，提高利润。

就监理对施工合同中的双方索赔处理而言，这是一项很艰难的工作。因为要处理好施工索赔，必须十分熟悉整个合同文件，并能够做到熟练地应用合同条款。合同实施中的问题，归根结底体现为合同双方经济利益的纠葛，要依照合同文件的明示条款和默示条款来解决。因此，监理处理索赔的水平是监理合同管理水平的集中表现。监理工程师对合同双方所提出的索赔要求应妥善处理。

一、监理处理索赔的原则

1. 索赔必须以法律和合同为依据

索赔是合同中一方受到由于另一方的违约或客观条件造成的损失而提出的补偿要求。索赔依据的规则,就是法律、法规和合同。合同中的一方由于违反了法律、法规和合同相关条件的规定,给对方造成了损失,就应该给予对方相应的补偿。

由于合同文件的内容相当广泛,包括合同协议、图纸、合同条件、工程量清单以及许许多多来往的函件和修改变更通知,难以避免出现自相矛盾,或者可作不同解释等情况。此时除专用合同条款另有约定外,解释合同文件的优先顺序如下:

(1) 合同协议书;

(2) 中标通知书;

(3) 投标函及投标函附录;

(4) 专用合同条款;

(5) 通用合同条款;

(6) 技术标准和要求;

(7) 图纸;

(8) 已标价工程量清单;

(9) 其他合同文件。合同履行中,发包人和承包人有关工程的会议纪要、工程变更、签证、工程洽商、有关通知、信件、电文等,以及法律法规规定具有证明效力和合同效力的文件或资料均可视为合同的组成部分。

此外,以法律和合同为索赔处理依据,要求监理必须以独立第三方的身份,站在客观公正的立场上处理双方的索赔要求,不因监理工程师受雇于业主而偏向业主一方。

2. 索赔必须建立在违约事实和损害后果已客观存在的基础上

只有合同中的一方遭受了损失,才能向对方提出索赔。谈到索赔,损失的结果必定已经发生,没有损害的结果,就谈不上索赔,所以索赔必须建立在违约事实和损害后果已客观存在的基础上。比如,业主拖期提供施工场地影响了合同规定的开工时间、拖期提供施工图纸影响了工程的施工进展,从而影响到关键工序的施工,影响到总工期,承包商可以根据业主的拖期影响到工程进度的事实结果,向业主提出延长工期的索赔。同理,如果由于承包商的原因致使工程质量有缺陷、由于承包商的过错导致拖延工期,业主也可以向承包商提出索赔。所以说,无论是承包商向业主提出的索赔,还是业主向承包商提出的索赔,其前提都是违约事实和损害后果已客观存在。

3. 索赔应当采用明示的方式

要求索赔,必须提交索赔报告,索赔报告必须以书面的形式提出,而不能是口头的形式。想要索赔,受损害的一方必须指明,依据一定的法律法规或合同条件,其受到的损失应该由对方来补偿,列举所受损害和依据的条款,所以索赔必须采用明示的方式。比如由于业主延期提供施工图纸,而造成承包商的机器设备闲置、人员窝工,承包商应在书面索赔报告详细说明依据合同条件,业主应该提交施工图纸的时间;由于业主拖期的这段时间,影响到总工期的时间和在这段时间内,承包商的机器设备闲置数量、人员窝工数量及相应的单位设备闲置费、人员窝工工资。只有这样,监理才可能受理承包商的索赔申请。

4. 索赔的结果一般是索赔方获得付款、工期或其他形式的补偿无论是承包商的索赔还是业主的索赔，都不外乎工期（或缺陷责任期）和费用两个方面，要么工期索赔，要么是费用索赔，也可能是工期和费用的综合索赔。比如，由于货币贬值、物价上涨等原因可以索赔费用；由于监理工程师对材料、图纸和施工工序质量认可的拖延，并且这种拖延影响到了关键线路，则可以索赔工期；由于不可预见的自然条件、延误的施工图或监理工程师的指示的延误则既可以索赔费用，又可以索赔工期。

二、索赔的程序

在工程承包实践中，索赔实质上是承包商和业主之间在分担合同风险方面重新分配责任的过程。合同实施阶段所出现的每一个索赔事项，都应按照施工合同条件的具体规定，协商解决。对照《标准施工招标文件合同条款》的《通用合同条款》第23条，对双方的索赔有如下几方面的约定。

1. 承包人索赔的提出

根据合同约定，承包人认为有权得到追加付款和（或）延长工期的，应按以下程序向发包人提出索赔：

（1）承包人应在知道或应当知道索赔事件发生后28天内，向监理人递交索赔意向通知书，并说明发生索赔事件的事由。承包人未在前述28天内发出索赔意向通知书的，丧失要求追加付款和（或）延长工期的权利。

（2）承包人应在发出索赔意向通知书后28天内，向监理人正式递交索赔通知书。索赔通知书应详细说明索赔理由以及要求追加的付款金额和（或）延长的工期，并附必要的记录和证明材料。

（3）索赔事件具有连续影响的，承包人应按合理时间间隔继续递交延续索赔通知，说明连续影响的实际情况和记录，列出累计的追加付款金额和（或）工期延长天数。

（4）在索赔事件影响结束后的28天内，承包人应向监理人递交最终索赔通知书，说明最终要求索赔的追加付款金额和延长的工期，并附必要的记录和证明材料。

2. 监理对承包人索赔处理程序

（1）监理人收到承包人提交的索赔通知书后，应及时审查索赔通知书的内容、查验承包人的记录和证明材料，必要时监理人可要求承包人提交全部原始记录副本。

（2）监理人应与承包人商定或确定追加的付款和（或）延长的工期，并在收到上述索赔通知书或有关索赔的进一步证明材料后的42天内，将索赔处理结果答复承包人。

（3）承包人接受索赔处理结果的，发包人应在作出索赔处理结果答复后28天内完成赔付。承包人不接受索赔处理结果的，按合同争议条款的约定办理。

监理对承包人索赔处理程序如图9-5所示。

3. 承包人提出索赔的时间期限

（1）承包人接受了业主签发的竣工付款证书后，应被认为已无权再提出在合同工程接收证书颁发前所发生的任何索赔。

（2）缺陷责任期终止证书签发后，承包人提交的最终结清申请单中，只限于提出工程接收证书颁发后发生的索赔。提出索赔的期限自接受最终结清证书时终止。

4. 发包人的索赔

（1）发生发包人的索赔事件后，监理人应及时书面通知承包人，详细说明发包人有权得到的索赔金额和（或）延长缺陷责任期的细节和依据。发包人提出索赔的期限和要求与

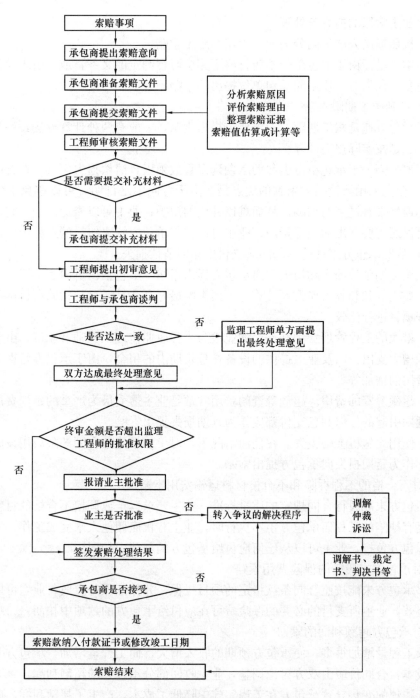

图 9-5 监理对承包人索赔处理程序

上条 3. 承包人提出索赔的时间期限的约定相同，延长缺陷责任期的通知应在缺陷责任期届满前发出。

（2）监理人按第 3.5 款商定或确定发包人从承包人处得到赔付的金额和（或）缺陷责任期的延长期。承包人应付给发包人的金额可从拟支付给承包人的合同价款中扣除，或由承包人以其他方式支付给发包人。

三、业主索赔的内容与处理

索赔按照提出方的不同分为业主索赔和施工索赔。

业主索赔是指由于承包单位不履行或不完全履行约定的义务,或者由于承包单位的行为使业主受到损失时,业主向承包单位提出的索赔。

1. 对拖延竣工期限索赔

由于承包方拖延竣工期限,业主要求提出索赔,一般有两种计算方法:一是按清偿损失计算;二是按实际损失计算。

清偿损失额等于承包单位引起的工期延误日数乘以日清偿损失额(应在合同专用条款中订明)。业主采用清偿损失条款的优点是:由于合同中已订明,可以避免承包方提出的关于实际损失带有过多的预测性从而难以补偿的辩护;业主可以避免调查研究,计算和论证实际延误而需要支出的额外费用;业主可以在与承包方解决纠纷的过程中(通常是较长时间的),从对承包方工程价款的陆续支付中扣回清偿损失。

业主按工期延误的实际损失额向承包方提出索赔一般包括以下内容:

(1) 业主盈利和收入损失。计算此项损失的最好办法是通过与索赔项目尽可能相同的某一工程项目进行比较。

(2) 增大的工程管理费用开支。如业主为工程雇佣监理工程师及职员,由于工程延期而发生的增大支出,以及业主提供的设备在延长期内的租金,由于承包方延误而造成安全和保险费用的增加等。

(3) 超额筹资的费用。超额筹资的费用常常是业主遭受最为严重的延误费用,业主对承包方延期引起的任何利息支付都应作为延期损失提出索赔。

(4) 使用设施机会的丧失。在任何情况下,对于如果能按合同期限启用设施而增加的收益,都作为延期损失向承包方提出索赔。

2. 对不合格的工程拆除和不合格材料运输费用索赔

当承包方未能履行合同规定的质量标准,业主要求运走或调换不合格的材料、拆除或重新修复有缺陷的工程而承包方拒不执行时,业主有权雇佣他人来完成工作,发生的一切费用由承包方负担,业主可以从任何应付给承包方的款项中扣回。

3. 对承包方未履行的保险费用索赔

如果承包方未能按照合同条款指定的项目投保,并保证保险有效,业主可以投保并保证保险有效,业主所支付的必要的保险费可在应付给承包方的款项中扣回。

4. 对承包方超额利润的索赔

如果工程量增加很多,使承包方预期的收入增大,而工程量增加,承包方并不增加任何固定成本,合同价应由双方讨论调整,业主收回部分承包方的超额利润。

由于法规的变化导致承包方在工程实施中降低了成本,产生了超额利润,应重新调整合同价格,收回部分超额利润。

5. 对指定分包方的付款索赔

在工程的总承包方未能提供已向指定的分包企业付款的合理证明时,业主可以直接按照监理工程师的证明书,将承包方未付给指定分包企业的款项(扣除保留金)付给该分包企业,并从应付给承包方的任何款项中如数扣回。

6. 业主合理终止合同或承包方不正当地放弃工程的索赔

如果业主合理地终止承包方的承包，或者承包方不合理地放弃工程，则业主有权从承包方手中收回由新的承包方完成全部工程所需的工程款与原合同未付部分的差额。

四、施工索赔的内容与处理

施工索赔，系指由于业主或其他有关方面的过失或责任，使承包方在工程施工中增加了额外的费用和（或）工期延误，承包方根据合同条款的有关规定，以合同约定的程序要求业主补偿在施工中所遭受的损失。

（一）施工索赔的内容与监理的处理

1. 不利物质条件引起的索赔

《标准施工招标文件合同条款》的《通用合同条款》第4.11.1约定："不利物质条件，除专用合同条款另有约定外，是指承包人在施工场地遇到的不可预见的自然物质条件、非自然的物质障碍和污染物，包括地下和水文条件，但不包括气候条件。"

承包人遇到不利物质条件时，应采取适应不利物质条件的合理措施继续施工，并及时通知监理人。监理人应当及时发出指示，指示构成变更的，按合同约定的变更条款办理。监理人没有发出指示的，承包人因采取合理措施而增加的费用和（或）工期延误，由发包人承担。

这些不利物质条件增加了施工的难度，导致承包方必须花费更多时间和费用，在这种情况下，承包方可向监理工程师提出索赔要求。

（1）不可预见的自然地质条件变化引起的索赔

一般情况下，招标文件中的现场描述都介绍地质情况，有的还附有简单的地质钻孔资料。一般在合同条件中，往往写明承包方在投标前已确认现场的环境和性质，包括地表以下条件、水文和气候条件等。即要求承包方承认已检查和考虑了现场及周围环境，承包方不得因误解或误释这些资料而提出索赔。如果在施工期间，承包方遇到不利的自然条件，而这些条件又是有经验的承包方也不能预见的，则应立即通知监理工程师，如果监理工程师也认为这些不利自然条件，即使是有经验的承包方也不能预见的，则监理工程师应据实向业主说明，业主应支付承包方在该情况下所支出的额外费用。但由于对合同条件的理解带有主观性，往往会造成承包方同业主各执其词，监理工程师在处理这种索赔时，应客观公正。

（2）不可预见的非自然物质条件引起的索赔

如在挖方工程中，承包方发现有不明地下管道等构筑物，只要是图纸上并未说明的，监理工程师应到现场检查，并与承包方共同讨论处理方案。如果这种处理方案导致工程费用增加（比如原计划是机械挖土，现在不得不改为人工挖土），承包方即可提出索赔，由于地下构筑物等图纸中并未注明，确属是有经验的承包人难以合理预见的地下障碍，监理应予以受理，并向业主说明。

对于以上情况，监理工程师应尽可能减少业主被索赔的费用。

为此监理工程师应做好以下几个方面的工作：一是查证设计人员收集的所有资料是否都已提供给承包方；二是向当地市政工程局、公用局等部门查询已知的公用设施、管道等的确实位置和数目，并搜集关于未知的公用设施、管道和其他障碍的本地资料；三是在适当的时候考虑补充勘测，探明地下情况。四是当未预知的障碍对承包方的施工产生严重影响时，监理工程师应立即与承包方就解决问题的办法和有关费用达成协议，及时地发出变更通知并确定合理的费率,调整价款。

2. 工程变更引起的索赔

在工程施工过程中,由于遇到不能预见的情况、环境条件、或变更有利于提高质量、或变更有利于节约成本等,在监理工程师认为必要并经业主同意,可以对工程做出变更。承包方应按监理工程师的指令执行,但承包方有权对这些变更所引起的附加费用进行索赔。

根据监理工程师的指令完成的变更工程,应尽量以合同中规定的单价和价格确定其费用。如果合同中没有可适用于该项变更工程的单价或价格,则应由监理工程师和承包商共同商定适用的单价或价格。如果双方不能取得一致意见,则由监理工程师确定其认为合理的单价和价格,如果承包方不同意,便会引起索赔。

3. 关于工期延长和延误的索赔

工期延长或延误的索赔通常包括两方面:一是承包方要求延长工期,二是承包方要求偿付由于非承包方原因导致工程延误而造成的损失。一般这两方面的索赔报告要求分别编写,因为工期和费用的索赔并不一定同时成立。例如,由于特殊恶劣气候等原因,承包方可能得不到延长工期的承诺,但是,如果承包方能提出证明其延误造成的损失,就可能有权获得这些损失的赔偿。有时两种索赔可能混在一起,既可以要求延长工期,又可以获得对其损失的赔偿。

4. 由于业主方原因终止工程合同而引起的索赔

由于业主方原因终止工程合同,承包方有权要求补偿损失,其数额是承包方在被终止工程上已完成而未支付的工程款、已购买并运到现场而尚未用到工程上的人工、材料、设备费用,以及各项管理费用、保险费、贷款利息、保函费用的支出损失,并有权要求赔偿其盈利损失。

5. 关于支付方面的索赔

工程付款涉及价格、货币和支付方式三个方面的问题,由此引起的索赔也很常见。如价格调整的索赔、货币贬值导致的索赔、拖延支付工程款的索赔等。

(二)施工索赔的资料

索赔的主要依据是合同文件及工程项目资料,资料不完整,监理工程师难以正确处理索赔。一般情况下,承包方为便于向业主进行索赔,都保存有一套完整的工程项目资料,而监理工程师也应保存自己的一套有关详细记录。这样,监理工程师可根据承包方提供的记录及驻地监理工程师所作的记录作出裁决,避免了各执其词,相互扯皮。

1. 监理工程师要求承包方提供的记录

(1)施工方面记录:包括施工日志、施工检查员的报告、逐月分项记录、施工工长日报、每日工时记录、同监理工程师的往来通信及文件、施工进度特殊问题照片、会议记录或纪要、施工图纸、同监理工程师或业主的电话记录、投标时的施工进度计划、修正后的施工进度计划、施工质量检查验收记录、施工设备材料使用记录等。

(2)财务方面记录:包括施工进度款支付申请单、工人劳动计时卡、工人或雇用人员工资单、材料设备和配件等采购单、付款收据、收款收据、标书中财务部分的章节、工地的施工预算、工地开支报告、会议日报表、会计总账、批准的财务报告、会计来往信件及文件、通用货币汇率变化表。

根据索赔内容，还要准备上述资料范围以外的证据。

2. 监理工程师自己应准备的资料

监理工程师准备的资料主要是监理工程师的施工记录：

（1）历史记录。包括工程进度计划及已完工程记录，承包方的机具和人力，气象报告，与承包方的洽谈记录，工程变更令，以及其他影响工程的重大事项。

（2）工程量和财务记录。包括监理工程师复核的所有工程量和付款的资料，如工程计量单、付款证书、计日工、变更令、各种费率价格的变化，现场的材料及设备的实验报告等。

（3）质量记录。包括有关工程质量的所有资料以及对工程质量有影响的其他资料。

（4）竣工记录。包括各单项工程、单位工程的竣工图纸、竣工证书，对竣工部分的鉴定证书等。

五、监理工程师处理施工索赔的案例

下面我们通过两个案例进一步了解监理工程师如何处理施工索赔有关问题。

【案例 9-1】

【背景情况】 某工程建设项目，业主与施工单位按施工合同示范文本签订了工程施工合同，工程未投保保险。在工程施工过程中，遭受暴风雨不可抗力的袭击，造成了相应的损失，施工单位及时向监理工程师提出索赔要求，并附与索赔有关的资料和证据。索赔报告中的基本要求如下：

1. 暴风雨袭击不是因施工单位原因造成的损失，故应由业主承担赔偿责任。

2. 给已建部分工程造成损坏 18 万元，应由业主承担修复的经济责任，施工单位不承担修复的经济责任。

3. 施工单位人员因此灾害导致数人受伤，处理伤病医疗费用和补偿金总计 3 万元，业主应给予赔偿。

4. 施工单位进场的在使用机械、设备受到损坏，造成损失 8 万元，由于现场停工造成台班费损失 4.2 万元，业主应负担赔偿和修复的经济责任。工人窝工费 3.8 万元，业主应予支付。

5. 因暴风雨造成现场停工 8 天，要求合同工期顺延 8 天。

6. 由于工程破坏，清理工程现场需费用 2.4 万元，业主应予支付。

监理工程师接到了施工单位提交的索赔申请，应如何处理？

【分析与处理】

1. 分析不可抗力风险承担责任的原则如下：

（1）工程本身的损害由业主承担；

（2）人员伤亡由其所属单位负责，并承担相应费用；

（3）造成施工单位机械、设备的损坏及停工等损失，由施工单位承担；

（4）所需清理、恢复工作的费用，由双方协商承担；

（5）工期给予顺延。

2. 监理工程师接到施工单位的索赔申请通知后应进行以下主要工作：

（1）进行调查、取证，包括核实索赔申请中的有关数据；

（2）审查索赔成立条件，确定索赔是否成立；

(3) 分清责任，认可合理索赔；

(4) 与施工单位协商，统一意见；

(5) 签发索赔报告，处理意见报业主核准。

3. 监理工程师对索赔申请的处理意见逐条如下：

(1) 经济损失按上述原则由双方分别承担，延误的工期应予签证顺延；

(2) 因工程修复、重建的 18 万元工程款应由业主支付；

(3) 施工单位人员受伤的索赔不予认可，由施工单位承担；

(4) 施工单位现场的机械设备损坏的索赔不予认可，由施工单位承担；

(5) 认可顺延合同工期 8 天；

(6) 工程现场清理费用由监理确认清理范围及费用由业主承担。

【案例 9-2】

【背景情况】 某分部工程网络进度计划，总工期要求为 29 天，网络计划如图 9-6 所示。施工中各工作的持续时间发生改变，具体变化及原因见表 9-1。该分部工程接近要求工期时，承包商提出工期延期 19 天的索赔要求并符合索赔程序。

各工作持续时间变化表　　　　　　　　　　　表 9-1

工作代号	持续时间延长原因及天数			持续时间延长值
	业主原因	不可抗力原因	承包商原因	
A	1	1	1	3
B	2	1	0	3
C	0	1	0	1
D	1	0	0	1
E	1	0	2	3
F	0	1	0	1
G	2	4	0	6
H	0	0	2	2
I	0	0	1	1
J	1	0	0	1
K	2	1	1	4

监理工程师接到承包商的索赔申请，能批准的工期延期为多少天？

【分析与处理】

监理工程师处理索赔的基本原则是：实事求是，按合同规定（要求）处理索赔事件。

由于非承包商原因（业主原因、不可抗力等原因）导致工期拖延的时间，承包商可以索赔；由于承包商原因导致工期拖延的时间，承包商不能索赔。

监理工程师区分两类原因造成的工期拖延：

1. 计算由于业主原因、不可抗力原因使工期拖延后的总工期：

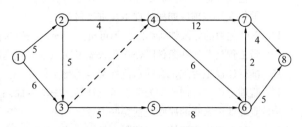

图 9-6　原分部工程网络进度计划图

（1）确定以上非承包者原因使工作拖延后各工作的持续时间。

直接标注在网络图上，见图 9-7，或文字表述如下：

$D_A=7$　　$D_B=9$　　$D_C=6$　　$D_D=5$　　$D_E=6$　　$D_F=9$
$D_G=18$　　$D_H=6$　　$D_I=2$　　$D_J=5$　　$D_K=8$

（2）用节点时间法计算，见图 9-7。

（3）通过计算确定由于业主原因、不可抗力原因使工期拖延后的总工期为 36 天。

2．监理工程师批准的工期延期为：

$$36-29=7 \text{ 天}$$

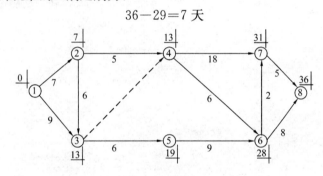

图 9-7　工期拖延后节点时间法计算网络图

思 考 题

1．业主采用的工程管理模式与不同的合同文本有什么关系？《标准施工招标文件合同条款》可适用于哪些工程管理模式？

2．在我国现行的建设工程中，采用哪些合同文本业主必须委托监理？采用什么合同文本业主无需委托工程监理？为什么？

3．建设工程设计合同履行监理的主要工作包括哪些方面？

4．我国现行采用的建设工程施工合同文本有哪几种？

5．施工合同文件的解释顺序如何规定？为什么要这样规定？

6．监理工程师在工地的口头指令是否要执行？应注意什么问题？

7．承包人的义务包括哪些方面？承包人违约包括哪些方面？监理如何处理发承包人违约？

8．发包人的义务包括哪些方面？发包人违约包括哪些方面？监理如何防止发包人违约？

9．在履行合同过程中，承包人对发包人提供的图纸、技术要求以及其他方面提出的合理化建议监理应如何处理？

10．承包人和监理工程师如何对工程隐蔽部位进行检查和验收？

11．对承包人私自覆盖工程隐蔽部位监理工程师如何处理？

12. 承包人和监理如何对已完成的工程进行计量？
13. 承包人和监理应如何处理工程进度付款？
14. 不可抗力的界限如何约定？不可抗力带来的损失与费用，甲乙双方如何分担？
15. 当工程具备哪些条件时，承包人才可向监理人报送竣工验收申请报告？监理人如何处理？
16. 推行建设工程施工合同示范性文本的意义何在？
17. 监理对施工合同履约的管理可以概括为哪些方面内容？
18. 监理处理索赔的原则包括哪些内容？
19. 承包人提出索赔的时间期限在合同示范性文本中有什么约定？
20. 何谓不利物质条件？监理如何处理承包人因不利物质条件提出的索赔？

第十章　建设工程监理规划

第一节　建设工程监理工作文件

建设工程监理工作文件是指监理大纲、监理规划和监理实施细则。

一、监理大纲

监理大纲是在建设单位监理招标过程中，工程监理企业为承揽监理业务而编写的监理方案性文件，是工程监理企业投标书的核心内容。

编写监理大纲的作用有两个：一是使建设单位认可监理大纲中的监理方案，从而使得工程监理企业承揽到监理业务；二是中标后项目监理机构编写监理规划的直接依据。

监理大纲由工程监理企业指定经营部门或技术部门管理人员，或者拟任总监理工程师负责编写。

监理大纲的内容应当根据监理招标文件的要求制定。主要内容有：

（1）工程监理企业拟派往项目监理机构的监理人员，并对人员资格情况进行介绍。尤其应重点介绍拟任总监理工程师这一项目监理机构的核心人物，总监理工程师的人选往往是能否承揽到监理业务的关键。

（2）拟采用的监理方案。工程监理企业应根据建设单位所提供的以及自己初步掌握的工程信息制定准备采用的监理方案，主要包括项目监理机构设计方案、建设工程三大目标的控制方案、合同管理方案、监理档案资料管理方案、组织协调方案等内容。

（3）计划提供给建设单位的监理阶段性文件。

经建设单位和工程监理企业谈判确定了的监理大纲，应当纳入委托监理合同的附件中，成为监理合同文件的组成部分。

二、监理规划

监理规划是工程监理企业接受建设单位委托并签订委托监理合同之后，由项目总监理工程师主持，根据委托监理合同，在监理大纲的基础上，结合项目的具体情况，广泛收集工程信息和资料的情况下制定的指导整个项目监理机构开展监理工作的指导性文件。

监理规划应在签订委托监理合同及收到设计文件后开始编制。从内容范围上讲，监理大纲与监理规划都是围绕着整个项目监理机构将开展的监理工作来编写的，但监理规划的内容要比监理大纲翔实、全面。

监理规划由项目总监理工程师主持、各专业或子项监理工程师参加编写，经工程监理企业技术负责人审查批准，并在召开第一次工地会议前报送建设单位，由建设单位确认并监督实施。

监理规划将委托监理合同中规定的工程监理企业应承担的责任及监理任务具体化，是项目监理机构科学、有序地开展监理工作的基础。在监理工作实施过程中，如实际情况或条件发生重大变化而需要调整监理规划时，应由总监理工程师组织专业监理工程师研究修改，按原报审程序经过批准后报建设单位。

监理规划除了指导项目监理机构全面开展监理工作之外，还是建设监理主管机构对工程监理企业实施监督管理的依据，是建设单位确认工程监理企业是否全面履行委托监理合同的依据，也是工程监理企业内部考核的依据和重要的存档资料。

监理规划编写的依据有：工程建设方面的法律、法规，建设工程外部环境资料，政府批准的工程建设文件，建设工程委托监理合同以及其他建设工程合同，建设单位的正当要求，监理大纲，工程实施过程输出的有关工程信息等。

三、监理实施细则

对中型及以上或专业性较强的工程项目，项目监理机构应编制监理实施细则。监理实施细则是项目监理机构根据监理规划，针对工程项目中某一专业或某一方面监理工作编写的操作性文件。

监理实施细则由专业监理工程师编写，经总监理工程师审批。

监理实施细则应符合监理规划的要求，并结合工程项目的专业特点，做到详细具体、具有可操作性。与监理规划相比，监理实施细则的内容具有局部性，是各专业监理工程师及其所在部门围绕本专业、本部门的监理工作来编写的，其作用是指导具体监理业务的开展。

监理实施细则的主要内容有：专业工程的特点、监理工作的流程、监理工作的控制要点及目标值、监理工作的方法及措施。

第二节 监理规划的内容

建设工程监理规划应将委托监理合同中规定的监理单位承担的责任及监理任务具体化，并在此基础上制定实施监理的具体措施。

根据《建设工程监理规范》及相关法规，建设工程施工阶段监理规划通常包括以下内容：

一、建设工程概况

建设工程的概况部分主要编写以下内容：

1. 建设工程名称。
2. 建设工程地点。
3. 建设工程组成及建筑规模。
4. 主要建筑结构类型。
5. 预计工程投资总额。预计工程投资总额可以按以下两种费用编列：
(1) 建设工程投资总额；
(2) 建设工程投资组成简表。
6. 建设工程计划工期。可以建设工程的计划持续时间或以建设工程开、竣工的具体日历时间表示：
(1) 以建设工程的计划持续时间表示：建设工程计划工期为"××个月"或"××天"；
(2) 以建设工程的具体日历时间表示：建设工程计划工期由_____年_____月

_____日至_____年_____月_____日。

7. 工程质量要求。应具体提出建设工程的质量目标要求。

8. 工程建设安全要求。应具体提出建设工程的安全目标要求。

9. 工程建设环保要求。应具体提出建设工程的环保目标要求。

10. 建设工程设计单位及施工单位名称。

11. 建设工程项目结构图与编码系统。

二、监理工作范围

监理工作范围是指监理单位所承担的监理任务的工程范围。如果监理单位承担全部建设工程的监理任务,监理范围为全部建设工程,否则应按监理单位所承担的建设工程的建设标段或子项目划分确定建设工程监理范围。

三、监理工作内容

(一)施工准备阶段监理工作的主要内容

1. 审查施工单位选择的分包单位的资质;

2. 监督检查施工单位质量保证体系及安全技术措施,完善质量管理程序与制度;

3. 参加设计单位向施工单位的技术交底;

4. 审查施工单位上报的实施性施工组织设计,重点对施工方案、劳动力、材料、机械设备的组织及保证工程质量、安全、工期和控制造价等方面的措施进行监督,并向业主提出监理意见;

5. 在单位工程开工前检查施工单位的复测资料,特别是两个相邻施工单位之间的测量资料、控制桩撅是否交接清楚,手续是否完善,质量有无问题,并对贯通测量、中线及水准桩的设置、固桩情况进行审查;

6. 对重点工程部位的中线、水平控制进行复查;

7. 监督落实各项施工条件,审批一般单项工程、单位工程的开工报告,并报业主备查。

(二)施工阶段监理工作的主要内容

1. 施工阶段的质量控制

(1)对所有的隐蔽工程在进行隐蔽以前进行检查和办理签证,对重点工程要派监理人员驻点跟踪监理,签署重要的分项工程、分部工程和单位工程质量评定表;

(2)对施工测量、放样等进行检查,对发现的质量问题应及时通知施工单位纠正,并作好监理记录;

(3)检查确认运到现场的工程材料、构件和设备质量,并应查验试验、化验报告单、出厂合格证是否齐全、合格,监理工程师有权禁止不符合质量要求的材料、设备进入工地和投入使用;

(4)监督施工单位严格按照施工规范、设计图纸要求进行施工,严格执行施工合同;

(5)对工程主要部位、主要环节及技术复杂工程加强检查;

(6)检查施工单位的工程自检工作,数据是否齐全,填写是否正确,并对施工单位质量评定自检工作作出综合评价;

(7)对施工单位的检验测试仪器、设备、度量衡定期检验,不定期地进行抽验,保证度量资料的准确;

(8) 监督施工单位对各类土木和混凝土试件按规定进行检查和抽查；

(9) 监督施工单位认真处理施工中发生的一般质量事故，并认真作好监理记录；

(10) 对大、重大质量事故以及其他紧急情况，应及时报告业主。

2. 施工阶段的进度控制

(1) 监督施工单位严格按施工合同规定的工期组织施工；

(2) 对控制工期的重点工程，审查施工单位提出的保证进度的具体措施，如发生延误，应及时分析原因，采取对策；

(3) 建立工程进度台账，核对工程形象进度，按月、季向业主报告施工计划执行情况、工程进度及存在的问题。

3. 施工阶段的投资控制

(1) 审查施工单位申报的月、季度计量报表，认真核对其工程数量，不超计、不漏计，严格按合同规定进行计量支付签证；

(2) 保证支付签证的各项工程质量合格、数量准确；

(3) 建立计量支付签证制度，定期与施工单位核对清算；

(4) 按业主授权和施工合同的规定审核变更设计。

4. 施工阶段的安全监理

(1) 编制安全监理规划、安全监理细则和安全监理制度；

(2) 审查核验施工单位提交的有关安全技术措施和安全专项施工方案；

(3) 核查安全设施验收记录，进行施工现场巡视检查，记录安全监理情况等。

5. 施工阶段的环境监理

(1) 审查施工单位提交的施工方案中的环保措施是否满足设计文件中要求的环境污染防治措施和生态保护措施。

(2) 应根据环境影响评价报告书要求及设计文件具体要求，制定项目工程环境监理规划、监理实施细则。

(3) 加强现场巡视、旁站监理，对施工中废水、废气、废渣、噪声排放进行监控和详细记录，发现环境问题及时要求施工单位整改。

(4) 及时将施工过程中环境监理有关资料整理、归档。

(5) 督促、检查施工单位及时整理污染防治和生态保护竣工资料。

(三) 竣工验收阶段监理工作的主要内容

1. 督促、检查施工单位及时整理竣工文件和验收资料，受理施工单位工程竣工验收申请报告，提出监理意见并报业主；

2. 在施工单位的竣工申请报告基础上，提出工程质量评估报告，工程质量评估报告应经总监理工程师和监理单位技术负责人审核签字；

3. 编写和提交项目工程环境监理总结报告；

4. 组织工程预验收，参加业主组织的竣工验收。

(四) 合同管理工作的主要内容

1. 拟定本建设工程合同体系及合同管理制度，包括合同草案的拟定、会签、协商、修改、审批、签署、保管等工作制度及流程；

2. 协助业主拟定工程的各类合同条款，并参与各类合同的商谈；

3. 合同执行情况的分析和跟踪管理；
4. 协助业主处理与工程有关的索赔事宜及合同争议事宜。

四、监理工作目标

建设工程监理目标是指监理单位所承担的建设工程的监理控制预期达到的目标。通常工程的投资、进度目标以具体的控制值来表示。

（1）投资控制目标：以_____年预算为基价，静态投资为_____万元（或合同价为_____万元）；

（2）工期控制目标：_____个月或自_____年_____月_____日至_____年_____月_____日；

（3）质量控制目标：建设工程质量合格及业主的其他要求；

（4）安全控制目标：达到合同要求；

（5）环保控制目标：达到合同要求。

五、监理工作依据

1. 工程建设方面的法律、法规；
2. 政府批准的工程建设文件；
3. 建设工程监理合同；
4. 其他建设工程合同。

六、项目监理机构的组织形式

项目监理机构的组织形式应根据建设工程监理要求选择。

项目监理机构可用组织结构图表示。详见第二章第二节。

七、项目监理机构的人员配备计划

项目监理机构的人员配备应根据建设工程监理的进程合理安排，见表10-1所示。

项目监理机构的人员配备计划　　　　　　　表10-1

时间	×月	×月	×月	×月	×月
监理工程师					
监理员					
文秘人员					

八、项目监理机构的人员岗位职责

详见第二章第三节。

九、监理工作程序

监理工作程序比较简单明了的表达方式是监理工作流程图。一般可对不同的监理工作内容分别制定监理工作程序，例如：工程暂停及复工管理的基本程序如图10-1所示。

十、监理工作方法及措施

（一）投资目标控制方法与措施

1. 投资目标分解

（1）按建设工程的投资费用组成分解；

（2）按年度、季度分解；

（3）按建设工程实施阶段分解；

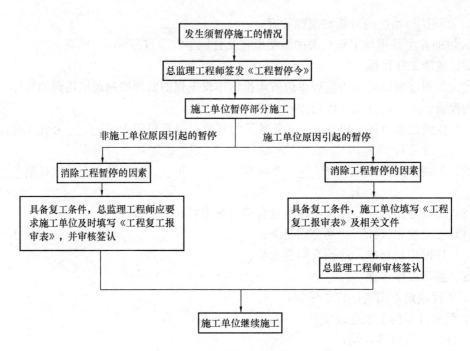

图 10-1 工程暂停及复工管理的基本程序

(4) 按建设工程组成分解。

2. 投资使用计划

投资使用计划可列表编制。参见表 10-2。

投资使用计划表　　　　　　　　　　表 10-2

工程名称	××年度				××年度				××年度				总额
	一季度	二季度	三季度	四季度	一季度	二季度	三季度	四季度	一季度	二季度	三季度	四季度	

3. 投资目标实现的风险分析

4. 投资控制的工作流程与措施

(1) 工作流程图;

(2) 投资控制的具体措施:

1) 投资控制的组织措施。

建立健全项目监理机构,完善职责分工及有关制度,落实投资控制的责任。

2) 投资控制的技术措施。

在施工阶段,通过审核施工组织设计和施工方案,使组织施工合理化。

3) 投资控制的经济措施。

及时进行计划费用与实际费用的分析比较。对原设计或施工方案提出合理化建议并被采用,由此产生的投资节约按合同规定予以奖励。

4）投资控制的合同措施。

按合同条款支付工程款，防止过早、过量的支付。减少施工单位的索赔，正确处理索赔事宜等。

5. 投资控制的动态比较
（1）投资目标分解值与概算值的比较；
（2）概算值与施工图预算值的比较；
（3）合同价与实际投资的比较。

6. 投资控制表格

（二）进度目标控制方法与措施

1. 工程总进度计划
2. 总进度目标的分解
（1）年度、季度进度目标；
（2）各阶段进度目标；
（3）各子项目进度目标。
3. 进度目标实现的风险分析
4. 进度控制的工作流程与措施
（1）工作流程图；
（2）进度控制的具体措施：
1）进度控制的组织措施。

落实进度控制的责任，建立进度控制协调制度。

2）进度控制的技术措施。

建立多级网络计划体系，监控承建单位的作业实施计划。

3）进度控制的经济措施。

对工期提前者实行奖励；对应急工程实行较高的计件单价；确保资金的及时供应等。

4）进度控制的合同措施。

按合同要求及时协调有关各方的进度，以确保建设工程的形象进度。

5. 进度控制的动态比较。
（1）进度目标分解值与进度实际值的比较；
（2）进度目标值的预测分析。

6. 进度控制表格

（三）质量目标控制方法与措施

1. 质量控制目标的描述
（1）材料质量控制目标；
（2）设备质量控制目标；
（3）土建施工质量控制目标；
（4）设备安装质量控制目标；
（5）其他说明。

2. 质量目标实现的风险分析

3. 质量控制的工作流程与措施

（1）工作流程图；

（2）质量控制的具体措施：

1）质量控制的组织措施。

建立健全项目监理机构，完善职责分工，制定有关质量监督制度，落实质量控制责任。

2）质量控制的技术措施。

协助完善质量保证体系；严格事前、事中和事后的质量检查监督。

3）质量控制的经济措施。

严格质检和验收，不符合合同规定质量要求的拒付工程款。

4）质量控制的合同措施。

施工质量达到业主特定质量目标要求的，按合同支付质量补偿金或奖金。

4. 质量目标状况的动态分析

5. 质量控制表格

（四）合同管理的方法与措施

1. 合同结构

可以用合同结构图的形式表示。详见第二章第一节。

2. 合同目录一览表

合同目录一览表参见表10-3。

合 同 目 录 一 览 表　　　　　　　　　　　　　　表10-3

序号	合同编号	合同名称	承包商	合同价	合同工期	质量要求

3. 合同管理的工作流程与措施

（1）工作流程图；

（2）合同管理的具体措施。

4. 合同执行状况的动态分析

5. 合同争议调解与索赔处理程序

6. 合同管理表格

（五）信息管理的方法与措施

1. 信息分类表

信息分类表参见表10-4。

信 息 分 类 表　　　　　　　　　　　　　　表10-4

序号	信息类别	信息名称	信息管理要求	责任人

2. 机构内部信息流程图
3. 信息管理的工作流程与措施
（1）工作流程图；
（2）信息管理的具体措施。
4. 信息管理表格
（六）组织协调的方法与措施
1. 与建设工程有关的单位
（1）建设工程系统内的单位：
主要有业主、设计单位、施工单位、材料和设备供应单位、资金提供单位等。
（2）建设工程系统外的单位：
主要有政府建设行政主管机构、政府及其他有关部门、工程毗邻单位、社会团体等。
2. 协调分析
（1）建设工程系统内的单位协调重点分析；
（2）建设工程系统外的单位协调重点分析。
3. 协调工作程序
（1）投资控制协调程序；
（2）进度控制协调程序；
（3）质量控制协调程序；
（4）其他方面工作协调程序。
4. 协调工作表

十一、监理工作制度

（一）施工阶段
1. 设计文件、图纸审查制度；
2. 施工图纸会审及设计交底制度；
3. 施工组织设计审核制度；
4. 工程开工申请审批制度；
5. 工程材料、半成品质量检验制度；
6. 隐蔽工程、分项（部）工程质量验收制度；
7. 单位工程、单项工程总监验收制度；
8. 设计变更处理制度；
9. 工程质量事故处理制度；
10. 施工进度监督及报告制度；
11. 监理报告制度；
12. 工程竣工验收制度；
13. 监理日志和会议制度。
（二）项目监理机构内部工作制度
1. 监理组织工作会议制度；
2. 对外行文审批制度；
3. 监理工作日志制度；

4. 监理周报、月报制度；

5. 技术、经济资料及档案管理制度；

6. 监理费用预算制度。

十二、监理设施

业主提供满足监理工作需要的办公设施、交通设施、通信设施、生活设施等。

根据建设工程类别、规模、技术复杂程度、建设工程所在地的环境条件，按委托监理合同的约定，配备满足监理工作需要的常规检测设备和工具（表10-5）。

常规检测设备和工具　　　　　表10-5

序号	仪器设备名称	型号	数量	使用时间	备注

思 考 题

1. 监理大纲、监理规划、监理细则有何联系和区别？
2. 编制工程建设监理规划有何作用？
3. 编制工程建设监理规划的依据是什么？
4. 监理规划的内容有哪些？

第十一章 建设工程监理信息管理

第一节 建设工程监理信息管理工作流程与环节

一、建设工程监理信息管理

（一）建设工程信息

信息是对数据的解释，反映了事物的客观规律，为使用者提供决策和管理所需要的依据。信息来源于数据，又高于数据，信息是数据的灵魂，数据是信息的载体。

建设工程项目监理过程中涉及大量的信息，可按照不同的标准加以划分，例如：按照建设工程的目标和实务内容划分，建设工程的信息有投资控制信息、质量控制信息、进度控制信息、安全监督管理信息、环境保护监督管理信息和合同管理信息等；按照信息的层次划分，建设工程项目的信息有战略性信息、管理型信息和业务性信息，详见图11-1；按照项目管理功能划分，建设工程项目的信息有组织类信息、管理类信息、经济类信息和技术类信息，详见图11-2；按照收集信息的时间阶段划分，建设工程项目的信息有决策阶段的信息、设计阶段的信息、施工招标阶段的信息、施工阶段（含施工准备期、施工期、竣工保修期）的信息。

（二）项目监理机构的建设工程信息管理

信息管理是指对信息的收集、加工整理、储存、传递与应用等一系列工作的总称。信息管理的目的就是通过有组织的信息流通，使决策者能及时、准确地获得相应的信息。

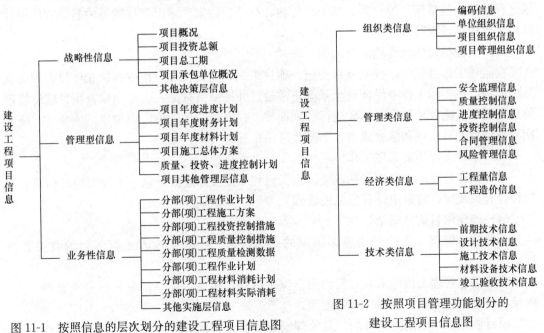

图11-1 按照信息的层次划分的建设工程项目信息图

图11-2 按照项目管理功能划分的建设工程项目信息图

有效的工程项目管理需要更多地依靠信息系统的结构和维护。信息管理影响组织和整个项目管理系统的运行效率，是人们沟通的桥梁，项目监理机构应予以足够重视。项目监理机构应根据实际需要，配备熟悉工程管理业务、经过培训的人员担任信息管理工作。

1. 项目监理机构信息管理的要求

（1）有时效性和针对性；

（2）有必要的精度；

（3）综合考虑信息成本及信息收益，实现信息效益最大化。

2. 项目监理机构信息管理的程序

（1）确定项目信息管理目标；

（2）进行项目信息管理策划；

（3）项目信息收集；

（4）项目信息处理；

（5）项目信息运用；

（6）项目信息管理评价。

3. 项目监理机构信息管理的任务

（1）编制项目信息管理监理细则

项目信息管理监理细则的制定应以监理规划中的有关信息管理内容为依据。

项目信息管理监理细则应包括信息需求分析，信息编码系统，信息流程，信息管理制度，信息的来源、内容、标准、时间要求、传递途径、反馈的范围、人员以及职责和工作程序等内容。信息需求分析应明确实施项目所必需的信息，包括信息的类型、格式、传递要求及复杂性等，并应进行信息价值分析。项目信息编码系统应有助于提高信息的结构化程度，方便使用，并且应与企业信息编码保持一致。信息流程应反映监理企业内部信息流和有关的外部信息流及各有关单位、部门和人员之间的关系，并有利于保持信息畅通。信息过程管理应包括信息的收集、加工、传输、存储、检索、输出和反馈等内容，宜使用计算机进行信息过程管理。

（2）实施项目信息管理监理细则

在监理工作过程中，按照项目实施、项目组织、项目管理工作过程建立项目管理信息系统流程，在实际工作中保证这个系统正常运行并控制信息流。应定期检查项目信息管理监理细则的实施效果并根据需要进行计划调整。在项目信息管理监理细则的实施中，应定期检查信息的有效性和信息成本，不断改进信息管理工作。

（3）工程文件档案管理工作

项目信息管理的对象应包括各类工程资料和工程实际进展信息。工程资料的档案管理应符合有关规定，宜采用计算机辅助管理。

（4）确保项目信息安全

项目信息管理工作应严格遵循国家的有关法律、法规和地方主管部门的有关管理规定。

项目信息管理工作应采取必要的安全保密措施，包括：信息的分级、分类管理方式。确保项目信息的安全、合理、有效使用。

项目监理机构应建立完善的信息管理制度和安全责任制度，坚持全过程管理的原则，并做到信息传递、利用和控制的不断改进。

二、建设工程监理信息流程

（一）建设工程信息流程

建设工程的信息流由建设各方各自的信息流组成，监理单位的信息系统作为建设工程系统的一个子系统，如图11-3所示。

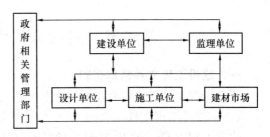

图11-3 建设工程参建各方信息流程图

（二）监理单位的信息流程

监理单位内部的信息流程更偏重于本单位的内部管理和对各个建设工程项目监理机构的宏观管理，如图11-4所示。

（三）项目监理机构的信息流程

担任建设工程项目监理的项目监理机构也要组织必要的信息流程，加强建设工程项目数据和信息的微观管理，如图11-5所示。

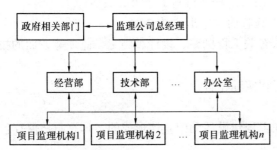

图11-4 监理单位信息流程图

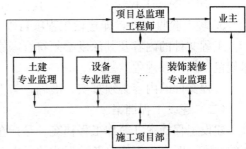

图11-5 项目监理机构信息流程图

三、建设工程监理信息管理的基本环节

建设工程监理信息管理贯穿建设工程全过程，衔接建设工程各个阶段、各个参建单位和各个方面，其基本环节有：信息的收集、传递、加工、整理、检索、分发、存储。

建设工程参建各方对数据和信息的收集是不同的，有不同的来源，不同的角度，不同的处理方法，但要求各方相同的数据和信息应该规范。从监理的角度，建设工程的信息收集由于介入阶段不同，决定收集不同的内容。各不同阶段，与建设单位签订的监理合同内容也不尽相同，因此，收集信息要根据具体情况决定。施工阶段的信息收集，可从施工准备期、施工期、竣工保修期三个子阶段分别进行。

建设工程信息的加工、整理和存储是数据收集后的必要过程，收集的数据经过加工、整理后产生信息。信息的加工和整理主要是把建设各方得到的数据和信息进行鉴别、选择、核对、合并、排序、更新、计算、汇总、存储，生成不同形式的数据和信息，提供给不同需求的各类管理人员使用。

经过加工处理后产生的信息要及时提供给需要使用数据和信息的部门。信息和数据的分发要根据需要来分发，信息和数据的检索则要建立必要的分级管理制度。一般通过使用管理软件来保证实现数据和信息的分发和检索。

信息的存储需要建立统一的数据库，各类数据以文件的形式组织在一起，组织的方法一般应根据建设工程实际，由监理单位自行决定，但应考虑规范化。

第二节　建设工程文件档案资料与管理

一、建设工程文件档案资料

建设工程文件档案资料由建设工程文件和建设工程档案组成。

（一）建设工程文件

建设工程文件（简称工程文件）是指在工程建设中形成的各种形式的信息记录，包括：

1. 工程准备阶段文件，即工程开工前，在立项、审批、征地、勘察、设计、招标投标等工程准备阶段形成的文件；

2. 监理文件，即监理单位在工程设计、施工等阶段监理工作过程中形成的文件；

3. 施工文件，即施工单位在工程施工过程中形成的文件；

4. 竣工图，工程竣工验收后，真实反映建设工程项目施工结果的图样；

5. 竣工验收文件，即建设工程项目竣工验收活动中形成的文件。

工程文件的内容及其深度必须符合国家有关工程勘察、设计、施工、监理等方面的技术规范、标准和规程。

工程文件的内容必须真实、准确，与工程实际相符合。

（二）建设工程档案

建设工程档案（简称工程档案）是指在工程建设活动中直接形成的、具有归档保存价值的文字、图表、声像等各种形式的历史记录。

二、建设工程文件档案资料管理

建设工程文件档案资料的管理涉及建设单位、监理单位、施工单位等以及地方城建档案管理部门。对于一个建设工程而言，归档的含义和程序为：

建设、勘察、设计、施工、监理等单位将本单位项目部在工程建设过程中形成的文件向本单位档案管理机构移交。

建设单位按照现行《建设工程文件归档整理规范》（GB/T 50328—2001）要求，将汇总的该建设工程文件档案向地方城建档案管理部门移交。

归档的工程文件一般应为原件。

（一）参建各方通用职责

1. 工程各参建单位填写的建设工程档案应以施工及验收规范、工程合同、设计文件、工程施工质量验收统一标准等为依据。

2. 工程档案资料应随工程进度及时收集、整理，并应按专业归类，认真书写，字迹清楚，项目齐全、准确、真实，无未了事项。表格应采用统一格式，特殊要求需增加的表格应统一归类。

3. 工程档案资料进行分级管理，建设工程项目各单位技术负责人负责本单位工程档案资料的全过程组织工作并负责审核，各相关单位档案管理员负责工程档案资料的收集、整理工作。

4. 对工程档案资料进行涂改、伪造、随意抽撤或损毁、丢失等，应按有关规定予以处罚，情节严重的，应依法追究法律责任。

（二）监理单位职责

1. 应设专人负责监理资料的收集、整理和归档工作，在项目监理部，监理资料的管理应由总监理工程师负责，并指定专人具体实施，监理资料应在各阶段监理工作结束后及时整理归档。

2. 监理资料必须及时整理、真实完整、分类有序。在设计阶段，对勘察、测绘、设计单位的工程文件的形成、积累和立卷归档进行监督、检查；在施工阶段，对施工单位的工程文件的形成、积累、立卷归档进行监督、检查。

3. 可以按照委托监理合同的约定，接受建设单位的委托，监督、检查工程文件的形成积累和立卷归档工作。

4. 编制的监理文件的套数、提交内容、提交时间，应按照现行《建设工程文件归档整理规范》和各地城建档案管理部门的要求，编制移交清单，双方签字、盖章后，及时移交建设单位，由建设单位收集和汇总。监理公司档案部门需要的监理档案，按照《建设工程监理规范》的要求，及时由项目监理部提供。

三、建设工程档案验收与移交

（一）验收

1. 列入城建档案管理部门档案接收范围的工程，建设单位在组织工程施工验收前，应提请城建档案管理部门对工程档案进行预验收，建设单位未取得城建档案管理部门出具的认可文件，不得组织工程竣工验收。

2. 工程档案由建设单位进行验收，属于向地方城建档案管理部门报送工程档案的工程项目还应会同地方城建档案管理部门共同验收。

3. 国家、省市重点工程项目或一些特大型、大型的工程项目的预验收和验收，必须有地方城建档案管理部门参加。

4. 为确保工程档案的质量，各编制单位、地方城建档案管理部门、建设行政管理部门等要对工程档案进行严格检查、验收，编制单位、制图人、审核人、技术负责人必须进行签字或盖章。对不符合技术要求的，一律退回编制单位进行改正、补齐，问题严重者可令其重做。不符合要求者，不能交工验收。

5. 凡报送的工程档案，如验收不合格将其退回建设单位，由建设单位责成责任者重新进行编制，待达到要求后重新报送，检查验收人员应对接收的档案负责。

6. 地方城建档案管理部门负责工程档案的最后验收，并对编制报送工程档案进行业务指导、督促和检查。

（二）移交

1. 列入城建档案管理部门接收范围的工程，建设单位在工程竣工验收后3个月内向城建档案管理部门移交一套符合规定的工程档案。

2. 停建、缓建工程的工程档案，暂由建设单位保管。

3. 对改建、扩建和维修工程，建设单位应当组织设计单位、监理单位、施工单位据实修改、补充和完善工程档案。对改变的部位，应当重新编写工程档案，并在工程竣工验收后3个月内向城建档案管理部门移交。

4. 建设单位向城建档案管理部门移交工程档案时，应办理移交手续，填写移交目录，双方签字、盖章后交接。

5. 施工单位、监理单位等有关单位应在工程竣工验收前将工程档案按合同或协议规定的时间、套数移交给建设单位，办理移交手续。

第三节 建设工程监理文件档案资料与管理

一、建设工程监理文件档案资料管理

建设工程监理文件档案资料管理，是建设工程信息管理的一项重要工作，是监理工程师实施建设工程监理，进行安全监理、目标控制的基础性工作。在项目监理机构中必须配备专门的人员负责监理文件和档案的收发、管理、保存工作。

建设工程监理文件档案资料管理是指监理工程师受建设单位委托，在进行建设工程监理的工作期间，对建设工程实施过程中形成的与监理工作相关的文件和档案进行收集积累、加工整理、立卷归档和检索利用等一系列工作。建设工程监理文件档案资料管理的对象是监理文件档案资料，它们是建设工程监理信息的主要载体之一。

对监理文件档案资料进行科学管理，可以为建设工程监理工作的顺利开展创造良好的前提条件。对监理文件档案资料进行科学管理，可以极大地提高监理工作效率。对监理文件档案资料进行科学管理，可以为建设工程档案的归档提供可靠保证。

建设工程监理文件档案资料管理的主要内容是：监理文件档案资料收、发文与登记；监理文件档案资料传阅；监理文件档案资料分类存放；监理文件档案资料归档、借阅、更改与作废。

二、建设工程监理文件

按照现行《建设工程文件归档整理规范》（GB/T 50328—2001），监理文件有 10 大类 27 个，要求在不同的单位归档保存：

1. 监理规划

（1）监理规划（建设单位长期保存，监理单位短期保存，送城建档案管理部门保存）；

（2）监理实施细则（建设单位长期保存，监理单位短期保存，送城建档案管理部门保存）；

（3）监理部总控制计划等（建设单位长期保存，监理单位短期保存）。

2. 监理月报中的有关质量问题

建设单位长期保存，监理单位长期保存，送城建档案管理部门保存。

3. 监理会议纪要中的有关质量问题

建设单位长期保存，监理单位长期保存，送城建档案管理部门保存。

4. 进度控制

（1）工程开工/复工审批表（建设单位长期保存，监理单位长期保存，送城建档案管理部门保存）；

（2）工程开工/复工暂停令（建设单位长期保存，监理单位长期保存，送城建档案管理部门保存）。

5. 质量控制

（1）不合格项目通知（建设单位长期保存，监理单位长期保存，送城建档案管理部门保存）；

(2) 质量事故报告及处理意见（建设单位长期保存，监理单位长期保存，送城建档案管理部门保存）。

6. 造价控制

(1) 预付款报审与支付（建设单位短期保存）；

(2) 月付款报审与支付（建设单位短期保存）；

(3) 设计变更、洽商费用报审与签认（建设单位长期保存）；

(4) 工程竣工决算审核意见书（建设单位长期保存，送城建档案管理部门保存）。

7. 分包资质

(1) 分包单位资质材料（建设单位长期保存）；

(2) 供货单位资质材料（建设单位长期保存）；

(3) 试验等单位资质材料（建设单位长期保存）。

8. 监理通知

(1) 有关进度控制的监理通知（建设单位、监理单位长期保存）；

(2) 有关质量控制的监理通知（建设单位、监理单位长期保存）；

(3) 有关造价控制的监理通知（建设单位、监理单位长期保存）。

9. 合同与其他事项管理

(1) 工程延期报告及审批（建设单位永久保存，监理单位长期保存，送城建档案管理部门保存）；

(2) 费用索赔报告及审批（建设单位、监理单位长期保存）；

(3) 合同争议、违约报告及处理意见（建设单位永久保存，监理单位长期保存，送城建档案管理部门保存）；

(4) 合同变更材料（建设单位、监理单位长期保存，送城建档案管理部门保存）。

10. 监理工作总结

(1) 专题总结（建设单位长期保存，监理单位短期保存）；

(2) 月报总结（建设单位长期保存，监理单位短期保存）；

(3) 工程竣工总结（建设单位、监理单位长期保存，送城建档案管理部门保存）；

(4) 质量评估报告（建设单位、监理单位长期保存，送城建档案管理部门保存）。

三、施工阶段监理资料

根据《建设工程监理规范》，施工阶段的监理资料包括以下 28 类：施工合同文件及委托监理合同；勘察设计文件；监理规划；监理实施细则；分包单位资格报审表；设计交底与图纸会审会议纪要；施工组织设计（方案）报审表；工程开工/复工报审表及工程暂停令；测量核验资料；工程进度计划；工程材料、构配件、设备的质量证明文件；检查试验资料；工程变更资料；隐蔽工程验收资料；工程计量单和工程款支付证书；监理工程师通知单；监理工作联系单；报验申请表；会议纪要；来往函件；监理日记；监理月报；质量缺陷与事故的处理文件；分部工程、单位工程等验收资料；索赔文件资料；竣工结算审核意见书；工程项目施工阶段质量评估报告等专题报告；监理工作总结。

（一）监理日记

根据《建设工程监理规范》的岗位职责要求，专业监理工程师应根据本专业监理工作的实际情况做好监理日记，监理员应做好监理日记和有关的监理记录。显然，监理日记由专业监理工程师和监理员书写,监理日记和施工日记一样,都是反映工程施工过程的实录,一个同样的施工行为,往往两本日记可能记载有不同的结论,事后在工程发现问题时,日记就起了重要的作用,因此,认真、及时、真实、详细、全面地做好监理日记,对发现问题,解决问题,甚至仲裁、起诉都有作用。

监理日记有不同的记录角度,总监理工程师可以指定一名监理工程师对项目每天总的情况进行记录,通称为项目监理日志;专业监理工程师可以从专业的角度进行记录;监理员可以从负责的单位工程、分部工程、分项工程的具体部位施工情况进行记录,侧重点不同,记录的内容、范围也不同。项目监理日志主要内容有:

1. 当日材料、构配件、设备、人员变化的情况;
2. 当日施工的相关部位、工序的质量、进度情况;材料使用情况;抽检、复检情况;
3. 施工程序执行情况;人员、设备安排情况;
4. 当日监理工程师发现的问题及处理情况;
5. 当日进度执行情况;索赔(工期、费用)情况;安全文明施工情况;
6. 有争议的问题,各方的相同和不同意见;协调情况;
7. 天气、温度的情况,天气、温度对某些工序质量的影响和采取措施与否;
8. 承包单位提出的问题,监理人员的答复等。

(二) 监理例会会议纪要

监理例会是履约各方沟通情况、交流信息、协调处理、研究解决合同履行中存在的各方面问题的主要协调方式。会议纪要由项目监理机构根据会议记录整理,主要内容包括:

1. 会议地点及时间;
2. 会议主持人;
3. 与会人员姓名、单位、职务;
4. 会议主要内容、议决事项及其负责落实单位、负责人和时限要求;
5. 其他事项。

例会上意见不一致的重大问题,应将各方的主要观点,特别是相互对立的意见记入"其他事项"中。会议纪要的内容应准确如实,简明扼要,经总监理工程师审阅,与会各方代表会签,发至合同有关各方,并应有签收手续。

(三) 监理月报

《建设工程监理规范》(GB 50319—2000)对监理月报有较明确的规定,对监理月报的内容、编制组织、签认人、报送对象、报送时间都有规定。监理月报由项目总监理工程师组织编写,由总监理工程师签认,报送建设单位和本监理单位,报送时间由监理单位和建设单位协商确定,一般在收到承包单位项目经理部报送来的工程进度,汇总了本月已完工程量和本月计划完成工程量的工程量表、工程款支付申请表等相关资料后,在最短的时间内提交,大约在5~7天。

监理月报的内容有七点,根据建设工程规模大小决定汇总内容的详细程度,具体为:

1. 工程概况:本月工程概况,本月施工基本情况。
2. 本月工程形象进度。
3. 安全生产监理责任落实情况。
4. 工程进度:本月实际完成情况与计划进度比较;对进度完成情况及采取措施效果

的分析。

5. 工程质量：本月工程质量分析；本月采取的工程质量措施及效果。

6. 工程计量与工程款支付：工程量审核情况；工程款审批情况及支付情况；工程款支付情况分析；本月采取的措施及效果。

7. 合同其他事项的处理情况；工程变更；工程延期；费用索赔。

8. 本月监理工作小结：对本月进度、质量、工程款支付等方面情况的综合评价；本月监理工作情况；有关本工程的建议和意见；下月监理工作的重点。

9. 其他情况：承包单位、分包单位机构、人员、设备、材料构配件变化；天气、温度、其他原因对施工的影响情况；工程项目监理机构、人员变动情况等的动态数据等。

(四) 监理工作总结

监理总结有工程竣工总结、专题总结、月报总结三类，按照《建设工程文件归档整理规范》的要求，三类总结在建设单位都属于要长期保存的归档文件，专题总结和月报总结在监理单位是短期保存的归档文件，而工程竣工总结属于要报送城建档案管理部门的监理归档文件。

工程竣工的监理总结内容主要有：

1. 工程概况；

2. 监理组织机构、监理人员和投入的监理设施；

3. 监理合同履行情况；

4. 监理工作成效；

5. 施工过程中出现的问题及其处理情况和建议（该内容为总结的要点，主要内容有安全事故、质量问题、质量事故、合同争议、违约、费用索赔、工期索赔等处理情况）；

6. 工程照片（有必要时）。

四、施工阶段监理基本表式

根据《建设工程监理规范》，建设工程监理在施工阶段的基本表式有三类。

(一) A 类表

A 类表共 10 个表（A1～A10），为承包单位用表，是承包单位与监理单位之间的联系表，由承包单位填写，向监理单位提交申请或回复。具体有：

1. 工程开工/复工报审表（A1）

2. 施工组织设计（方案）报审表（A2）

3. 分包单位资格报审表（A3）

4. _____报验申请表（A4）

5. 工程款支付申请表（A5）

6. 监理工程师通知回复单（A6）

7. 工程临时延期申请表（A7）

8. 费用索赔申请表（A8）

9. 工程材料/构配件/设备报审表（A9）

10. 工程竣工报验单（A10）

(二) B 类表

B 表共 6 个表（B1～B6），为监理单位用表，是监理单位与承包单位之间的联系表，由监理单位填写，向承包单位发出的指令或批复。具体有：

1. 监理工程师通知单（B1）
2. 工程暂停令（B2）
3. 工程款支付证书（B3）
4. 工程临时延期审批表（B4）
5. 工程最终延期审批表（B5）
6. 费用索赔审批表（B6）

（三）C类表

C类表共2个表（C1、C2），为各方通用表，是工程项目监理单位、承包单位、建设单位等各有关单位之间的联系表。具体有：

1. 监理工作联系单（C1）
2. 工程变更单（C2）

以上三类基本表格具体式样见本章附录，为增加学生英语专业词汇，采用了中英对照表格。

思 考 题

1. 建设工程项目信息有哪些？
2. 项目监理机构如何开展信息管理工作？
3. 建设工程文件有哪些？如何归档、移交？
4. 建设工程监理文件有哪些？
5. 施工阶段监理基本表式有哪些？如何运用？

附录 建设工程监理规范（GB 50319—2000）附表 施工阶段监理工作的基本表式

包括：A类表（承包单位用表）A1～A10；B类表（监理单位用表）B1～B6；C类表（各方通用表）C1～C2。

工程开工/复工报审表　　　　　　　　　　A1

Construction Work Start/Re-start Register Form

工程名称 Project Name：_____　　　编号 No.：_____

致：To:

我方承担的_____工程，已完成了以下各项工作，具备了开工/复工条件，特此申请施工，请核查并签发开工/复工指令。

Regarding the Project, _____, we have finished below works, and here apply for work start / restart, please check and issue the work start/re-start instruct.

附：1. 开工报告

　　2. 证明文件

Attachment: 1. Commencement report

　　　　　　2. Certificates

　　　　　　　　　　　　承包单位（章）Construction contractor _____

　　　　　　　　　　　　　　　　　　项目经理 Project Manager _____

　　　　　　　　　　　　　　　　　　　　　　日　期 Date _____

审查意见：

Opinion of examination:

　　　　　　　　　　　　项目监理机构 Supervision Team _____

　　　　　　　　　　　　总监理工程师 Chief Supervisor _____

　　　　　　　　　　　　　　　　　　日　期 Date _____

本表由承包单位填写一式三份，建设、监理、承包单位各留一份。

施工组织设计（方案）报审表
Construction Work Organization Design (Scheme) Register Form

A2

工程名称 Project Name：_____　　　　编号 No.：_____

致：To：

我方已根据施工合同的有关规定完成了_____工程施工组织设计（方案）的编制，并经我单位上级技术负责人审查批准，请予以审查。

We have completed Construction Work Organization Design (Scheme) of Project _____ according to contracted stipulation, and got approval from our up-office technical director, please check and confirm.

附：施工组织设计（方案）
Attachment：Construction Work Organization Design (Scheme)

承包单位（章）Construction contractor _____
项目经理 Project Manager _____
日　　期 Date _____

专业监理工程师审查意见：Major Supervisor opinion：

专业监理工程师 Major Supervisor _____
日　　期 Date _____

总监理工程师审核意见：Chief Supervisor opinion：

项目监理机构 Supervision Team _____
总监理工程师 Chief Supervisor _____
日　　期 Date _____

本表由承包单位填写，连同施工组织设计一份一并送监理单位审查，建设、监理、承包单位各留一份。

分包单位资格报审表   A3
Sub-contractor Qualification Register Form

工程名称 Project Name：_____   编号 No.：_____

致：To：

经考察，我方认为拟选择的_____（分包单位）具有承担下列工程的施工资质和施工能力，可以保证本工程项目按合同的规定进行施工。分包后，我们仍承担总包单位的全部责任。请予以审查和批准。

After inspection, we choose the sub-contractor _____, who has the capability to construct below work, and promises to perform the work according to contract stipulation. We still take all responsibilities of this sub-contractor. Please check and approve.

附：1. 分包单位资质材料；
    2. 分包单位业绩材料。

Attachment：1. Sub-contractor qualification documents
            2. Sub-contractor experience documents

分包工程名称（部位） Sub-contracted work name	工程数量 Qtt.	拟分包工程合同额 Sub-contracted amount （RMB）	分包合同占全部工程 Percent of Sub-contracted part to whole work（%）
合　计 Total			

承包单位（章）Construction Contractor _____
项目经理 Project Manager _____
日　期 Date _____

专业监理工程师审查意见：Major Supervisor opinion：

专业监理工程师 Major Supervisor _____
日　期 Date _____

总监理工程师审核意见：Chief Supervisor opinion：

项目监理机构 Supervision Team _____
总监理工程师 Chief Supervisor _____
日　期 Date _____

本表由承包单位填写一式三份，建设、监理、承包单位各留一份。

_____ 报验申请表　　　　　　　　　　　　A4
_____ Work Application for Inspection Form

工程名称 Project name：_____　　　编号 No.：_____

致：To:

我单位已完成了_____工作，现报上该工程报验申请表，请予以审查和验收。

We have finished the work _____, and submit here this application form for inspection, please check and accept.

附件：Attachment

承包单位（章）Construction Contractor _____

项目经理 Project Manager _____

日　　期 Date _____

审查意见：Inspection Opinion：

项目监理机构 Supervision Team _____

总/专业监理工程师 Chief/Major Supervisor _____

日　　期 Date _____

本表由承包单位填写一式三份，审核后建设、监理、承包单位各留一份。

工程款支付申请表 A5
Progress Payment Application Form

工程名称 Project Name：_____　　　　　编号 No.：_____

致：To：

我方已完成了_____工作，按施工合同的规定，建设单位应在_____年_____月_____日前支付该项工程款共（大写）_____（小写：_____），现报上_____工程付款申请表，请予以审查并开具工程款支付证书。

We've finished work _____, and as stipulated in the construction contract, BTS shall make this payment before _____. Here we submit this application form, please examine, and issue a certificate about this payment.

附件：Attachment：

    1. 工程量清单；Volume of work list

    2. 计算方法。Calculating measure

承包单位（章）Construction Contractor _____

项目经理 Project Manager _____

日　期 Date _____

本表由承包单位填写一式三份，审核后建设、监理、承包单位各留一份。

监理工程师通知回复单
Reply Sheet for Supervisor Notice   **A6**

工程名称 Project Name：_____   编号 No. ：_____

致：To:

  我方接到编号为_____的监理工程师通知后，已按要求完成了_____工作，现报上，请予以复查。

We've received your Supervisor Notice No. _____, and completed work _____ according to your requirement, please re-check.

详细内容：Details：

            承包单位（章）Construction Contractor _____

              项目经理 Project Manager _____

               日 期 Date _____

复查意见：Result of re-check：

           项目监理机构 Supervision Team _____

        总/专业监理工程师 Chief/Major Supervisor _____

               日 期 Date _____

工程临时延期申请表 　　　　　　　　A7
Work Temporary Extension Application Form

工程名称 Project Name：_____　　　编号 No.：_____

致：To：

根据施工合同条款_____条的规定，由于_____的原因，我方申请工程延期，请予以批准。

According to item _____ of the construction contract, and because of the reason _____, now we'd like to apply for temporary extension, please check and confirm.

附件：Attachment

1. 工程延期的依据及工期计算 Extension reference and duration calculation

合同竣工日期：Contracted completion date
申请延长竣工日期：Applied completion date

2. 证明材料 Proof documents

　　　　　　　　　　　　　　　　承包单位（章）Construction Contractor _____
　　　　　　　　　　　　　　　　　　　　项目经理 Project Manager _____
　　　　　　　　　　　　　　　　　　　　　　日　期 Date _____

本表由承包单位填写一式三份，审核后建设、监理、承包单位各留一份。

费用索赔申请表 A8
Cost Claim Application Form

工程名称 Project Name：_____　　　　编号 name：_____

致：To：

　　根据施工合同条款_____条的规定，由于_____的原因，我方要求索赔金额（大写）_____，请予以批准。

　　According to item _____ of construction contract, and because of _____, we apply for cost claim of RMB _____, please check and confirm.

索赔的详细理由及经过：Claim detail reason and procedure：

索赔金额的计算：Calculation measure：

附：证明材料 Attachment：Proof Documents

承包单位（章）Construction Contractor _____

项目经理 Project Manager _____

日　　期 Date _____

本表由承包单位填写一式三份，审核后建设、监理、承包单位各留一份。

工程材料/构配件/设备报审表   A9
Construction Material/Structure Unit/Equipment Register Form

工程名称 Project Name：_____   编号 No.：_____

致：To:

我方于_____年_____月_____日进场的工程材料/构配件/设备数量如下（见附件）。现将质量证明文件及自检结果报上，拟用于下述部位：

_____

请予以审核。

These Construction Material/Structure Unit/Equipment entered site on date _____, and planed to use to the work _____, please inspect and confirm.

附件 Attachment：1. 数量清单 Qtt. list
       2. 质量证明文件 Quality Certificate
       3. 自检结果 Self inspection result

承包单位（章）Construction Contractor _____
项目经理 Project Manager _____
日　　期 Date _____

审查意见：Inspection Result from supervision Team

经检查上述工程材料/构配件/设备，符合/不符合设计文件和规范的要求，准许/不准许进场，同意/不同意使用于拟定部位。

项目监理机构 Supervision Team _____
总/专业监理工程师 Chief/Major Supervisor _____
日　　期 Date _____

本表由承包单位填写一式三份，建设、监理、承包单位各留一份。

工程竣工报验单   A10
Construction Work Completion Report Form

工程名称 Project Name：_____   编号 No.：_____

致：To：

我方已按合同要求完成了_____工程，经自检合格，请予以检查和验收。

We've completed project _____ according to contract requirement, and we consider it's qualifying, please inspect and accept.

附件：Attachment

承包单位（章）Construction Contractor _____

项目经理 Project Manager _____

日　　期 Date _____

审查意见：Inspection result

经初步验收，该工程
1. 符合/不符合我国现行法律、法规要求；
2. 符合/不符合我国现行工程建设标准；
3. 符合/不符合设计文件要求；
4. 符合/不符合施工合同要求。

综上所述，该工程初步验收合格/不合格，可以/不可以组织正式验收。

　　　　Y/N

项目监理机构 Supervision Team _____

总/专业监理工程师 Chief/Major Supervisor _____

日　　期 Date _____

本表由承包单位填写一式三份，审核后建设、监理、承包单位各留一份。

监理工程师通知单　　　　　　　　　　B1
Supervisor Notice

工程名称 Project Name：_____　　　编号 No. ：_____

致 To：　Construction Contractor

事由：Subject：

内容：Content

项目监理机构 Supervision Team _____

总/专业监理工程师 Chief/Major Supervisor _____

日　期 Date _____

工 程 暂 停 令   B2
Work Suspension Order

工程名称 Project：_____   编号 No.：_____

致 To：____Construction Contractor____（承包单位）

由于_____原因，现通知你方必须于_____年_____月_____日_____时起，对本工程的_____部位（工序）实施暂停施工，并按下述要求做好各项工作。

Due to _____, we here instruct you to suspend the work _____ from date _____, and rectify below works：

项目监理机构 Supervision Team _____

总/专业监理工程师 Chief/Major Supervisor _____

日　　期 Date _____

工程款支付证书 B3
Construction Progress Payment Certificate

工程名称 Project name：_____   编号 No. : _____

致 To : _____ （建设单位）

根据施工合同的规定，经审核承包单位的付款申请和报表，并扣除有关款项，同意本期支付工程款共（大写）_____（小写：_____）。请按合同规定及时付款。

According to construction contract, and base on construction contractor's application form, as well deduct relevant articles, we agree to this installment of payment _____, please make the payment in time.

其中：Content
1. 承包单位申报款为：Article applied by Construction Contractor
2. 经审核承包单位应得款为：Article after examination
3. 本期应扣款为：Deduct
4. 本期应付款为：Actual payment this installment

附件：Attachment
1. 承包单位的工程付款申请表及附件；Contractor's application form and attahemnt
2. 项目监理机构审查记录。Examination record of supervision Team

项目监理机构 Supervision Team _____

总/专业监理工程师 Chief/Major Supervisor _____

日　　期 Date _____

工程临时延期审批表   B4
Temporary Extension Confirmation Form

工程名称 Project Name：_____   编号 No.：_____

致 To：_____Construction Contractor_____（承包单位）

根据施工合同条款_____条的规定，我方对你方提出的_____工程延期申请（第_____号）要求延长工期_____日历天的要求，经过审核评估：

☐暂时同意工期延长_____日历天。使竣工日期（包括已指令延长的工期）从原来的_____年_____月_____日延迟到_____年_____月_____日。请你方执行。

☐不同意延长工期，请按约定竣工日期组织施工。

According to item _____ of contract, and depend on your application No. _____, our opinion is like below described：

☐Temporarily agree to extend _____ day, and make contracted completion date from _____ to _____.

☐Disagree the extension, please organize your work as contracted date.

说明：Declaration

项目监理机构 Supervision Team _____

总/专业监理工程师 Chief/Major Supervisor _____

日　　期 Date _____

工程最终延期审批表   B5
Eventual Extension Confirmation Form

工程名称 Project name：_____   编号 No.：_____

致：_____（承包单位）

　　根据施工合同条款 _____ 条的规定，我方对你方提出的 _____ 工程延期申请（第 _____ 号）要求延长工期日历天的要求，经过审核评估：

□最终同意工期延长 _____ 日历天。使竣工日期（包括已指令延长的工期）从原来的 _____ 年 _____ 月 _____ 日延迟到 _____ 年 _____ 月 _____ 日。请你方执行。

□不同意延长工期，请按约定竣工日期组织施工。

According to item _____ of contract, and depend on your application No. _____, our opinion is like below described：

□Eventually agree to extend _____ day, and make contracted completion date from _____ to _____.

□Disagree the extension, please organize your work as contracted date.

说明：Declaration

项目监理机构 Supervision Team _____

总/专业监理工程师 Chief/Major Supervisor _____

日　期 Date _____

费用索赔审批表 B6
Cost Claim confirmation Form

工程名称 Project name：_____　　　　　编号 No.：_____

致 To：____Construction contractor____（承包单位）

　　根据施工合同条款_____条的规定，你方提出的_____费用索赔申请（第_____号），索赔（大写）_____，经我方审核评估：

□不同意此项索赔。

□同意此项索赔，金额为（大写）_____。

According to item _____ of the contract, and regarding your application No. _____, our opinion is as below described：

□ Disagree this cost claim

□ Agree the cost claim at RMB _____

　　同意/不同意索赔的理由：Reason

索赔金额的计算 Calculation measure

项目监理机构 Supervision Team _____

总/专业监理工程师 Chief/Major Supervisor _____

日　期 Date _____

监理工作联系单
Supervisory Liaison Sheet　　　　　　　　　　　　　　　　C1

工程名称 Project Name：_____　　编号 No.：_____

致：To：

事由 Subject

内容 Content

　　　　　　　　　　　　　　项目监理机构 Supervision Team _____
　　　　　　　　　　　总/专业监理工程师 Chief/Major Supervisor _____
　　　　　　　　　　　　　　　　　　　　　　日　　期 Date _____

工 程 变 更 单 C2
Construction Work Change-over Sheet

工程名称 Project Name：_____　　　　编号 No.：_____

致：_____（监理单位）

由于_____原因，兹提出_____工程变更（内容见附件），请予以审批。

Due to _____, we here propose change-over that _____, see the attachment, please check and confirm.

附件：Attachment

提出单位 Proposal Company _____

代 表 人 Representative _____

日　期 Date _____

一致意见：Co-checking opinion

建设单位代表　　　　　　设计单位代表　　　　　　项目监理机构

签字 Signature：　　　　　签字 Signature：　　　　　签字 Signature：

日期 Date _____　　　日期 Date _____　　　日期 Date _____

第十二章　建设项目施工期工程环境监理

第一节　建设项目环境保护概述

一、环境与环境质量

1. 环境的概念

我国环境保护法指出："本法所称环境是指影响人类生存和发展的各种天然的和经过人工改造的自然因素的总体，包括大气、水、海洋、土地、矿藏、森林、草原、野生动物、自然遗迹、人文遗迹、自然保护区、风景名胜区、城市和乡村等"。

这种定义是从实际工作需要出发，把环境中应予保护的要素和对象界定为环境，以确保法律的准确实施。

从哲学角度来看，环境是一个对立统一的概念，即它是一个相对于主体存在的客体。主体与客体既是相互独立，又是相互依存的，在一定条件下可相互转化。相对某一主体的周围客体因时空分布，相互联系而构成的系统，就是相对于该主体的环境。主体内容变化了，环境内容也会随之改变。因此明确主体是正确把握环境概念及其实质的前提。

2. 环境质量

环境质量是指环境系统内在结构和外部表现的状态对人类及生物界的生存和繁衍的适应性。

例如水体的质量是由水以及水体中有机物、溶解氧、无机的磷、氮、悬浮固体物、酸性物质、碱性物质等组成。水中有机物含量增大，其生存及繁殖所需的氧增多，导致水中溶解氧减少，水中生物就无法生存；水中氮、磷等元素增加导致水体富营养化，为大量低等植物（如浮萍、绿藻、蓝藻）的滋生提供了生存条件，只要气温、水流等条件适宜就会大量繁殖，导致大面积绿潮、赤潮发生。

空气质量是由氮氧和稀有气体以一定含量构成的恒定组分，加上二氧化碳、水蒸气、尘埃、硫化物、氮氧化物、臭氧等不恒定组分混合而成的，表现出无色、无味、透明、流动性好的状态。空气的这种结构和状态很适合人类和其他生物的生存和衍生。然而一旦空气的结构被局部破坏，例如氧气含量降低，或一氧化碳、硫氧化物浓度增高就会使人中毒，甚至死亡。空气中二氧化碳浓度增高，导致全球气候变暖。

描述环境质量可用定性和定量两种指标，如：

空气质量：定量指标为 CO_2、总悬浮颗粒 TSP（直径$\leqslant 100\mu m$）、可吸入颗粒 PM_{10}（直径$\leqslant 10\mu m$）、$NH_3\text{-}N$、SO_2、CO、光化学氧化剂（O_3）等；其定性指标为优、良好、中等、差等。

水体质量：定量指标为 CODcr（化学需氧量，$\leqslant 15mg/L$ 为优）、BOD（生化需氧量，$\leqslant 3mg/L$ 为优）、DO（溶解氧）、pH 等；定性指标为一类水、二类水、三类水、四类水、五类水等。

二、可持续发展与环境保护

可持续发展是既满足当代人的要求，又不对后代人满足其需求的能力构成危害的发展。近百年以来，发达国家在实现工业现代化的过程中，曾走了一条只考虑当前利益而忽视后代利益、先污染后治理、先开发后保护的道路，对地球生态环境造成了一定程度的污染。伴随着市场化和经济全球化的发展，当今发达国家的生产方式和消费模式在全球扩散，以消耗资源为主的制造业被发达国家大量转移到发展中国家，发展中国家更难以摆脱以牺牲资源和环境为代价换取经济增长的现实。当前发展中国家面临着资源被过度消耗，环境被进一步破坏的严峻局面。

面对追求经济发展与保护环境的冲突，我国提出了树立全面协调可持续发展的科学发展观，统筹人与自然和谐发展，人与人的和谐发展，走符合中国国情、可持续发展的"和谐社会"道路，以实现全面建设小康社会的宏伟目标。在党的"十六大"报告中明确提出我国要实现"可持续发展能力不断增强，生态环境得到改善，资源利用效率显著提高，促进人与自然的和谐，推动整个社会走上生产发展、生活富裕、生态良好的文明发展道路"。

为保护和改善生活环境与生态环境，防治污染和其他公害，保障人体健康，促进社会主义现代化建设的发展，1989年12月我国制定了《中华人民共和国环境保护法》（以下简称《环保法》）。

《环保法》要求环境保护行政主管部门制定环境质量标准、污染物排放标准，加强对环境的监督管理。对具有代表性的各种类型的自然生态系统区域，珍稀、濒危的野生动物自然分布区域，重要的水源涵养区域，具有重大科学文化价值的地质构造、著名的溶洞和化石分布区、冰川、火山、温泉等自然遗迹，以及人文遗迹、古树名木，应当采取措施加以保护，严禁破坏。

《环保法》要求制定城市规划，应当确定保护和改善环境的目标和任务。城乡建设应当结合当地自然环境的特点，保护植被、水域和自然景观，加强城市园林、绿地和风景名胜区的建设。

《环保法》中特别明确了工程项目建设，必须遵守国家有关建设项目环境保护管理的规定。建设项目可行性研究中必须编制项目环境影响报告文件，对工程建设并经环保行政主管部门审批，在施工图设计文件中落实有关环保工程的设计及其环保投资。在施工阶段建设单位会同施工单位做好环保工程设施的施工建设，落实环保部门对施工阶段的环保要求，包括保护施工现场周围的环境，防止对自然环境造成不应有的破坏；防止和减轻粉尘、噪声、振动等对周围生活居住区的污染和危害，项目竣工后应当修整和恢复在建设过程中受到破坏的环境等。

《环保法》明确提出了建设项目中防治污染的措施，必须与主体工程同时设计、同时施工、同时投产使用的"三同时"规定。

经济的发展往往伴随固定资产的扩大再生产，建设规模增加，大兴土木即成必然，影响环境生态的风险增大。加强项目建设中的环境保护必须牢固树立可持续发展观，必须从建设项目全生命周期的角度，全面、深远地审视建设活动对生态与环境的影响，采取综合措施，实现建筑业的可持续发展。

三、工程建设对环境及生态的影响

建设工程项目一般规模大，占地广，消耗资源多，工期长，对环境与生态影响较大。特别是许多大型工程项目和有些工业生产项目，不仅在施工期对环境有影响，在其投入使用后的废气、废水、废渣等排放更是对环境与生态可能会造成长期、严重影响。为保护和改善生活环境与生态环境，防治污染和其他公害，保障人体健康，促进社会主义现代化建设的发展，认真做好项目建设中的环境保护意义重大。

工程项目建设涉及社会经济发展需求与环境生态保护要求间的协调，实质也就是人类追求经济发展期望与自然环境生态容纳力及可自行恢复力之间的关系平衡，建设中人的不当行为如果破坏了自然生态平衡，并超出了环境容纳力及可恢复力，则不平衡的自然生态最终必然会影响人类的生存与发展。下面我们通过两个著名的工程案例来了解工程建设对环境及生态的影响。

【案例 12-1】 世界闻名的 20 世纪 70 年代初竣工的埃及阿斯旺水坝，给埃及人民带来了廉价的电力，控制了水旱灾害、灌溉了农田，当初赞誉声遍及全球。然而，由于建设前期项目可行性研究论证不充分，过多地看到其造福兴利的一面，对项目建设可能破坏尼罗河流域生态平衡的风险影响缺乏认识，随后几十年遭到不平衡的自然生态回报给人类的一系列的严重影响：

（1）由于大坝截流，上游尼罗河的泥沙和丰富的有机质沉积到水库底部，水库上部清水发电后泄入下游，使下游尼罗河两岸原有的绿洲失去了肥源，土壤日趋盐渍化、贫瘠化，破坏了农牧业自然生态，给农牧业经济发展带来巨大损失；

（2）由于大坝上游泥沙沉积库底，使尼罗河河口供沙不足，河口三角洲平原从原向地中海延伸变化为朝陆地退缩，使河口三角洲上的工厂、港口、国防工事有沉入地中海的危险；

（3）由于缺乏来自陆上的盐分和有机质，致使尼罗河在地中海入海口处沙丁鱼生态环境破坏，盛产沙丁鱼的渔场遭到毁灭；

（4）由于大坝阻隔，水库蓄水，使水库范围内的活水变成了相对静止的"湖泊"，为血吸虫和疟蚊的繁殖提供了生存条件，而又没有采取有效的控制措施，致使水库一带居民的血吸虫发病率达到 80% 以上。

上述一切对埃及尼罗河流域环境生态及社会经济发展带来严重影响。

【案例 12-2】 我国 1957 年 4 月 13 日正式开工建设的三门峡工程，初期因未能正确处理方案之争，合理处置水库泥沙淤积问题，1960 年 6 月坝高 340m，9 月关闸蓄水拦沙，到 1961 年 11 月，水库拦沙 163 亿 t，94% 的泥沙淤积在从潼关到三门峡河道中。不仅三门峡到潼关的峡谷全淤了，而且在潼关以上渭河与北洛河的河水入黄河口处也淤了"拦门沙"，导致渭河的水位上涨，渭河两岸不得不筑起防洪大堤。1964 年底，周恩来总理主持召开治黄会议，在左岸增设两条泄流隧洞，并将原用于发电引水的 4 条钢管改为泄流排沙管，打开原施工时导流用的 1~8 号 8 个底孔，将电站发电机组的进水口底槛高程由海拔 300m 下降至 287m，实行低水头发电。1990 年之后，又陆续打开了 9~12 号底孔。随着改建增建的进行，水库运用方式也由"蓄水拦沙"改为"滞洪排沙"控制运用，问题虽有所缓解，但渭河两岸防洪问题并未根除。潼关渭水的堤防多年来已加高了 6m 之多，渭河变成悬河。

现上游陕西地区强烈要求三门峡水库汛期不蓄水、不发电，借倘泄的水冲力带走泥沙，以降低潼关河床逐年升高的高程。但三门峡市不同意，不蓄水发电每年要损失几亿元的发电收入，同时三门峡水库建成后，蓄水灌溉已使下游地区形成了新的生态平衡系统，不蓄水将造成新的生态平衡破坏，影响到下游1亿多人口的利益，而上游渭河流域受影响的只有几十万人。中央也难以平衡各方意见。

2003年10月，水利部先后在郑州、北京召集相关省市专家学者会同中国工程院，就"潼关高程控制及三门峡水库运作方式专题"进行研究，"对三门峡水库的运行方式进行调整"的方案在会上被认为是解决问题最重要的方法，提出三门峡水库的防洪、防凌、供水等功能可由在下游新建的小浪底水库承担。也有工程院院士呼吁：三门峡水库应该尽快停止蓄水和发电。

三门峡水库建成后虽在防洪、防凌、供水、发电等方面取得了较大效益，但这是以牺牲库区和渭河流域的利益为代价的，历时40多年的三门峡水电工程问题的解决仍待观察。

大型工程对社会及生态平衡的影响，不仅要进行充分的项目环境影响评价，而且要对环境影响在时间历程上的风险变化进行充分的评估，上述二例应引以为鉴。

四、环境系统及基本特性

1. 环境系统

环境系统是由自然环境系统和人类社会经济环境系统这两大互相联系和互相作用的系统组成的整体。

环境系统是由诸多的环境要素组成的。环境要素是构成环境系统子系统的要素，同时又是相互联系，且相对独立的基本组成部分，环境系统则是各种环境要素及其相互关系的总和。

环境要素又分为生物要素和非生物要素。生物要素是指有生命体，如动物、植物、微生物等，人类社会是一个特定的基本的环境要素，也是生物要素的一个子要素。非生物要素也称物理要素或物理-化学要素，如大气、水体、土壤、岩石、城市建筑物、基础设施等。

所有的环境要素之间既相互联系，又相互作用，例如人们开采煤、石油作为燃料，在燃烧过程中会有大量 SO_2 和 NO_2 排入大气，而在大气扩散迁移过程中又形成 H_2SO_4 和 HNO_3，并以酸雨形式降到地面和水体中，使水体pH值降低，降到地面的酸雨又通过渗滤作用流入水体，在渗滤过程中溶解了土壤中大量铝离子等，引起水和土壤污染，使水生、土生动植物的生长繁殖受到影响，并通过食物链最后影响人类。这里的水、土、气是非生物要素，而水生动植物、土生动植物及人类是生物要素，它们相互联系又相互作用。

2. 环境系统的基本特性

环境系统的特性从不同角度可以有不同的描述。其中，与环境影响评价有密切关系的环境系统特性可归纳为如下三方面。

（1）整体性与区域性

环境系统的整体性是指各环境要素或环境系统各组成部分之间有相互确定的数量和空间关系，并以特定的相互作用而构成的具有特定结构和功能的系统。

环境系统的功能是指各环境要素通过一定联系方式所形成结构及呈现状态完成的功能

特性。水、气、土、生物和阳光是构成环境系统的五个主要部分，作为独立的要素，它们对人类社会生存和发展各有其独特功能，这些功能不会因时空不同而改变，但在构成某特定环境时，这五个部分因结构方式、组织程度、物质能量流的途径与规模不同而具有不同的功能。

整体性是环境系统最基本的一个特性，在研究和解决大大小小、形形色色的环境问题时必须从整体出发，充分考虑各种环境要素内部、各子系统之间、各环境要素之间、环境要素与环境系统整体之间的关系及其相互作用。

如果将各环境要素单独作用之和作为环境影响评价的依据，就会得出片面甚至错误的结论。因此，环境影响评价的指标体系不是单因素作用的简单之和，而是各因素相互作用（权重）和各因素作用（权值）综合的体系。

区域性是指环境系统特性的区域差异。这种差异是由于地理位置不同或空间范围的不同而产生的。在研究和解决各种环境问题时，必须综合考虑该区域的社会、经济、文化、历史的特点。因此在建立环境评价体系时要充分考虑环境系统的区域性。

(2) 变动性和稳定性

环境系统处于自然的、人类行为的或两者共同的作用下，环境系统的内部结构和状态始终处于不断变动中。这种变动既可能是确定的，也可能是随机的，既可能是有利的，也可能是有害的。

另一方面环境系统具有自我调节能力，在发生的变化不超过一定限度时，其对于内部和外界的影响能够进行一定的补偿和调节，使环境系统结构和状态趋于恢复变化前的状态。然而当自然界、人类行为或两者共同作用超过环境系统结构和状态承载力时，系统的状态与结构便会发生显著变化，这表明环境的承载力是有限的，所以人类的社会行为必须在环境系统所能承受范围之内。

(3) 资源性与价值性

环境系统是人类和生物赖以生存和发展的物质源泉，是环境资源的总和，而环境资源不是无穷无尽的天授之物。人类社会的生存与发展要求环境系统有所付出，环境是人类社会生存发展必不可少的投入，可为人类社会的生存与发展提供必要的条件，这就是环境系统的资源性。

环境系统的资源性包括物质性和非物质性两个方面，物质性资源又可分为可再生资源和不可再生资源。不可再生资源如煤炭、石油、矿藏等，可再生资源如生物资源、水力资源、森林资源等，非物质资源如社会、人文资源等。

环境系统的资源性决定其也具有价值性，随着市场经济的发展其价值性愈来愈显著。离开环境系统，人类社会就不可能生存与发展，环境系统具有不可估量的价值性。

环境系统的价值性也遵循价值规律。例如地下水水资源，长期以来人们认为是取之不尽、用之不竭之物，因此任意开采地下水，随意用水，乱排污水，严重地违背了价值规律，结果导致局部地面下陷，地下水资源匮乏，人畜用水困难等。

环境系统的经济价值常被在环境影响评价中用作环境的损益分析。

环境系统的社会价值，例如自然景观、自然生态、物种、植被、生物链等，一旦被破坏其损失是无法用金钱计算的，因而，认识环境系统的价值性对开展环境影响评价有重要的意义。

五、环境影响与环境容量

1. 环境影响

环境影响是指人类经济活动、政治活动和社会活动导致的有益或有害的环境变化，以及由此产生的对人类社会的效应。它包括人类活动对环境的作用和环境对人类社会的反作用两个层次，而这两个层次的作用可能是有益的，也可能是有害的。

在做环境影响评价时必须全面、客观、公正。既要认识和评价人类活动使环境发生了的或将要发生的变化，又要注意这些变化会或将会对人类社会产生的反作用；既要看到环境的不利变化，又要找出对环境有益的变化，否则得出的结论将是片面的甚至是错误的。

环境影响可分为直接影响、间接影响和累积影响。

直接影响是人类活动的结果对人类社会和环境的直接作用，而这种直接作用诱发的其他后续结果则为间接影响。累积影响是指当一次活动与其他过去、现在及可以合理预见的将来的活动结合在一起时，因影响增加而产生的对环境的影响。直接影响与人类活动在时间和空间上同时同地；而间接影响在时间上推迟，在空间上较远，但仍在可合理预见范围内。如空气污染造成人体呼吸道疾病，这是直接影响，而有疾病导致工作效率下降、收入减少，这就是间接影响。

直接影响一般比较容易分析和测定，而间接影响一般不太容易，因此，间接影响的时空范围的确定、影响结果的量化是环境影响评价中比较困难的工作。确定直接影响和间接影响并对之进行分析和评价，可以有效地认识所评价的规划、项目的影响途径、范围、状态等，对于缓解不良影响和采用替代方案有重要意义。

累积影响实质上是单项活动的叠加和扩大。例如向水体排放含磷洗衣粉、农田过量施用化肥，只有累积到一定程度才使水体富营养化。一般来讲，一个项目的环境影响与另一个项目的环境影响以叠加方式结合，或当若干个项目对环境影响在时间上过于频繁、在空间上过于密集，以至于各个项目的环境影响得不到及时消解时，就会产生累积影响。

在进行大型工程环境影响评价时尤其要注意累积影响的评价。

有些环境影响是可以恢复的影响，有些是不可以恢复的影响。可恢复的影响是指那些能使环境的某些特性改变或某些价值丧失后，仍可逐渐恢复到以前的特性或价值的影响。如油轮泄油后大面积海域被污染，经过人为努力及水的自净作用，恢复到污染前状态，这是可恢复影响。但如将自然风景区域开发成工业区，造成其自然生态环境等价值完全丧失，这就是不可恢复影响。一般来讲，在环境容量范围内对环境造成的影响大都是可以恢复的，而超出环境容量范围的影响则很难恢复。

2. 环境容量

环境容量是指区域内自然环境或环境要素（如水体、空气、土壤和生物等）对污染物的容许承受量或负荷。它包括静态容量和动态容量两个组成部分。

静态容量是指一定环境质量指标下，一个区域内各环境要素所能容纳某种污染物的最大量（最大负荷量），即拟定的环境标准减去环境本底值后所得的值。

动态容量是指该区域内各环境要素在某一确定时段内对该种污染物的动态自净能力。

由于自然环境本身和各种影响因素的变化以及相互作用非常复杂，因此确切判断环境容量比较困难。

六、中华人民共和国环境影响评价法

为了实施可持续发展战略,预防因规划和建设项目实施后对环境造成不良影响,促进经济、社会和环境的协调发展,中华人民共和国第九届全国人民代表大会常务委员会第三十次会议于2002年10月28日通过并公布了《中华人民共和国环境影响评价法》(以下简称《环评法》),自2003年9月1日起施行。

《环评法》所称环境影响评价,是指对拟规划建设的项目实施后可能造成的环境影响进行分析、预测和评估,提出预防或者减轻不良环境影响的对策和措施,进行跟踪监测的方法与制度。《环评法》要求进行环境影响评价时应做到:

(1)环境影响评价必须客观、公开、公正,综合考虑规划或者建设项目实施后对各种环境因素及其所构成的生态系统可能造成的影响,为决策提供科学依据。

(2)国家鼓励有关单位、专家和公众以适当方式参与环境影响评价。

(3)国家加强环境影响评价的基础数据库和评价指标体系建设,鼓励和支持对环境影响评价的方法、技术规范进行科学研究,建立必要的环境影响评价信息共享制度,提高环境影响评价的科学性。

(4)国务院环境保护行政主管部门应当会同国务院有关部门,组织建立和完善环境影响评价的基础数据库和评价指标体系。

《环评法》按评价对象可将环境影响评价分为规划环境影响评价和建设项目环境影响评价两类。

(1)规划环境影响评价。又分为区域规划和专项规划。规划的环境影响评价侧重于对区域、流域、海域的建设开发规划及工业、农业、畜牧业、林业、能源、水利、交通、城市建设、旅游、自然资源开发的有关专项规划编制过程中进行环境影响评价,应当对规划实施后可能造成的环境影响作出分析、预测和评估,提出预防或者减轻不良环境影响的对策和措施,作为规划草案的组成部分一并报送规划审批机关。

对环境有重大影响的规划实施后,编制机关应当及时组织环境影响的跟踪评价,并将评价结果报告审批机关;发现有明显不良环境影响的,应当及时提出改进措施。

(2)建设项目环境影响评价。按照环境影响程度又分为重大环境影响、轻度环境影响和环境影响很小三类。具体分类可见图12-1。

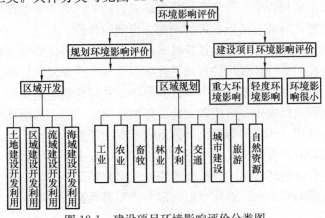

图12-1 建设项目环境影响评价分类图

七、建设项目环境影响评价

1. 重大环境影响程度的判断

在建设项目环境影响评价中，首先是要正确确定项目建设是否对环境具有重大影响。目前，对项目环境影响程度大小的判断多采用定性判别方法来确定，是一种价值判断。可能造成重大环境影响的行为是指由全部的原发性效应和继发性影响累积起来的，将显著地或潜在地改变环境质量、限制人类优化使用环境资源，进而妨碍可持续发展长远目标的实现。

在环境影响评价的实践过程中，下列情况通常对环境有重大影响：

（1）在环境问题上会造成重大争议的行为。例如征用大量土地、改变土地利用方式需要动迁许多居民，会引起争议。

（2）会使空气、水体、土壤、植被和野生动植物受到显著或潜在污染的开发行为。例如新建石油化工厂、制浆造纸厂、燃煤发电厂、大幅度增加城区汽车数量等。

（3）对国家、省、市或地方有重要价值的自然、生态、文化或景观资源可能造成重大不良影响的行为。例如修建索道、拆毁文物、在景观区建设有碍于观瞻的永久性建筑。

（4）对国家和地方的野生生物保护区、自然保护区、名胜和古迹区有重大影响的行为。例如修建公路、铁路、工业开发区、众多宾馆、度假村等。

（5）会产生噪声、振动、电磁辐射、光辐射，从而干扰居民正常生活和生产的行为。例如大型建筑物施工、大型幕墙安装、建设电视发射塔等。

（6）分解或破坏一个已建成地区的整体性的行为。例如修建一条高速公路，将居住区与商业区和休闲娱乐区分开的行为等。

（7）对社区人群的安全和健康有不良影响的行为，或是在已知有自然灾害的地区（如地震区、易产生山体滑坡地区）进行开发的行为。例如在江河堤岸稳定范围内开发修建项目等。

（8）扰乱动物栖息和植物生长的生态平衡，使稀有和濒危动植物灭绝，使野生生物的生活方式发生重大改变，或扰乱野生生物的重要繁殖地、栖息地的行为。

2. 建设项目环境影响评价文件

根据建设项目对环境的影响程度，环境影响评价实行分类管理，建设单位应当按照《环评法》规定组织编制下列环境影响评价文件之一：

（1）编制环境影响报告书。可能造成重大环境影响的，应当编制环境影响报告书，对建设项目产生的污染和对环境的影响进行全面、详细的评价。

建设单位应委托专业的环境影响评价技术服务机构编制环境影响报告书。接受委托的环评机构，应具备经国务院环境保护行政主管部门考核审查颁发的资质证书，按照资质证书规定的等级和评价范围，从事环境影响评价服务，并对评价结论负责。

（2）编制环境影响报告表。可能造成轻度环境影响的，应当编制环境影响报告表，对建设项目产生的污染和对环境的影响进行分析或者专项评价。

环境影响报告表的内容和格式由国务院环境保护行政主管部门制定。环境影响报告表的编制同样应委托专业的环境影响评价技术服务机构编制。

（3）填报环境影响登记表。对环境影响很小、不需要进行环境影响评价的，应当填报环境影响登记表。

环境影响登记表的内容和格式由国务院环境保护行政主管部门制定，建设单位应按规定内容和格式如实填写和报环境保护行政主管部门备案。

3. 建设项目的环境影响报告书内容

建设项目的环境影响报告书一般应当包括下列内容：

（1）建设项目概况；
（2）建设项目周围环境现状；
（3）建设项目对环境可能造成影响的分析、预测和评估；
（4）建设项目环境保护措施及其技术、经济论证；
（5）建设项目对环境影响的经济损益分析；
（6）对建设项目实施环境监测的建议；
（7）环境影响评价的结论。

涉及水土保持的建设项目，还必须有经水行政主管部门审查同意的水土保持方案。

除国家规定需要保密的情形外，环境影响报告书应征求有关单位、专家和公众的意见。建设单位应当在报批建设项目环境影响报告书前，举行论证会、听证会，或者采取其他形式，征求有关单位、专家和公众的意见。建设单位报批的环境影响报告书应当附具对有关单位、专家和公众的意见采纳或者不采纳的说明。

4. 建设项目环境影响评价文件的审批

建设项目的环境影响评价文件，由建设单位按照国务院的规定报有审批权的环境保护行政主管部门审批；建设项目有行业主管部门的，其环境影响报告书或者环境影响报告表应当经行业主管部门预审后，报有审批权的环境保护行政主管部门审批。

建设项目的环境影响评价文件经批准后，建设项目的性质、规模、地点、采用的生产工艺或者防治污染、防止生态破坏的措施发生重大变动的，建设单位应当重新报批建设项目的环境影响评价文件。

建设项目的环境影响评价文件自批准之日起超过五年，方决定该项目开工建设的，其环境影响评价文件应当报原审批部门重新审核。

建设项目的环境影响评价文件未经法律规定的审批部门审查或者审查后未予批准的，该项目审批部门不得批准其建设，建设单位不得开工建设。

5. 建设项目环境影响评价文件的实施与检查

建设项目建设过程中，建设单位应当同时实施环评文件审批部门审批意见中提出的环境保护对策措施。

在项目建设、运行过程中产生不符合经审批的环境影响评价文件的情形的，建设单位应当组织环境影响的后评价，采取改进措施，并报原环境影响评价文件审批部门和建设项目审批部门备案；原环境影响评价文件审批部门也可以责成建设单位进行环境影响的后评价，采取改进措施。

环境保护行政主管部门应当对建设项目投入生产或者使用后所产生的环境影响进行跟踪检查，对造成严重环境污染或者生态破坏的，应当查清原因、查明责任。

八、建设项目的环境影响报告书案例

为便于学习和了解环境影响评价报告书编制的实务，下面提供一份由湖北省环境科学研究院环评机构编制的环境影响评价报告书实例。

【案例 12-3】 武汉市巴登城生态旅游度假村项目环境影响评价报告书（公示简本）。

1. 武汉市巴登城生态旅游度假村项目概况

武汉巴登城位于武汉市江夏区五里界镇，是一个集生态旅游、度假休闲及商务活动为一体的旅游开发项目。该项目总生态控制规划用地为 667hm²，开发用地 413hm²，其中规划建设用地 233hm²，规划旅游用地 180hm²。总规划游客接待能力为 260 万人/年，平均日客流量为 9600 人，高峰期日客流量为 24000 人。

该项目规划进行三期建设，其中，一期红线建设用地约 214hm²，规划建设巴登温泉度假村（包括温泉 SPA 和配套的巴登精品酒店、巴登华侨城大酒店）、巴登体育公园一期、污水处理站和部分低密度休闲客舍，规划游客接待能力为 100 万人/年，平均日客流量为 3300 人，高峰期日客流量为 7100 人。

一期工程规划实施期为 2008～2010 年，计划 2008～2010 年，建成温泉 SPA 和配套的巴登精品酒店和巴登城五星级酒店；2009 年适时启动污水处理站、部分商业街和部分低密度休闲客舍的建设，2010 年正式开业运营。

2. 项目建设的意义

（1）该项目的建设填补了武汉市无高档次温泉旅游度假产品的空白，有利于丰富产品类型、完善产品结构，同时，该项目的实施还可与武汉市江夏区及周边地区旅游资源产生联动，拉动武汉市、湖北省乃至华中地区的客源市场，有利于提高江夏区及武汉市旅游产品的整体水平，提升武汉旅游整体形象。

（2）武汉巴登城建设项目是高起点开发以集温泉休闲度假、商务会议、生态拓展等诸功能于一体的高档次旅游度假产品，是武汉市旅游发展的战略举措。该项目不仅促进当地旅游业的发展，而且对于带动区域相关行业的发展，扩大就业机会，增加地方财政和移民的收入均具有积极作用，项目的建设符合武汉市和江夏区的国民经济发展规划，有利于区域经济的发展。

（3）该项目的建设及其后来的旅游休闲活动的运作过程，将创造大量的就业机会，为周边地区带来直接社会经济效益，实现政府、企业及社会三方"共赢"。

（4）在该项目的开发建设和旅游活动中，坚持资源开发利用与生态环境保护和改善并举，走可持续发展道路。

3. 环境现状评价结论

（1）地表水

监测结果表明，梁子湖各项水质指标满足《地表水环境质量标准》（GB 3838—2002）Ⅱ类标准；幸福港和汤逊湖的水质未达到Ⅲ类水体功能要求。

（2）环境空气

该项目所在的区域环境空气质量良好，满足《环境空气质量标准》（GB 3095—1996）二级标准。

（3）环境噪声

该项目评价区域内声环境质量状况较好，可达到《城市区域环境噪声标准》（GB 3096—2008）中的 1 类标准。

（4）生态环境

本项目方案区植被以农田植被和人工林地为主，环境多样性不高，人工林地相对较少,但保存较好,区域生态交错区明显,陆生脊椎动物中鸟类较为丰富。但这些农业植被(旱地作物、水稻)、天然灌丛和灌草丛受人为因素的影响较大。

评价区有国家一级保护植物水杉和国家二级保护植物樟树,均为人工林;评价区内无国家级保护动物,有省级保护动物10种,其中两栖类有黑斑侧褶蛙和中华大蟾蜍2种,鸟类有环颈雉、家燕、黄鹂、八哥、灰喜鹊、喜鹊、乌鸦和大山雀8种。

4. 环境影响预测评价结论

(1) 地表水环境影响

项目施工期将产生一定的生产废水和生活污水。生活废水经过化粪池处理后,用于附近农田的灌溉,基本不外排;生产废水水量不大,且施工期有限,在经过沉淀、中和、隔油处理达标后,综合利用,基本不外排,故对周围水体影响较小。

项目运营期产生的生活污水经过相应的预处理后,进入自建的污水处理厂采取"厌氧和增强性SBR"工艺三级生化处理,处理后的废水能达到《城镇污水处理厂污染物排放标准》(GB 18918—2002)中的一级(A)标准,达标废水大部分可通过中水回用系统回用和作为绿化用水,小部分通过幸福港排往汤逊湖。

在生活污水处理达到《城镇污水处理厂污染物排放标准》(GB 18918—2002)一级(A)标准排放时,对幸福港和汤逊湖的水质影响很小;在生活污水未得到处理事故性质排放时,会严重影响幸福港的水质,并会在汤逊湖形成半径约250m的污染带。

娱乐设施(游泳池、温泉浴池)废水采用循环工艺,降低了用水量和废水排放量。娱乐设施排放废水污染物浓度较低,能达到《城镇污水处理厂污染物排放标准》(GB 18918—2002)一级(A)标准,在冷却后排向幸福港,不会给幸福港造成明显影响。

(2) 环境地质影响

武汉巴登城投资有限公司应尽快完成对项目区地下热水及地质的勘探工作,确定地热水的可开采量及开采限额,并取得相关部门的开采许可证,方可使用地热资源。工程运营后巴登城度假区温泉预计最大使用量为$1380m^3/d$,在开采量小于开采限额的情况下不会引起地质灾害。

(3) 大气环境影响

项目施工期车辆运输和机械施工排放的废气和粉尘对施工区域环境空气将有一定的影响,但其影响性质是短期的和可逆的,且影响范围有限,只要加强管理,采用一定的防治抑尘措施,施工期工程对环境空气的影响完全可以控制到最低程度,为施工区域环境空气所承受。

项目运营期主要的大气污染源为餐饮业油烟,在安装油烟净化装置处理后,油烟排放标准满足《饮食业油烟排放标准》(GB 18483—2001)中规定的排放浓度和净化效率的要求,年排放油烟约68kg,对环境的影响很小。项目在采用清洁能源作为燃料后各污染物排放量不大,污染物的排放浓度符合《锅炉大气污染物排放标准》中的Ⅱ时段二类区标准,对大气环境影响很小。项目运营期间汽车尾气和停车场尾气的产生量很小,对环境的影响有限。

(4) 声环境影响

该工程施工区噪声排放标准按《社会生活环境噪声排放标准》(GB 22337—2008)的1类标准控制。根据计算,在距施工噪声声源200m以外,白天可达控制标准,300m以外，夜间可达到控制标准。该项目区周边的居民点距场界的距离均在 300m 以上，受施工噪声的影响较小。

该项目运营后主要的噪声污染来源于人群噪声、机械设备噪声、交通噪声等。该项目产生的人群噪声影响范围和程度均有限，各类噪声较大的机械设备均安置在室内和地下，对旅游环境影响较小；该项目交通噪声超标范围为干道中心线两侧 30m，该范围内基本无居民居住，度假村内部游客休息区距干道的距离也在 60m 以上，故交通噪声的影响很小。

（5）固体废物

根据对项目施工内容的分析，工程施工期固体废弃物主要为工程弃渣和少量的生活垃圾。由于该项目依地势而建，建设区内整体土地平整也需要大量的填方，项目建设可尽量回用工程弃渣，因此工程弃渣量较少。施工固体废弃物若不及时处理，将影响局部环境卫生、污染水体并造成水土流失。

运营期产生的固体废弃物主要为生活垃圾、食堂油烟净化产生的废油和污水处理站产生的污泥。通过设置分类垃圾箱和垃圾转运站，环卫部门可将生活垃圾中可利用的物质送相关单位回收利用，不能利用的送垃圾填埋场处置，对周围环境影响不大。餐厅在安装油烟净化装置以后，每年将产生的废油 1.66t（采用干法去污），可由有资质的废油回收公司回收处理，不对外排放，对环境无不良影响。

（6）生态环境影响

项目区植被类型以农田植被为主，林地分布较少，且均为人工林，区域分布的动物均为广布种。该项目的建设主要占用的是建筑用地和一般农田，不占用林地。项目建设将对项目区的部分植被造成永久性改变，并彻底改变项目区动物的种群结构，适应人居环境的动物（鼠类和部分鸟类）将成为优势种，此外，该工程修建的人工湿地、景观水域给当地动物提供了良好的生存环境，对生物量和区域的生物多样性起到有利影响。

项目区有国家一级保护植物水杉和国家二级保护植物樟树，均为人工林，开发商已保证在施工期间予以保留并保护作为景观树种，不会对其生长造成较大影响。

工程施工总开挖面积 86hm^2，开挖总量为 70.71 万 m^3，填方总量 70.69 万 m^3，施工期水土流失主要来源于临时弃渣，新增水土流失量为 3859t，水土流失的强度相对较小。

（7）社会环境影响

该项目是武汉市江夏区城市旅游规划建设中的一个重要开发项目，符合武汉市及江夏区总体规划的要求，该项目的建设对项目所在地区以及武汉市社会经济发展产生积极有利的影响，有利于增加该地区居民的收入和就业机会。

项目征地范围较大，共需征地 214hm^2，其中征用耕地（非基本农田）约 134.6hm^2、园地约 19.1hm^2、林地约 18.7hm^2、水面 26.5 hm^2、宅基地 7.2hm^2、道路 4.8 hm^2、农用地（非耕地）1.6hm^2、未利用土地 0.9hm^2、其他用地 0.6hm^2。共涉及照耀村、狮子山村、锦绣村三村、6 个组、97 户、436 人。该项目产生的移民将统一由江夏区政府负责搬迁和安置，目前，补偿标准和各村规划的移民安置区已确定，具体的安置规划正在编制，补偿标准在该地区为中等偏上，同时，为了最大限度地满足当地村民生存及发展需要，该项目将辅助搬迁居民就业和开展个体产业，不会降低移民的生活水平。

5. 环境影响减缓措施评价结论

（1）水环境保护措施

在施工区设置沉淀隔油池,在经过沉淀、中和、隔油等措施处理后回用;生活污水经简易化粪池处理后用做农田灌溉,均不外排。

项目运营期生活污水自建生化污水处理站处理,推荐采用自动化程度高、污染物去除率高、抗冲击负荷能力强的"厌氧+增强性 SBR"处理工艺,同时修建一个 $5000m^3$ 兼作风险事故池的蓄水池对处理达标的废水进行存放。大部分废水可进行中水回用,少部分将通过污水管网排入幸福港。娱乐设施(游泳池和温泉浴池等)废水采用砂滤、消毒处理后循环回用温泉水,对排放的废水采取冷却塔冷却后排放。

(2) 大气环境保护措施

施工期间要做到文明施工,根据施工计划制定防止扬尘污染的措施(如洒水灭尘),定时对车辆进行冲洗。

运营期度假村内严禁建设严重污染环境空气的燃煤锅炉等供热设备,供热应选择清洁燃料(轻柴油、天然气、电)作为能源;餐厅安装油烟净化装置,油烟气处理达标后排放;在主干道沿线种植乔灌结合的绿化带来降低汽车尾气对该区域的大气环境造成的影响。

(3) 声环境保护措施

施工期合理调整施工时间,文明施工,采用简易隔声屏障等措施减轻对邻近居民的影响,对现场施工人员采取劳动保护措施。

污水处理站采用室内式,高噪声设备尽量安置于室内或地下,露天设备预留 50m 以上的防护距离,减轻机械设备运行噪声对旅游环境的影响。

营运期在度假村内部和进出度假村的主干道旁种植绿化隔离带、设警示牌、禁止机动车鸣笛等措施,降低营运期间的交通噪声污染。

(4) 固体废物处置措施

施工期产生的弃渣应及时回填于本工程,遇降雨时临时弃渣应采用土工布防护措施;生活垃圾应及时由环卫部门收集运往垃圾填埋场填埋。

运营期在度假村内设置分类垃圾箱和垃圾转运站,实行垃圾的分类收集,环卫部门将其中可利用的物质送相关单位回收利用,不能利用的垃圾和污泥送垃圾填埋场填埋处置。餐厅油烟净化装备清理产生的废油,定期交由有资质的废油回收公司回收处理。

(5) 生态环境保护措施

该项目在设计和施工阶段应尽可能避免不利的生态影响,要保持与环境的和谐感,切实做到利用地形、配合地形、地尽其用。提高施工人员的保护意识,加强环境管理和环境监理。施工结束后应采取相应的环境补偿措施,搞好度假村内部和外缘的绿化工作,加强对水杉林、樟树林等人工林的保护。

合理安排施工进度,保证临时弃渣及时回填,辅以修建排水沟和沉淀池、雨期为临时弃渣覆盖土工布等措施,减少施工引起的水土流失。

(6) 地质环境影响防治措施

应尽快完成对江夏区五里界镇地热水资源的勘探,由国土部门根据巴登城温泉允许开采量指标对地热指标进行合理分配;科学确定日开采量,严禁超量开采;节约用水,使用先进的节能技术尽量降低温泉水资源的消耗。此外,还要加强对五里界地区的地质环境监测,及时掌握地质环境变化,预防对地质环境的不利影响。

(7) 加强环境管理与监控

严格执行国家环境保护的"三同时"制度，环保设施与主体工程同时竣工，并经过当地环保部门检查验收合格后，方可正式营运；设置环保管理科室，制订各项环保管理规章，配备环境管理人员和仪器设备，加强环境监测和环境管理，实施排污口规范化和污染物总量控制，将各项环保措施落到实处。

(8) 总量控制

拟建项目的总量控制指标为：SO_2 0.6t/a，COD 2t/a，NH_3-N 0.2t/a。

(9) 环保投资

该项目总投资为 11.5 亿元，环保投资 5220 万元，占全部工程总投资 4.5%，环保设施运行费 56 万元/年。

6. 综合结论

武汉巴登城生态休闲旅游开发项目符合国家产业政策、武汉市及江夏区旅游业和经济发展的总体规划。该项目的兴建对促进江夏区和武汉市旅游产业全面快速发展具有重要作用，具有显著的社会效益和经济效益。项目施工期和营运后会产生一定量的废气、废水、噪声和固体废物等污染物，在全面落实各项环保措施后，污染物对环境影响较小，项目配套进行的生态工程有利于区域生态环境多样性的提高，使生态环境质量得到保护和改善，因此，该项目的建设从环境保护角度而言具有可行性。

第二节　建设工程环境监理

加强环境保护管理不仅是国家各级环境保护主管部门的行政职责，根据《环保法》也是各行各业各个领域每个单位及个人应尽的法律责任，各行各业各个单位及个人应自觉遵守环境保护法规。对违反环境保护法规行为的监督管理，既需要各级环境保护主管部门加强环境执法监督管理，更需要各行各业各个领域专业化、社会化服务性质的环境守法监督管理。本节主要介绍工程建设领域专业化、社会化服务性质的"工程环境监理"，为与环境保护主管部门具有执法监督管理性质的"环境监理"相区别，先对"环境监理"作简要介绍。

一、环境监理

1. 环境监理含义及目的

根据 1999 年国家环境保护总局发布的《关于进一步加强环境监理工作若干意见的通知》（环发［1999］141 号，以下简称《通知》）中的含义，环境监理是指环境监理机构依据主管环境保护部门的委托，依法对辖区内一切单位和个人履行环保法律、法规，执行环境保护各项政策、标准的情况进行现场监督、检查、处理的环境执法工作。

环境监理的目的是为全面推进环境保护工作，加大环境执法力度，提高现场执法水平，保障国家环境保护法律、法规的贯彻实施和环境保护目标的实现。

2. 组织机构及人员管理

《通知》中规定各省、市、县环境保护局设立的环境监理机构名称分别统一为环境监理总队、支队、大队。各省、市、县环境保护局可以在行政机构内分别设立环境监理处、科、股，并与环境监理总队、支队、大队实行一个机构，两块牌子。

《通知》要求各级环境监理人员应符合国家公务员的基本条件，熟悉环境监理业务，掌握环境法律法规知识，具有一定的组织和独立分析处理问题的能力。环境监理人员应具有中专或高中以上学历。

各级环境保护部门要按照人事部《关于同意国家环境保护系统环境监理人员依照国家公务员制度进行管理的批复》（人法函［1995］158号）的要求，对环境监理人员依照公务员制度管理。环境监理人员的录用必须严格按照公开、公正、公平和择优录用的原则，实行公开招考，未经公开招考的以及公开招考不合格的一律不得进入环境监理队伍。要坚持持证上岗制度，新进入环境监理队伍的人员必须通过培训，取得培训合格证书。在职的环境监理人员每5年应接受一次培训。环境监理人员培训由国家和省级环境保护部门分别组织，县及县级以上环境监理机构主要负责人和省级环境监理机构人员由国家环境保护总局统一组织培训，其他环境监理人员由各省、自治区、直辖市环境保护部门组织培训。未取得环境监理培训合格证书的，不得颁给环境监理证件，不得独立执行现场监督管理公务。

3. 环境监理主要职能

《通知》要求各级环境监理机构要大力加强环境保护现场执法监督，密切配合环境保护中心工作，努力完成各级环境保护局下达的环境监理任务。加强污染防治工作的现场监督管理，扎扎实实地做好污染防治设施运转情况、污染物排放情况、建设项目三同时执行情况、限期治理项目完成情况及核安全设施的现场监督检查。要认真贯彻生态保护与污染防治并重的原则，逐步开展自然生态保护的环境监理工作，加强对资源开发和非污染性建设项目、自然保护区、风景名胜区、森林公园环境管理、海岸和海洋生态系统环境保护管理的现场监督检查。要切实做好排污费征收工作，保证排污费的依法、全面、足额征收。

二、建设工程环境监理

1. 工程环境监理产生的背景

长期以来，我国在建设项目环境保护管理工作中，比较重视工程前期的环境影响评价工作和工程的竣工环境保护设施的验收工作，对工程施工期所带来的生态环境、水土流失、景观影响及环境污染等问题，管理上相对薄弱。而已实施20多年的工程建设监理制度主要职能是对项目的投资、质量、进度和安全进行监理，在环保方面仅是配合环保监管部门做点工作，因此项目施工阶段的环境污染和生态破坏很难得到有效控制及监管。

20世纪90年代以来，特别是国家实施西部大开发战略之后，我国资源开发基础设施建设项目投资力度加大。这些项目在施工阶段造成的环境污染和生态破坏问题表现突出，引起了各级环境保护部门的重视以及社会各界的广泛关注。如何强化基本建设项目环境管理、探索一条既符合建设项目环保设施与工程设施同设计、同施工、同时投入使用的"三同时"制度精神，同时又符合市场经济运行法则的管理模式和工作制度，成为环境保护的一个重要课题。在这一时期世界银行、亚洲开发银行等国际金融组织的贷款项目把施工期必须进行工程环境监理作为贷款的基本条件之一。如由世界银行在其贷款的黄河小浪底水库工程项目中首先引入了工程环境监理，并取得了成功经验。

2002年10月13日，国家环保总局、铁道部、交通部、水利部、国家电力公司、中国石油天然气集团公司六部委联合发出《关于在重点建设项目中开展工程环境监理试点的通知》（国家环保总局环发〔2002〕141号文，以下简称《试点通知》），明确提出："为贯彻《建设项目环境保护管理条例》，落实国务院第五次全国环境保护会议的精神，严格执行环境保护"三同时"制度，进一步加强建设项目设计和施工阶段的环境管理，控制施工阶段的环境污染和生态破坏，逐步推行施工期工程环境监理制度，决定在生态环境影响突出的国家十三个重点建设项目中开展工程环境监理试点"。试点工程包括青藏铁路格尔木至拉萨段、西气东输管道工程、云南澜沧江小湾水电站工程、黄河公伯峡水电站工程、四川岷江紫坪铺水利枢纽工程、重庆芙蓉江江口水电站工程、广西右江百色水利枢纽工程、尼尔基水利枢纽工程、上海国际航运中心洋山深水港区一期工程、上海至瑞丽国道主干线（贵州境）清镇至镇宁段高速公路、上海至瑞丽国道主干线湖南省邵阳至怀化、怀化至新晃高速公路、青岛至银川国道主干线、银川至古窑子高速公路共13项国家重点工程。

首次进行工程环境监理试点的13项国家重点工程建设规模大、施工周期长，项目所在地区的环境敏感程度非常高，并在国际国内有一定的影响。如青藏铁路项目穿越资源丰富的高寒地带生态系统，有极具保护价值的珍稀濒危野生动物藏羚羊、藏野驴、野牦牛、白唇鹿等；小湾水电站工程是涉及众多生物种群（清香木、白背桐和甜根子草等生物群落被淹没）保护的项目；渝怀铁路项目是涉及穿越地形、地质条件复杂、水土流失严重的项目；西气东输工程是涉及穿越各类保护区、湿地、珍稀动物栖息地，跨黄河、穿长江的大型工程项目；上海洋山深水港工程是涉及海洋水生生物、水环境保护的项目；四川岷江紫坪铺水利工程是涉及国家级保护文物、联合国世界文化遗产及风景名胜区有关的项目。13个国家重点工程几乎包含了各种生态影响项目，具有很强的代表意义。

对生态环境影响较大的建设项目进行施工期工程环境监理，是我国环境保护监管工作在工程建设领域的深入，开启了工程环境监理的新阶段，也是建设工程监理业务向工程环保领域的扩大。

2. 工程环境监理的含义

根据《试点通知》的精神，工程环境监理是指具有工程监理资质并经环境保护业务培训的第三方单位受项目建设单位委托，依据建设项目环境影响评价文件及环境保护行政主管部门批复意见、工程环境监理合同，对项目建设施工期间的环境保护行为实行的监督管理。

目前，新修订的《工程监理企业资质管理规定》（建设部令 第158号，自2007年8月1日起施行）中，工程监理企业14个专业资质领域内尚未设立工程环境监理专业。但在水利部颁布的《水利工程建设监理单位资质管理办法》（水利部令第29号 2006.12.18）第六条及第七条规定："监理单位资质分为水利工程施工监理、水土保持工程施工监理、机电及金属结构设备制造监理和水利工程建设环境保护监理四个专业"；"水利工程建设环境保护监理专业资质可以承担各类各等级水利工程建设环境保护监理业务"；"水利工程建设环境保护监理是指对水利工程建设项目实施中产生的废（污）水、垃圾、废渣、废气、粉尘、噪声等采取的控制措施所进行的管理活动"。这是我国首部明确将工程环境监理列为独立专业资质的部门规章。

从上述工程环境监理的含义可以看出，工程环境监理与环境监理在执业的性质、执业的范围、执业的深度等方面均存在很大的不同：

(1) 执业的性质不同。环境监理是受主管环境保护部门的委托，依法对单位和个人履行环保法规、标准的情况进行现场监督、检查、处理的环境执法工作,其执业具有执法的性质。工程环境监理是受项目建设单位委托,对建设项目施工期间的环境保护行为实行的监督管理,其执业属于社会第三方服务性质,从法理角度其执业的性质属于环境守法监督管理,不具备环境执法的处罚权利。对于施工单位违反环境保护法规的行为只能依据合同规定,责令其改正。拒不改正或违规行为严重的,可向环保行政主管部门报告,由环保执法部门处理。

(2) 执业的范围不同。环境监理范围是面对整个社会的单位和个人违反环保法规、标准的情况进行现场监督、检查、处理,执业的范围很大。而工程环境监理执业的范围仅限于项目建设相关方在项目建设过程中违反环保法规、标准的情况进行现场监督,执业的范围相对较小。

(3) 执业的深度不同。受主管环境保护部门委托的环境监理因其执业的范围很大,而且侧重在项目环保设施与措施的审批和工程竣工环境保护验收环节,很难在项目建设的具体施工过程中深入监管。而工程环境监理是受项目建设单位委托,监理合同就明确规定工程环境监理机构必须在项目施工期间对建设相关方的环保行为实行全过程的深入监督管理。也正是这样二者互为补充,既有主管环境保护部门委托的具有执法性质的环境监理,又有社会中介服务性质的全过程深入的工程环境监理,才能共同担当项目建设、特别是大型项目建设环境及生态保护的艰难重任。

3. 工程环境监理的目的

工程环境监理的主要目的可归纳为:

(1) 具体落实经环保主管部门审批的建设项目环境影响评价文件的要求,实现工程建设项目环保目标。

(2) 对建设项目可能产生环境影响的污染防治设施和生态保护措施实施现场监管,减少建设项目对环境产生的不利影响。对未按有关环境保护要求施工的,应责令施工及有关单位限期改正;对已造成生态破坏的,应责令采取补救措施或予以恢复。

(3) 通过加强项目环保设施"三同时"监理,提交工程环境监理的文档资料及总结报告,满足工程竣工环境保护验收的要求。

4. 项目建设相关方的环保职责

工程环境监理要实现项目环境保护目标,不仅取决于监理单位的工作成效,更需要项目建设相关方共同努力履行各自的环保职责:

(1) 项目建设单位负责建设项目设计及施工阶段的污染防治和生态保护工作的组织管理。环境保护行政主管部门负责对工程环境监理工作的监督检查。

(2) 项目设计单位应将批准的环境影响报告书、水土保持方案及其审批文件中要求的污染防治和生态保护措施在设计文件中予以深化落实,并将环保投资纳入投资概算。

(3) 建设单位按环境影响报告书,含水土保持方案及其审批文件要求制定施工期工程环境保护计划,并在施工招标文件、施工合同和工程监理招标文件、监理合同中明确施工单位和工程监理单位的环境保护责任。

(4) 项目施工单位应严格按照环境保护法律、法规、政策和项目设计文件中的环境保护要求,以及与建设单位签订的承包合同中的环保条款,做好污染防治和生态保护措施的实施工作。

5. 工程环境监理机构

由于工程环境监理是建设项目环境与生态监督管理的新手段，目前除水利部监理资质管理规定中已设立工程环境监理专业外，住房和城乡建设部《工程监理企业资质管理规定》中，尚无设立工程环境监理专业的规定。按照 2002 年国家环保总局等六部委《关于在重点建设项目中开展工程环境监理试点的通知》要求，工程环境监理机构必须具备两个基本条件：

（1）具有国家工程监理行政主管部门审核认可的工程监理企业资质。

（2）经环境保护业务培训，主要是指经环境保护主管部门认可的培训机构的培训。

工程环境监理的组织形式，从便于统一管理的角度应置于工程建设监理组织机构之内，作为一个独立的专业部门，统一服从工程总监理工程师的管理。业务上环境监理独立负责监督检查工程是否按照环境保护的规定实施，但在有违反环境保护情况或出现环境重大问题时要报告给工程监理，由工程总监理工程师签署修改意见，处理好后实施。另外，工程监理若发现环境方面的问题，总监理工程师也可责令环境监理进行检查监督。

但目前大多数工程监理公司尚无工程环境监理的资质，因此工程监理公司可以和环境监理公司组成联合体参加投标，共同承担项目工程建设监理和环境监理，明确分工，各司其职。工程环境监理机构也可独立接受建设单位委托，承担工程环境监理任务。此时工程建设监理和环境监理同属业主委托的两个平行服务机构。工程环境监理机构实行总监理工程师负责制，机构人员数量、岗位职责，可根据建设工程行业类别、规模、环境及生态复杂及敏感程度，参照有关监理规定确定。

三、工程环境监理依据

1. 法律法规及标准规范性依据

一方面包括国家颁布的环境保护相关法规，如《环保法》、《水法》、《大气法》、《固体废物污染防治法》、《噪声法》等。以及国家、地方和行业发布的环境质量标准、污染物排放标准、环境监测方法标准、国家环境标准样品标准和国家环境基础标准。

另一方面包括国家颁布的工程建设法规、工程监理法规、工程标准和规范等。

2. 合同性依据

工程环境监理是受项目建设单位委托的监督管理活动，其行动的依据就是《工程监理合同（含环境监理）》中建设单位赋予的对项目行使环境保护监督管理权利。

建设单位与施工单位签订的《施工合同》中约定的施工单位应完成的污染防治设施及生态环境保护措施条款等，是工程环境监理履行监督管理职责的对象性依据。

此外，工程环境监理作为合同委托行为，其权利、责任、义务、违约、合同纠纷处理等均须依据相关的合同法规等。

3. 项目环保技术性依据

建设项目环境影响评价报告及审批机关的批复意见，是开展项目工程环境监理的具体技术性依据。项目环境影响评价报告书中提出的污染防治措施及生态环境保护措施一经环保行政主管部门批准，即具有行政效力，不能随意或轻易变更。监理应明确提醒项目业主并监督施工单位落实各自应承担的环境保护职责，必须保证项目环境影响评价报告书及批复意见中有关污染防治措施及生态环境保护措施落实到位。

监理单位依据施工图、环评报告及审查批复意见编制的监理大纲、监理规划及监理实施细则是工程环境监理实施过程中的技术依据。

4. 事实性依据

工程环境监理对施工现场的废水、废气、废渣、噪声排放监测数据是事实性依据，也是对施工单位下达整改通知单的科学依据。

在防治污染设施试运转和工程竣工预验收时必须提供环保设施污染排放达标的监测数据作为事实性依据。

四、工程环境监理工作实务

（一）工程环境监理主要工作内容

工程环境监理工作是伴随项目实体施工过程进度展开的，施工不同阶段环境监理工作的内容也不相同。

1. 施工准备阶段

（1）参与施工图会审，参加设计单位的技术交底，重点检查设计文件是否落实了经批准的环境影响评价报告书中要求的环境污染防治措施和生态保护措施。

（2）审查施工单位提交的施工方案中的环保措施是否满足设计文件要求。

（3）根据业主授权参加工程施工合同的拟订、协商、修改、审批等，重点对合同条款中环境保护措施的落实及环保设施"三同时"内容的审查。

（4）应根据环境影响评价报告书要求及设计文件具体要求，制定项目工程环境监理规划、监理实施细则。

2. 施工阶段

（1）按照工程环境监理规划、监理实施细则制定项目环境监理的人员安排、工作流程、工作制度等实施计划。

（2）按照污染源分废水、废气、固体废物、噪声详细列出施工过程中动态监控的内容、方法、检测时间及控制标准。

（3）结合项目环境生态状况及保护要求，详细制定生态环境保护监控内容。

（4）加强现场巡视、旁站监理日常环境监督检查工作，发现环境问题及时要求施工单位整改。

（5）定期和不定期的现场污染源排放数据监测、环境质量监测，以及施工中突发环境污染事件的应急监测。

（6）及时将施工过程中环境监理有关资料整理、归档。

3. 竣工验收阶段

（1）督促、检查施工单位及时整理污染防治和生态保护竣工资料。

（2）编写和提交项目工程环境监理总结报告。

（3）参加建设单位组织的工程竣工验收和环境保护主管部门组织的环保监测验收。

（二）工程环境监理工作文件

工程环境监理工作文件是指监理单位投标时编制的监理大纲、监理合同签订以后编制的监理规划和监理实施细则。

1. 工程环境监理大纲

工程环境监理大纲是监理单位在投标文件中，为承揽监理业务而编写的监理工作方案性文件，目的是为取得业主信任和认可，如果中标则监理大纲是今后开展监理工作的承诺和依据。环境监理大纲编写可参照建设工程监理规范的基本要求，但应明确环境监理依据的环保法规、污染排放标准、地方政策和行业规定、工程自然环境调查资料、环境敏感点、环境影响评价报告批复意见、对污染排放控制及生态环境保护的监理工作设想及承诺等。

2. 工程环境监理规划

工程环境监理规划是监理单位与业主签订委托工程环境监理合同之后，在项目总监理工程师主持下，对照监理大纲和环境监理合同要求编制，用以指导项目监理机构全面开展环境监理工作的指导性文件。环境监理规划是在监理大纲基础上的扩充、细化和完善，比环境监理大纲更全面、具体和更有针对性。

3. 工程环境监理实施细则

工程环境监理实施细则是在环境监理规划的基础上，针对工程环保某一专业或某一方面的环境监理工作，由项目监理机构的专业监理工程师编写并经总监理工程师批准实施的操作性文件，其作用是指导本专业或本子项目具体环境监理业务开展的操作性文件。

项目施工期环境监理人员主要是根据环境监理规划和监理细则有序地开展环境监理工作。工程达到竣工条件后，总监理工程师要组织环境专业监理工程师按监理方案和监理细则的要求进行防治环境污染设施和生态保护设施的竣工预验收，并签署意见。环境监理工作结束后，工程环境监理机构应当向建设单位提交环境监理工作档案资料及工程环境监理工作总结。

（三）工程环境监理其他实务

与建设工程监理工作实务一样，工程环境监理也会涉及其他很多具体的实务工作，如规范化的环境监理用表；总监理工程师、专业监理工程师和监理员岗位职责；巡视、旁站工作制度；检测及平行检验；环境监理月报及监理日志等，原则上都可以参照建设工程监理的方式来制定。但还应结合工程环境监理工作自身的工作特点和要求，建立更适合工程环境监理的工作方式。比如工程环境监理用表，可以参照采用《建设工程监理规范》附录中施工阶段监理工作的基本表式，包括：A类表承包单位用表；B类监理单位用表；C类表各方通用表。但考虑到工程环境污染控制中需要进行较多的污染指标检测，而这些工作又十分专业化，应制定一些环境监理检测的专用表格。

第三节 建设项目工程环境监理案例

青藏铁路格尔木至拉萨段是2002年国家环境保护总局、铁道部、交通部、水利部、国家电力公司、中国石油天然气集团公司联合发出《关于在重点建设项目中开展工程环境监理试点的通知》中13项试行开展工程环境监理项目之一，在工程建设环境保护方面取得了很好的效果，是我国大型项目建设进行工程环境监理和生态环境保护的范例，也是学习的典型案例，特将主要情况简要介绍，供学习参考。

【案例12-4】 青藏铁路（格尔木至拉萨段）建设项目环境保护与工程环境监理

一、青藏铁路工程概况

青藏铁路起自青海省西宁市，终抵西藏自治区首府拉萨市，全长1956km。其中西宁至格尔木段长814km，已于1979年铺通，1984年投入运营。现建设的是青藏铁路二期工程，格尔木至拉萨段，全长1142km，总投资334.8亿元人民币，环保投资15.4亿元，占总投资4.6%。

铁路沿线在海拔4000m以上的路段有960km，建在常年冻土层上的路段有547km，是世界上海拔最高、线路最长、穿越冻土里程最长的高原铁路。青藏铁路格尔木至拉萨段全线共计架设桥梁280余座，7000多孔道，除传统的跨江河桥和跨公路桥外，青藏铁路还增加了环保、冻土通道、野生动物通道及穿越湿地沼泽等各种功用不同的桥梁，总计近160千米延长米。

二、地理位置及生态环境

青藏高原位于东经74°～103°，北纬27°～37°，属于北半球热带、温带气候过渡带。年平均气温为−3～5℃，年降水量为260～470mm。它是世界上面积最大、海拔最高的高原，西起帕米尔高原，东到川西、滇北的横断山脉；北起昆仑山，南到喜马拉雅山，总面积超过200万km^2，平均海拔在4000m以上，世界上海拔8000m以上的雪峰几乎全部集中于青藏高原。

青藏高原是世界上最年轻、海拔最高、对生态环境影响最大的高原，是全球相对特殊的地理单元和区域，素有"世界屋脊"之称。青藏高原也是中国和南亚地区的"江河源"、"生态源"，是亚洲气候变化的"起搏器"。黄河、长江、澜沧江（湄公河）、怒江（萨尔温江）、雅鲁藏布江（恒河）、印度河等发源于青藏雪域高原。

青藏高原分布有广袤的高原冻土区、高寒草甸区、高寒荒漠区及高原沼泽湿地等典型的高寒自然生态系统。该区域冰川、雪峰、草原、湿地较为发育，尤其是位于青藏高原北部的藏北高原内陆水系，河流、湖泊众多，高原植被良好，是著名的高原草原。

青藏高原的高寒生态系统对气候有巨大的调节功能，对东亚、东南亚、南亚等世界上人口最密集的地区的十几亿人民的繁衍生息与发展，有着不可低估的作用。

青藏高原高寒生态环境十分脆弱，为保护高原独特的高原高寒生态系统，我国建立了可可西里、三江源等国家级自然保护区。这里有特有高原哺乳动物种数11种，特有高原鸟类科7种，特有两栖爬行动物80多种，鱼类100多种。地表植被生长缓慢，一旦破坏极难恢复。

科学家认为，它的每一种生态环境指示的变化，必然会对全球气候、环境产生重大影响。

三、青藏铁路建设的环保目标

项目可行性研究期间及项目开工之前，铁道部会同国家环保总局委托环评机构高品质地编制了"环境影响报告书"及"水土保持方案"，为青藏铁路建设的环保设计和施工提供了科学依据。

高寒、干旱、原始和极其脆弱是这一区域生态环境的显著特征。而野生动物保护、高原植被恢复以及湿地、湖泊环境保护和冻土环境保护也是铁路建设面临的环保难题。

青藏铁路建设环境保护的总目标是将青藏铁路建设成具有高原特色的生态环保型铁路，具体要求做到：

(1) 环保设施与主体工程同时设计、同时施工、同时投产；

(2) 确保多年冻土环境得到有效保护；

(3) 江河水质不受污染；

(4) 野生动物迁徙不受影响；

(5) 铁路两侧自然景观不受破坏。

四、青藏铁路建设环境生态保护措施

（一）多年冻土保护措施

青藏高原的冻土具有热稳定性差，厚层地下冰和高含冰量冻土比例大，对气候变暖和太阳辐射量极为敏感等特征。

工程建设中如使高原冻土受到较大影响，无疑将破坏高原地貌构造及生态环境系统。多年冻土病害主要表现为冷冻胀和热融沉等典型现象，其中冷冻胀，又表现为冰锥、冻胀丘等地表现象；而热融沉又分为热融滑塌、热融湖塘、热融冲沟等地表现象。经过科研人员的积极探索，确立了正确的主动降温、冷却地基、保护冻土设计思想，针对不同冻土地质条件，采用多种切实可行的工程措施解决冻土难题。具体工程措施分为：

1. 片石气冷措施

其工作机理是片石层上下界面间存在温度梯度，引起片石层内空气对流；负积温量值大于正积温量值；起到冷却作用，降低地温，可有效保护冻土路基稳定。在多年冻土地段采用片石气冷路基累计达120km。主要适应于高温极不稳定和不稳定冻土区。

2. 片石、碎石护坡或护道措施

其工作机理是，孔隙内空气在温度梯度的作用下产生对流，暖季空气交换弱，产生热屏蔽，减少传热；寒季对流交换热作用强，有利于地层散热。主要用于解决多年冻土路基不均匀变形问题。

3. 以桥代路措施

以桥代路措施可有效抵抗未来几十年路基温度升高的影响，最为安全可靠。多年冻土段已采取以桥代路达130多千米，全线桥梁总长近160km，约为初步设计的一倍。虽然增加了投资，但却既提高了线路的可靠性，又保护了自然环境。

4. 通风管措施

其工作机理是空气在管内产生强对流作用，加大路堤与空气的接触面，增加路基及地基的冷量，以保护地基冻土层。

施工场地基本上设在青藏公路两侧的多年冻土区中的融区或少冻土区，临时工程都采用架空通风基础设置，减少热干扰。

对高含冰量冻土区的生活营地，采用架空通风的房屋基础大于最小设计高度的填土厚度，减少对冻土的热干扰。

5. 热棒措施

其工作机理是气液两相对流换热，降低棒周围的地温，无能耗，高效率。在32km线路上采用热棒。热棒是一种内装氨水的7m长钢管，气温变化时氨水可以上下流动，热棒在路基下还埋有5m，整个棒体是中空的，里面灌有液氨。当大气温度低于路基内部的受外界影响温度上升时，液状氨受热发生气化，气化的氨上升到热棒的上端，通过散热片将热量传导给空气，气态氨由此冷却变成了液态氨，靠重力作用又沉入了棒底。而热棒最独特的性能是单向传热，热量只能从地下向上端传输，反向则不能传热。热棒就相当于一个天然制冷机，而且还不需动力。

6. 遮光板散热措施

在路基周围铺设遮光板，阻挡并反射阳光带来的热量，防止路基温度升高。

7. 隧道温控措施

主要是控制开挖温度，采用合理衬砌，设置隔热保温层，铺设防水层。

8. 合理路基高度措施

路基填筑高度 2.5～5.0m，太高的路基不利于冻土稳定。

9. 路堤隔热保温措施

其工作机理是减少地温波动，减轻周期性冻胀变形。隔热保温是被动保护冻土，夏季隔热，保护冻土作用明显，但冬季隔冷，则对保护冻土不利。主要适用于低路堤和部分路堑上。

（二）高原生态环境保护措施

青藏高原生态系统类型多种多样，生物种群丰富多彩，有特有的、极具保护价值的珍稀濒危野生动植物物种资源，是世界山地生物物种一个重要的起源和分化中心。青藏高原原始生态环境在全球占有特殊的地位，是世界上仅有的独特的高原生态环境系统。但生态环境十分脆弱，一旦遭到破坏则不可逆转，有的植被恢复需要上百年的时间。青藏铁路环境保护的基本措施有：

1. 保护冻土环境，保护高原植被措施

对临时用地的选址进行严格优化，控制占地面积，尽量减少在有植被的地方盖房修路，并限制施工人员、机械车辆的活动范围；进行植被移植和表土保存，也就是在施工中把草皮或表土先铲下来存放在一个地方，待工程完工后铺回原处，促进植被恢复或为植被恢复奠定基础。

施工场地基本上设在青藏公路两侧的多年冻土区中的融区或少冻土区，临时工程都采用架空通风基础设置，减少热干扰。对高含冰量冻土区的生活营地，采用架空通风的房屋基础、大于最小设计高度的填土厚度，减少对冻土的热干扰。

2. 保护野生动物措施

（1）设置野生动物迁徙通道

每年 6 至 7 月份藏羚羊都要前往气温凉爽、水草丰美的卓乃湖、太阳湖产羔，8 月携仔回迁。为了不阻断野生动物的活动路线，铁道部组织国内专家调查青藏铁路沿线野生动物分布状况、生活习性和迁徙规律，在野生动物传统迁徙线路上，充分利用铁路通过区域的地形、地貌，设计建成了路基缓坡、桥梁下方和隧道上方通道 3 种形式的野生动物通道，共 33 处，长度总计 59.84km。施工中，每逢藏羚羊迁徙季节，主动停工让道。

根据现场监测报告，2004 年仅从可可西里五北大桥这一处动物通道经过的藏羚羊就有 4000 多只，证明野生动物通道可行有效。建设如此规模及难度的野生动物通道在国内外铁路建设史上都是首次。

（2）重视对野生动物生存环境的保护

不得在野生动物栖息地及通道附近取土、弃土，避免因地形、地貌改变而引起动物识别错误。施工营地、材料场、机械停放场地及临时用地等距离野生动物通道不小于 1km，避免惊扰、影响动物觅食、交配、迁徙等活动。

（3）坚决禁止偷猎、恐吓、袭击野生动物

在动物通道起讫位置设置宣传牌，加大对野生动物保护的宣传。

(三)保护湿地、水资源环境措施

1. 为保证江河源区生态功能不受影响,有效保护湿地生态环境,湿地地段的线路,选择了逢沟设桥涵、增加小桥涵密度、大量采用以桥代路、路基填筑渗水材料等措施,保证了地表径流对湿地水资源的补充,防止湿地萎缩,确保了水源涵养功能不受影响。湿地地区建成总长10.56km的20座代路桥、抛填片石和换填渗水土7.2万m^3,保持地下水连通。

2. 对沿江河湖路段,制定了专项生态环保施工组织设计方案,禁止垃圾、施工废料等有害物质堆放在河流和沟渠道水体附近。生产废水、生活污水经集中沉淀处理后用于绿化或降尘,严禁排入江河水体。有效防止了对水资源及湿地的污染。

3. 严禁樵采挖药,防止采伐薪柴、挖药、搂菜等不合理活动造成植被破坏,引起草原退化。

4. 对生产、生活垃圾的处理。

对沿线垃圾进行可降解和不可降解的分类处理,可降解的就地填埋,不可降解的垃圾及含石油类固体废弃物集中运至山下垃圾场进行处理。

5. 水土流失的防治。

严格控制对地表的扰动面积;取弃土场、施工便道、营地等临时工程全部进行地表植被恢复。弃土弃渣遵循先挡后弃的原则,主体工程与防护工程同时施工。

五、青藏铁路建设工程环境监理

在铁路建设史中,首次引入工程环境监理制度,由建设总指挥部委托独立第三方铁道科学研究院对全线施工期工程环境保护进行监理,构建了由青藏铁路总指挥部统一领导、施工单位具体落实并承担责任、工程建设监理单位负责施工过程环保的日常监管、工程环保监理实施环保达标全面监控的"四位一体"环保管理体系,使环保监督检查融入了青藏铁路工程建设的全过程。

青藏铁路工程环境监理的基本内容包括两方面:

(1)做好污染防治。主要包括水污染、垃圾污染和大气污染的防治。青藏铁路穿过长江、黄河、澜沧江三江源头,水污染防治责任尤其重大。

(2)搞好生态保护。污染防治环境保护的侧重点则放在生态保护尤其是野生动物、植被、湿地系统、水源、自然保护区和自然景观的保护上。

工程环境监理单位依据经批复的"环境影响报告书"、"水土保持方案"及研究制定的污染防治和生态保护措施要求,铁路全线共检查工点3900个(次),对139个达不到环保要求的工点下达了整改通知单,直到满足环保要求。

六、青藏铁路建设项目环评报告执行情况核查

2005年6月,青藏铁路建设项目工程竣工验收前,铁道部会同国家环保总局对项目环评报告执行情况进行了核查,认定在六个方面基本"达标"。同时,环评报告也认为,青藏铁路所跨越的青藏高原地区,是世界上海拔最高、生态环境最为脆弱的地区,也是目前世界上受人类活动影响最小的地区之一。青藏铁路的建设将不可避免地对沿线高寒生态系统造成一定的影响。

六项环评要求基本达标情况如下:

(1)野生动物保护

从格尔木到拉萨，按野生动物的分布范围，环评报告规划设置了33处野生动物通道。按照野生动物习惯，33处通道又有桥梁下方、隧道上方及路基缓坡3种形式。至2005年6月底，已全部建成，达到了环评报告提出的技术要求。

（2）植被、景观保护和水土保持

环评报告要求实施护坡、挡土墙、冲刷防护、风沙防护、隧道弃渣挡护等工程；对取弃土场、砂石料场、施工便道和营地场地等临时工程，在站前工程完工后除留作站后工程施工和运营期继续使用外，都需进行地表、植被恢复。

至2005年6月底，全线实施完工的相关防护设施工程基本都在环评报告要求长度的两倍以上，弃渣挡护率达到了100%。

（3）冻土保护

根据"主动降温、冷却路基、保护冻土"的设计思路，环评报告要求采取以桥代路、安置热棒和铺设片石等措施。据2001～2004年中国科学院寒区旱区环境与工程研究所和中铁西北科学研究院对两个冻土工程试验段的观测分析，所采用的相关措施有效降低了路基基底土层温度，使路基下方土体的"多年冻土上限"明显抬升，起到了保护冻土的作用。

（4）湿地保护

青藏铁路穿越湿地的线路总长度为65.49km。环评报告要求对必须通过的重要敏感湿地路段采取以桥代路、抛填片石和换填渗水土等措施。至2005年6月底，全线建成了总长10.56km的20座代路桥，抛填片石和换填渗水土达7.2万 m^3。环评报告要求采取的湿地保护措施全部完成，保持了湿地地下水的连通。

（5）污染防治

环评报告要求对施工期的废污水、固体废物等进行污染防治。从调查结果看，基本实现了环评报告提出的集中收集、外运或处理污染物的要求。

青藏铁路跨越的河流和邻近的湖泊水质与铁路建设前相比均无明显变化，符合环评报告要求的水环境质量标准。

（6）环保监督管理及宣传教育

建设指挥部坚持对施工人员不断进行专业培训，编印了《青藏铁路施工期管理人员环保手册》、《青藏铁路施工期施工人员环保手册》等资料，对进场的施工人员进行了不同层次的培训，为施工中具体落实环保措施奠定了坚实基础。

环评报告要求开展的水环境、冻土、水土保持等监测监控以及环境监督管理和宣传教育等工作，至2005年6月底都已落实。全线建立了环境保护管理组织体系，实行了环境管理责任制和生态环境保护考核制，对各级管理人员和施工人员进行了分层次环保培训。

七、青藏铁路建设环保工程验收

2007年5月30日至6月1日，在临近青藏铁路运行一周年时，国家环保总局和铁道部组织有国内著名的生态、植物、环境等专家构成的上百人国家验收组，正式对青藏铁路建设进行环保工程验收。

验收路线北起青海省格尔木市，经过昆仑山，翻越唐古拉山，穿越可可西里自然保护区，经过措那湖和古露湿地，最后到拉萨。对关注度比较高的施工场地和植被生态恢复、冻土保护措施、藏羚羊迁徙、长江水源保护情况、站区污染防治等情况进行实地检查和验收。

在此次正式验收前,国家环保总局已经委托国家环保总局环境工程评估中心,会同铁道科学院、中国科学院生态中心组成调查人员。从 2006 年 5 月份开始,历时 1 年已进行了验收前的实地踏勘,完成了《青藏线格尔木至拉萨段工程竣工环保验收调查报告》。以此报告为基础,百人验收组实地考察后,6 月 1 日在西藏拉萨召开验收大会,宣布青藏线通过了环保验收。

青藏铁路环保国家验收组对青藏铁路建设和运营期间,采取的十点环保措施及经验给予肯定:

(1) 设计阶段就以生态保护为标准,并在实施阶段不断优化设计。如对穿越可可西里和三江源自然保护区的线路方案进行了优化,绕避了林周澎波黑颈鹤自然保护区,选择羊八井方案。

(2) 青藏铁路建设施工期委托第三方独立的工程环境监理,形成了建设、设计、施工和环境监理"四位一体"的环保管理体系,是青藏铁路施工期环境保护管理创新之处,对今后项目工程建设具有示范意义。

(3) 通过青藏铁路建设前后的遥感卫星影像对比分析可知,最大限度地减少了工程对自然保护区的影响。

(4) 铁路沿线建设了 33 个野生动物通道,对沿线野生动物的迁徙和种群交流起到了积极的作用,藏羚羊正逐步熟悉利用野生动物通道迁徙。工程运营后,为了保证列车运行和野生动物"双安全",2006 年 9 月起对 7 处缓坡通道进行了暂时性封闭。观测结果表明,缓坡通道的封闭未对藏羚羊的迁徙产生大的影响,藏羚羊、藏野驴正在逐渐适应从桥梁下方通过。

(5) 工程施工严格控制了用地面积,取土过程保存表层土壤用于后期植被恢复已初见成效。在海拔 4300～4700m 进行了高寒植被恢复与再造实验研究,唐古拉山南段以人工恢复为主的再造植被生长良好。

(6) 采用的片石气冷路基、热棒路基、通风管路基、铺设隔热层路基、片石护道和碎石护坡路基等高原冻土保护措施,验收调查结果表明能有效降低基底地温,增加基底的冷储量,最大限度地保护了沿线的冻土环境。

(7) 工程采取了避让、以桥代路、设置加筋挡土墙和增加涵洞等一系列措施,使湿地生态系统得到最大限度的保护。

(8) 在修建期间采取了各种可能造成高原水土流失的防治措施,如挡土墙、石方格工程固沙等措施,验收调查结果表明:工程扰动土地治理率 94.6%,水土流失治理度 94.1%,拦渣率为 100%。

(9) 工程建设对高原景观的扰动程度控制在可接受水平之内,主要景观敏感区域得到较好保护,高原独特的自然景观未因修建铁路而遭破坏。

(10) 验收报告指出,青藏铁路在建设和运营期间,在大气、水、噪声、固体废物等污染防治方面,措施得当,达到相关标准要求。

青藏铁路环保国家验收组同时还指出,青藏铁路生态环保措施效果还有待进一步的长期观察。尽管青藏铁路设计和修建过程中,史无前例地把保护高原自然生态环境放在第一位,投入了大量的环保资金,并严格落实了各项环保要求,但在"世界屋脊"这么一个特殊的自然地理环境下修建和运行铁路，世界上尚未有先例。青藏铁路一年来运行中已经出现了一些新的问题。如原设计的野生动物通道之一，路基缓坡通道出现了设计者们预想不到的情况。在工程试运行后，发生了大型野生动物，如棕熊和野牦牛与列车相撞的事件。2006年6~9月，青藏铁路全线封闭了路基缓坡动物通道7处。缓坡通道的封闭会对野生动物的迁徙带来多大的影响，还要进一步的观察和研究。

此外，一些当初并不认为是最重要的问题，在运行期间问题也逐渐暴露。如风沙对铁路运行的影响，现在局部地方已经出现沙尘覆盖铁路路基的现象，如果过多设置挡风板，对高原生态可能会有一定影响，高原风沙对铁路修建的影响还要进一步进行研究。

青藏高原的很多科学问题现在仍不十分清楚，而现有环保措施的作用也需要进行更长时间的观察，各种环保设备也面临着高寒缺氧的考验。

因此，验收组专家们认为，青藏铁路竣工环保验收完成，代表着青藏铁路生态环境保护刚刚拉开帷幕，应该尽快建立长效的监测预测体系和环保监管体系。

思 考 题

1. 何谓环境及环境质量？
2. 何谓可持续发展？
3. 项目施工阶段的主要环保要求是什么？
4. 什么是环境容量？
5. 什么是项目的环境影响评价？
6. 通常对建设项目环境有重大影响的主要情况包括哪些？
7. 建设项目环境影响评价分哪几类？依据是什么？
8. 环境监理的含义是什么？工程环境监理的含义是什么？二者主要区别是什么？
9. 工程环境监理的主要目的是什么？
10. 在施工不同阶段环境监理的工作内容包含哪些？

参 考 文 献

[1] 中华人民共和国标准. 建设工程监理规范(GB 50319—2000). 北京：中国建筑工业出版社，2001.
[2] 中国建设监理协会组织编写. 建设工程监理概论. 北京：知识产权出版社，2010.
[3] 中国建设监理协会组织编写. 建设工程质量控制. 北京：中国建筑工业出版社，2010.
[4] 中国建设监理协会组织编写. 建设工程投资控制. 北京：知识产权出版社，2010.
[5] 中国建设监理协会组织编写. 建设工程合同管理. 北京：知识产权出版社，2010.
[6] 中国建设监理协会组织编写. 建设工程信息管理. 北京：中国建筑工业出版社，2010.
[7] 中国建设监理协会组织编写. 建设工程监理相关法规文件汇编. 北京：知识产权出版社，2010.
[8] 中华人民共和国国家标准. 建设工程项目管理规范(GB/T 50326—2006). 北京：中国建筑工业出版社，2006.
[9] 上海市工程建设规范. 建设工程施工安全监理规程(DG/TJ 08—2035—2008). 2008.
[10] 中国建设监理协会组织编写. 注册监理工程师继续教育培训必修课教材. 北京：知识产权出版社，2008.
[11] 中国建设监理协会组织编写. 注册监理工程师继续教育培训选修课教材——房屋建筑工程. 北京：知识产权出版社，2008.
[12] 中华人民共和国国家标准. 建设工程施工质量验收统一标准(GB 50300—2001). 北京：中国建筑工业出版社，2002.
[13] 中华人民共和国国家标准. 混凝土结构工程施工质量验收规范(BG 50204—2001). 北京：中国建筑工业出版社，2002.
[14] 中华人民共和国国家标准. 建筑节能工程施工质量验收规范(BG 50411—2007). 北京：中国建筑工业出版社，2007.
[15] 李惠强. 高层建筑施工技术. 北京：中国机械工业出版社，2005.
[16] 孔锡衡，程铁信. 全国统一建筑安装工程工期定额计算方法与使用. 北京：中国计划出版社，2001年7月.